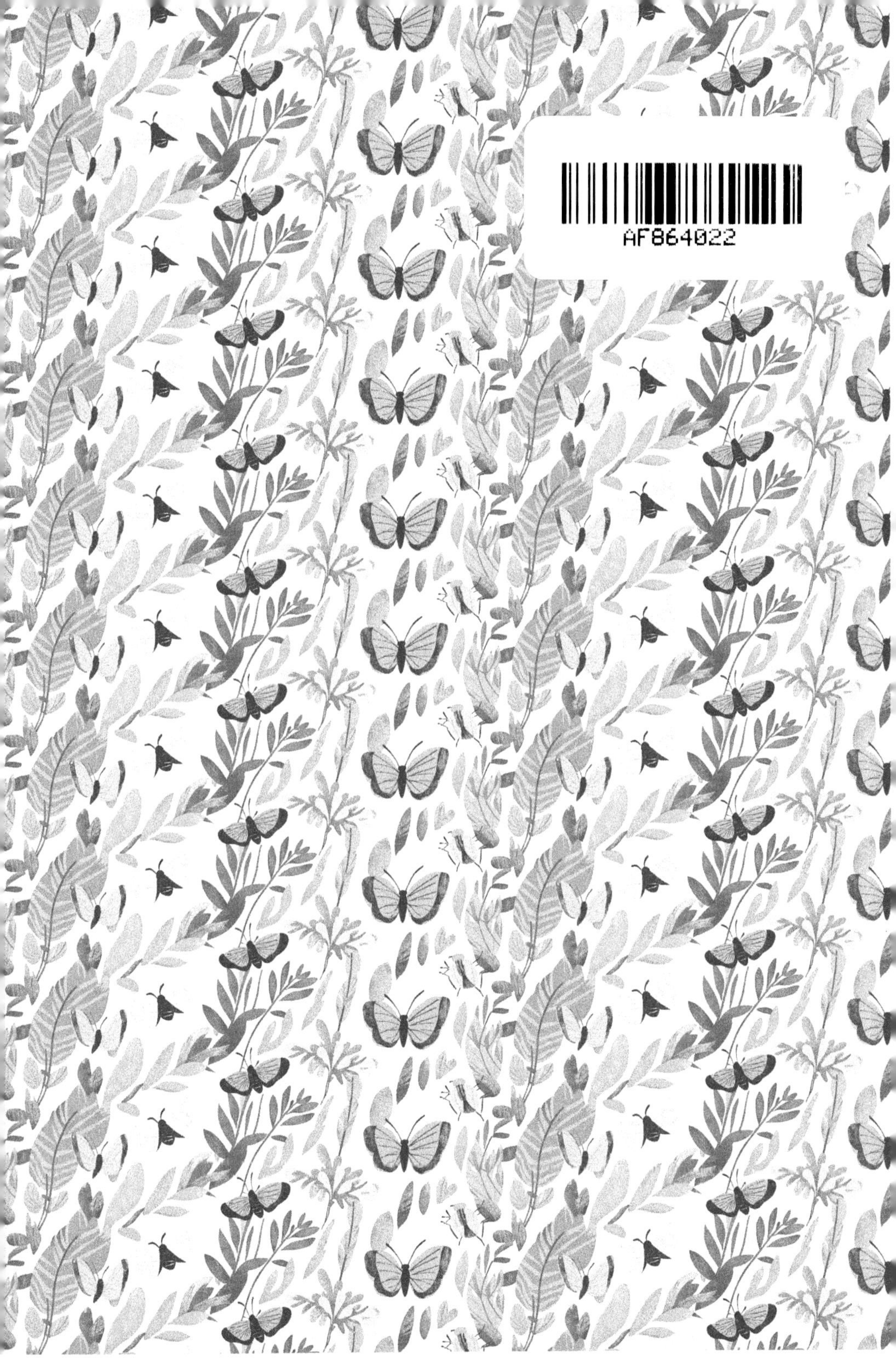

Inhaltsverzeichnis

Artemis Saage

Insekten bestimmen: Die Welt der Insekten im Wald und Terrarium

Der praktische Insektenführer zur Bestimmung heimischer Arten - Von Anatomie und Entwicklung bis zu Beobachtung und Zucht

341 Quellen
84 Fotos / Grafiken
15 Illustrationen

Impressum

Saage Media GmbH
c/o SpinLab – The HHL Accelerator
Spinnereistraße 7
04179 Leipzig, Germany
E-Mail: contact@SaageMedia.com
Web: SaageMedia.com
Commercial Register: Local Court Leipzig, HRB 42755 (Handelsregister: Amtsgericht Leipzig, HRB 42755)
Managing Director: Rico Saage (Geschäftsführer)
VAT ID Number: DE369527893 (USt-IdNr.)

Publisher: Saage Media GmbH
Veröffentlichung: 01.2025
Umschlagsgestaltung: Saage Media GmbH
ISBN-Softcover: 978-3-384-47754-5
ISBN-Ebook: 978-3-384-47755-2

Rechtliches / Hinweise

Liebe Leserinnen, liebe Leser,

von Herzen danke ich Ihnen, dass Sie sich für dieses Buch entschieden haben. Mit Ihrer Wahl haben Sie mir nicht nur Ihr Vertrauen geschenkt, sondern auch einen Teil Ihrer wertvollen Zeit. Das weiß ich sehr zu schätzen.
Die faszinierende Welt der Insekten wartet darauf, von Ihnen entdeckt zu werden! Ob im heimischen Wald oder im eigenen Terrarium - die Vielfalt der Insekten stellt Naturbegeisterte oft vor die Herausforderung, Arten richtig zu bestimmen und zu verstehen. Dieses Fachbuch führt Sie systematisch durch die Grundlagen der Entomologie und vermittelt praxisnahes Wissen zur Beobachtung und Bestimmung heimischer Insektenarten. Sie lernen die anatomischen Besonderheiten verschiedener Insektenordnungen kennen, verstehen deren Entwicklungszyklen und erhalten einen tiefen Einblick in ihre ökologische Bedeutung. Mit detaillierten Anleitungen zur Haltung und Zucht sowie modernsten Bestimmungstechniken entwickeln Sie Ihre praktischen Fähigkeiten stetig weiter. Dieses Werk verbindet wissenschaftliche Grundlagen mit praktischer Anwendung und macht Sie zu einem kompetenten Beobachter der Insektenwelt. Tauchen Sie ein in die spannende Welt der Entomologie und entdecken Sie die verborgenen Geheimnisse unserer wichtigsten terrestrischen Tiergruppe!
Ich wünsche Ihnen nun eine inspirierende und aufschlussreiche Lektüre. Sollten Sie Anregungen, Kritik oder Fragen haben, freue ich mich über Ihre Rückmeldung. Denn nur durch den aktiven Austausch mit Ihnen, den Lesern, können zukünftige Auflagen und Werke noch besser werden. Bleiben Sie neugierig!

Artemis Saage
Saage Media GmbH

- support@saagemedia.com
- Spinnereistraße 7 - c/o SpinLab – The HHL Accelerator, 04179 Leipzig, Germany

Einleitung

Um Ihnen die bestmögliche Leseerfahrung zu bieten, möchten wir Sie mit den wichtigsten Merkmalen dieses Buches vertraut machen. Die Kapitel sind in einer logischen Reihenfolge angeordnet, sodass Sie das Buch von Anfang bis Ende durchlesen können. Gleichzeitig wurde jedes Kapitel und Unterkapitel als eigenständige Einheit konzipiert, sodass Sie auch gezielt einzelne Abschnitte lesen können, die für Sie von besonderem Interesse sind. Jedes Kapitel basiert auf sorgfältiger Recherche und ist durchgehend mit Quellenangaben versehen. Sämtliche Quellen sind direkt verlinkt, sodass Sie bei Interesse tiefer in die Thematik eintauchen können. Auch die im Text integrierten Bilder sind mit entsprechenden Quellenangaben und Links versehen. Eine vollständige Übersicht aller Quellen- und Bildnachweise finden Sie im verlinkten Anhang. Um die wichtigsten Informationen nachhaltig zu vermitteln, schließt jedes Kapitel mit einer prägnanten Zusammenfassung. Fachbegriffe sind im Text unterstrichen dargestellt und werden in einem direkt darunter platzierten, verlinkten Glossar erläutert.

Für einen schnellen Zugriff auf weiterführende Online-Inhalte können Sie die QR-Codes mit Ihrem Smartphone scannen.

Zusätzliche Bonus-Materialien auf unserer Website
Auf unserer Website stellen wir Ihnen folgende exklusive Materialien zur Verfügung:

- Bonusinhalte und zusätzliche Kapitel
- Eine kompakte Gesamtzusammenfassung
- Eine PDF-Datei mit allen Quellenangaben
- Weiterführende Literaturempfehlungen

Die Website befindet sich derzeit noch im Aufbau.

SaageBooks.com/de/insekten-bonus-NNG71P

1. Grundlagen der Entomologie

Die Entomologie, die wissenschaftliche Erforschung der Insekten, steht vor der faszinierenden Herausforderung, die artenreichste Tierklasse der Erde zu erfassen und zu verstehen. Mit über einer Million beschriebener Arten und Schätzungen von mehreren Millionen noch unentdeckter Spezies bietet diese Wissenschaft ein schier unerschöpfliches Forschungsfeld. Wie entwickeln Insekten ihre erstaunliche Anpassungsfähigkeit an unterschiedlichste Lebensräume? Welche Mechanismen ermöglichen ihre komplexen Entwicklungsprozesse von der Larve zum adulten Tier? Und wie lässt sich die immense Vielfalt ihrer Körperstrukturen systematisch erfassen? Die Grundlagen der Entomologie umfassen zentrale Aspekte wie Anatomie, Entwicklungsbiologie und Evolution. Das Verständnis des grundlegenden Körperbaus, der Metamorphose und der stammesgeschichtlichen Entwicklung bildet das Fundament für die sichere Bestimmung von Insektenarten. Dabei zeigt sich immer wieder: Je tiefer man in die Details vordringt, desto mehr Fragen werfen sich auf. Die moderne Entomologie verbindet klassische morphologische Untersuchungen mit molekularbiologischen Methoden. Diese Integration verschiedener Ansätze ermöglicht nicht nur präzisere Artbestimmungen, sondern eröffnet auch neue Perspektiven auf die Evolution dieser erfolgreichen Tiergruppe. Die folgenden Kapitel vermitteln die wesentlichen Grundlagen für das Verständnis und die Bestimmung von Insekten. Dabei wird deutlich: Die Entomologie ist weit mehr als das bloße Sammeln und Katalogisieren von Arten - sie ist der Schlüssel zum Verständnis fundamentaler biologischer Prozesse.

1. 1. Anatomie und Morphologie

Wie funktioniert der Körper eines Insekts im Detail? Welche Strukturen ermöglichen es diesen faszinierenden Tieren, sich so erfolgreich an die unterschiedlichsten Lebensräume anzupassen? Die Anatomie und Morphologie der Insekten bietet einen tiefen Einblick in die evolutionären Lösungen, die diese artenreichste Tiergruppe hervorgebracht hat. Von der ausgeklügelten Segmentierung des Körpers über hochspezialisierte Flugmechanismen bis hin zu einem einzigartigen Atmungssystem - jedes Detail des Insektenkörpers erfüllt präzise Funktionen. Besonders bemerkenswert ist dabei das Zusammenspiel der verschiedenen Organsysteme, die es den Insekten ermöglichen, sowohl an Land als auch im Wasser, in der Luft oder im Boden zu überleben. Die genaue Kenntnis der anatomischen Strukturen ist nicht nur für das Verständnis der Insektenbiologie wichtig, sondern auch ein Schlüssel zur sicheren Bestimmung der Arten. Ein Blick auf die Details des Körperbaus offenbart die erstaunliche Präzision, mit der die Evolution diese erfolgreichen Organismen geformt hat.

„Der Insektenkörper ist in drei deutlich erkennbare Hauptabschnitte (Tagmata) gegliedert: Kopf, Thorax (Brust) und Abdomen (Hinterleib).“

1. 1. 1. Körperbau und Segmentierung

Der Körperbau der Insekten folgt einem grundlegenden Bauplan, der für ihre erfolgreiche Evolution und Anpassung an verschiedene Lebensräume entscheidend ist. Die Segmentierung des Körpers ist dabei ein charakteristisches Merkmal, das alle Insekten gemeinsam haben [s1]. Der Insektenkörper ist in drei deutlich erkennbare Hauptabschnitte (Tagmata) gegliedert: Kopf, Thorax (Brust) und Abdomen (Hinterleib). Diese Dreiteilung ermöglicht eine funktionale Spezialisierung verschiedener Körperregionen [s2]. Beim Bestimmen von Insekten ist diese grundlegende Gliederung oft der erste Anhaltspunkt - achten Sie besonders auf die klaren Übergänge zwischen den Tagmata, die häufig durch Einschnürungen gekennzeichnet sind. Das gesamte äußere Erscheinungsbild wird durch das Exoskelett bestimmt, das aus Chitin besteht - einem Material, das in seiner Beschaffenheit unseren Fingernägeln ähnelt [s1]. Dieses Außenskelett ist zweischichtig aufgebaut: Eine dünne, wachsartige Außenschicht wird von einer stabileren inneren Chitinschicht (Procuticle) ergänzt [s3]. Das Exoskelett erfüllt mehrere wichtige Funktionen: Es schützt vor Verletzungen, verhindert Austrocknung und bietet Ansatzpunkte für die Muskulatur [s2].

Der Kopf trägt wichtige Sinnesorgane und Mundwerkzeuge. Besonders auffällig sind die zusammengesetzten Augen (Facettenaugen), die aus vielen einzelnen Seheinheiten (Ommatidien) bestehen [s2]. Die Antennen dienen als wichtige Tastorgane. Bei der Bestimmung von Insekten sollten Sie besonders auf die Mundwerkzeuge achten, da diese je nach Ernährungsweise stark variieren können - von beißend-kauend bei Käfern bis zu saugend-stechend bei Mücken [s1]. Der Thorax ist das Bewegungszentrum des Insekts. Hier setzen drei Beinpaare an, die je nach Lebensweise unterschiedlich gestaltet sein können [s1]. Bei der Bestimmung ist die Beinform oft ein wichtiges Merkmal - Sprungbeine bei Heuschrecken, Grabbeine bei Maulwurfsgrillen oder Schwimmbeine bei Wasserkäfern sind charakteristische Beispiele. Die meisten erwachsenen Insekten tragen am Thorax auch zwei Paar Flügel, deren Aderung und Form wichtige Bestimmungsmerkmale darstellen [s1]. Das Abdomen enthält die meisten inneren Organe und zeigt äußerlich eine deutliche Segmentierung. An den Seiten von Thorax und Abdomen befinden sich die Spirakel - kleine Atemöffnungen, die Teil des Tracheensystems sind [s1]. Bei der

Bestimmung können diese Strukturen helfen, die Körperseiten zu identifizieren.

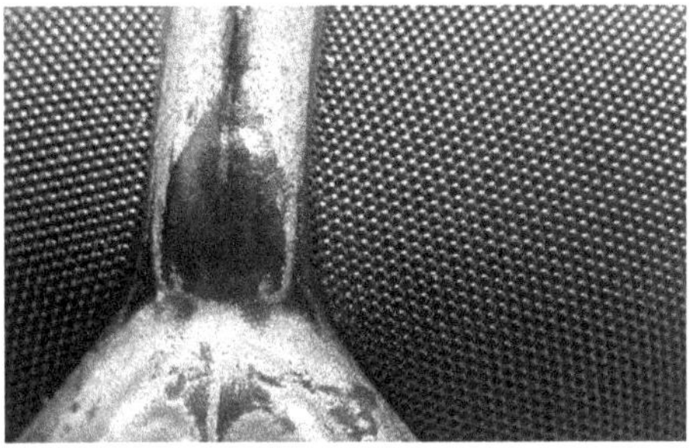

Ommatidien [i1]

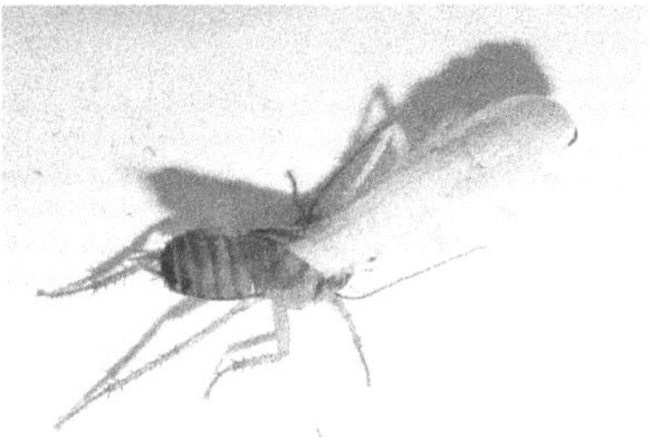

Ecdysis [i2]

Eine Besonderheit des Insektenkörpers ist die Notwendigkeit zur Häutung (Ecdysis), da das starre Exoskelett kein kontinuierliches Wachstum erlaubt [s2]. Dieser Prozess ist bei der Bestimmung zu berücksichtigen, da Jungtiere oft anders aussehen als erwachsene Insekten. Die Segmentierung des Körpers ist nicht nur äußerlich sichtbar, sondern setzt sich auch im Inneren fort [s2]. Diese innere Organisation spiegelt sich in der Anordnung der Organsysteme wider. Das Kreislaufsystem ist offen, wobei die Körperflüssigkeit (Hämolymphe) frei in der Leibeshöhle zirkuliert [s2]. Bei der praktischen Bestimmung von Insekten empfiehlt es sich, systematisch vorzugehen: Beginnen Sie mit der Betrachtung der drei Hauptkörperabschnitte, achten Sie dann auf spezifische Merkmale wie Flügel, Beinform und Mundwerkzeuge. Verwenden Sie eine Lupe, um feinere Strukturen wie Spirakel oder Flügeladern zu erkennen. Dokumentieren Sie Ihre Beobachtungen am besten mit Skizzen oder Fotos, da die Segmentierung und morphologischen Besonderheiten wichtige Bestimmungsmerkmale sind.

Glossar

Ecdysis
Ein hormonell gesteuerter Prozess, bei dem die alte Cuticula abgeworfen wird und eine neue, größere gebildet wird

Exoskelett
Eine äußere Stützstruktur, die sich im Gegensatz zum inneren Skelett der Wirbeltiere außerhalb des Weichgewebes befindet

Hämolymphe
Eine Körperflüssigkeit, die anders als Blut keinen roten Blutfarbstoff enthält und Nährstoffe sowie Immunzellen transportiert

Ommatidium
Einzelne Seheinheiten des Facettenauges, die jeweils ein eigenes Linsensystem und Photorezeptoren besitzen

Procuticle
Die mechanisch belastbare Hauptschicht des Insektenpanzers, die aus mehreren übereinanderliegenden Chitinlamellen besteht

Spirakel
Verschließbare Atemöffnungen an den Körperseiten, die den Luftaustausch regulieren und vor Wasserverlust schützen

Tagmata
Bezeichnet die Hauptkörperabschnitte bei Gliederfüßern, die durch evolutionäre Verschmelzung ursprünglich einzelner Segmente entstanden sind

1. 1. 2. Flügeltypen und Flugmechanismen

Die Flügel der Insekten sind eine der faszinierendsten Entwicklungen der Evolution und zeigen eine erstaunliche Vielfalt in Form und Funktion. Bei der Bestimmung von Insekten sind die Flügel oft das erste und wichtigste Merkmal, das betrachtet wird [s4]. Grundsätzlich besitzen Insekten zwei Flügelpaare, die am Mesothorax und Metathorax (zusammen Pterothorax genannt) ansetzen [s5]. Die Flügel bestehen aus einer dünnen Membran, die von einem komplexen Adersystem durchzogen wird. Bei der Bestimmung sollten Sie besonders auf die Anordnung dieser Adern achten, da sie wichtige taxonomische Merkmale darstellen. Es gibt zwei grundlegende Aderungsmuster: den ursprünglichen Archedictyon-Typ mit vielen Queradern und den evolutionär fortgeschrittenen Typ mit reduzierter Queraderung [s5]. Besonders interessant für die Bestimmung sind die verschiedenen Flügelmodifikationen. Käfer beispielsweise besitzen verhärtete Vorderflügel (Elytra), die die häutigen Hinterflügel schützen. Wanzen haben Hemi-elytra, bei denen nur der vordere Teil des Vorderflügels verhärtet ist. Heuschrecken weisen ledrige Vorderflügel (Tegmina) auf. Bei Zweiflüglern sind die Hinterflügel zu Schwingkölbchen (Halteren) umgewandelt [s5]. Ein faszinierender Aspekt ist der Flugmechanismus selbst. Insekten haben zwei grundlegende Flugmodi entwickelt: den synchronen und den asynchronen Flug [s6]. Beim synchronen Flug entspricht jede Muskelaktivierung einem Flügelschlag. Asynchrone Flieger wie Bienen können dagegen durch einen speziellen Mechanismus der verzögerten Dehnungsaktivierung sehr hohe Flügelschlagfrequenzen erreichen, ohne dass jeder Schlag neuronal gesteuert werden muss [s6]. Die Flügelmechanik wird durch spezielle Strukturen unterstützt. Besonders interessant sind die Resilin-Venengelenke, die wie natürliche Scharniere funktionieren. Bei Libellen beispielsweise finden sich unterschiedliche Gelenktypen: Kleinlibellen (Zygoptera) haben überwiegend doppelseitige Venengelenke, während Großlibellen (Epiprocta) hauptsächlich einseitige Gelenke aufweisen [s7]. Ein bemerkenswerter Aspekt ist die Fähigkeit mancher Insekten, ihre Flügel zu falten. Käfer zeigen hier besonders eindrucksvolle Mechanismen. Bei der Art Acrotrichis sericans erfolgt die Faltung in drei Phasen und erreicht ein Faltungsverhältnis von 3,31 - das höchste bekannte unter Käfern [s8]. Bei der Bestimmung sollten Sie darauf achten, ob und wie die Flügel gefaltet werden können. Viele Insekten besitzen zudem Mechanismen zur Flügelkopplung, die es ihnen ermöglicht, Vorder- und Hinterflügel synchron zu bewegen. Dies reduziert den Energieaufwand beim Flug. Es gibt verschiedene Kopplungstypen wie jugo-frenat, jugat oder hamulat, die wichtige Bestimmungsmerkmale darstellen können [s5].

Bei der praktischen Bestimmung empfiehlt es sich, zunächst die grundlegende Flügelform zu betrachten. Achten Sie besonders auf:
- Die Beschaffenheit der Flügel (häutig, ledrig, verhärtet)
- Das Vorhandensein und Muster der Flügeladern
- Mögliche Modifikationen wie Halteren oder Elytra
- Faltungsmechanismen
- Kopplungsstrukturen zwischen den Flügeln

Verwenden Sie eine Lupe oder ein Mikroskop, um feinere Strukturen wie Resilin-Gelenke oder Kopplungsmechanismen zu erkennen. Die Flügelstrukturen sind oft empfindlich, behandeln Sie die Präparate daher vorsichtig.

1. 1. 3. Sinnesorgane und Nervensystem

Das Nervensystem der Insekten ist ein faszinierendes Netzwerk spezialisierter Zellen, das als "Informationsautobahn" im Körper fungiert [s9]. Im Gegensatz zu Wirbeltieren ist es stark dezentralisiert aufgebaut, was bedeutet, dass viele Verhaltensweisen direkt von segmentalen Ganglien gesteuert werden, ohne dass das Gehirn einbezogen werden muss [s9]. Das zentrale Nervensystem besteht aus einem dorsalen Gehirn und einem ventralen Nervenstrang mit segmentalen Ganglien. Diese sind durch Kommissuren und intersegmentale Verbindungen miteinander vernetzt [s9]. Das Insektengehirn selbst setzt sich aus sechs verschmolzenen Ganglienpaaren zusammen, die jeweils spezifische Aufgaben übernehmen - von der Verarbeitung visueller Reize bis zur Integration von Antenneninformationen [s9]. Bei der Beobachtung von Insektenverhalten lässt sich diese dezentrale Organisation gut erkennen: Selbst nach Verlust des Kopfes können manche Insekten noch koordinierte Bewegungen ausführen. Besonders bemerkenswert ist die Vielfalt der Sinnesorgane. Ein einzelnes cuticulares Sinnesorgan (Sensillum) enthält spezialisierte Mechanorezeptoren, die physikalische Reize in Nervenimpulse umwandeln [s10]. Diese Sensilla sind über den gesamten Körper verteilt und ermöglichen eine präzise Wahrnehmung der Umwelt. Bei der Untersuchung von Insekten unter dem Mikroskop sind diese feinen Strukturen oft als kleine Härchen oder Erhebungen erkennbar. Das olfaktorische System der Insekten ist hochentwickelt. Allein die Antennen von Drosophila melanogaster beherbergen etwa 1200 olfaktorische Sinneszellen in 410 Sensillen [s11]. Diese Sensillen lassen sich in drei morphologische Typen einteilen: basiconische, trichoidale und coeloconische Sensillen [s11]. Bei der Bestimmung von Insekten kann die Anordnung und Form dieser Sensillen ein wichtiges Merkmal sein - verwenden Sie dafür am besten ein Stereomikroskop. Eine Besonderheit stellt das Hörvermögen der Insekten dar - sie sind die einzigen wirbellosen Tiere, die Luftschall sowohl erzeugen als auch empfangen können [s10]. Ihre auditorischen Organe, wie Trichoid-Sensilla oder Johnston-Organe, sind besonders empfindlich für die Partikelgeschwindigkeit von Schall [s10]. Bei der Beobachtung von singenden Insekten wie Grillen oder Zikaden lässt sich diese Fähigkeit zur akustischen Kommunikation gut studieren. Orthopterane Insekten (wie Heuschrecken) haben zusätzlich ein komplexes tibiales Organ entwickelt, das Substratvibrationen und Luftschall wahrnehmen kann [s12].

Es besteht aus mehreren spezialisierten Komponenten wie dem subgenualen Organ und der Crista acoustica [s12]. Bei der Bestimmung dieser Insekten sind diese Strukturen in den Tibien (Unterschenkeln) zu finden. Das stomodaeale Nervensystem steuert die inneren Organe und verbindet das Gehirn mit Ganglien, die für Schluckbewegungen und Herzaktivität zuständig sind [s9]. Diese autonome Kontrolle ermöglicht es den Insekten, lebenswichtige Funktionen aufrechtzuerhalten, während das Hauptnervensystem sich auf die Verarbeitung von Umweltreizen konzentriert.

Die Verarbeitung von Geruchsinformationen erfolgt in den antennalen Lappen (AL), dem ersten olfaktorischen Neuropil im Insektenhirn [s11]. Die Struktur und Funktion der ALs variiert stark zwischen verschiedenen Insektenarten, was ihre evolutionäre Anpassung an unterschiedliche ökologische Nischen widerspiegelt [s11]. Bei der Untersuchung von Insektenverhalten lässt sich beobachten, wie präzise sie auf spezifische Geruchsstoffe reagieren können.

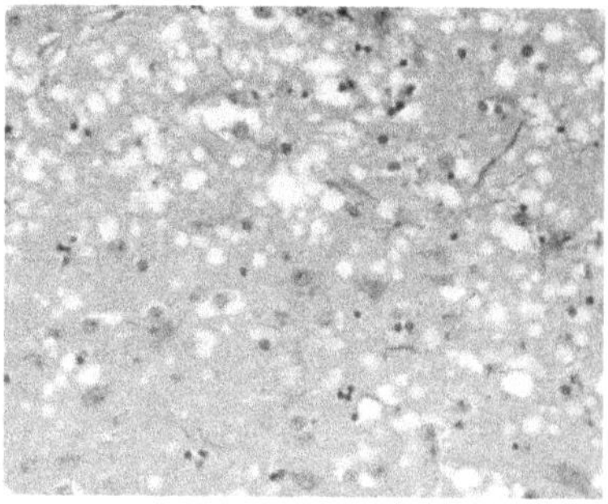

Neuropil [i4]

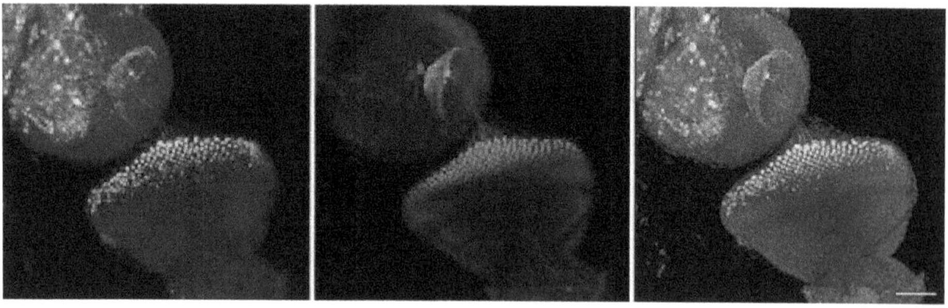

antennalen Lappen [i3]

Glossar

Crista acoustica
Eine reihenförmige Anordnung von Sinneszellen im Hörorgan der Insekten, die verschiedene Tonfrequenzen unterscheiden kann.

Ganglion
Ansammlung von Nervenzellkörpern, die als lokale Kontrollzentren fungieren und schnelle Reflexe ohne Gehirnbeteiligung ermöglichen.

Kommissur
Nervenverbindungen, die die rechte und linke Hälfte des Nervensystems miteinander verbinden und die Koordination beider Körperseiten ermöglichen.

Neuropil
Dichtes Geflecht aus Nervenfasern und Synapsen im Nervensystem, das der Signalverarbeitung dient und keine Nervenzellkörper enthält.

Sensillum
Mikroskopisch kleine Sinnesorgane bei Insekten, die aus einer oder mehreren Sinneszellen und einer schützenden Hülle bestehen. Sie können je nach Typ Berührung, Temperatur, Feuchtigkeit oder chemische Reize wahrnehmen.

1. 1. 4. Verdauungstrakt und Stoffwechsel

Der Verdauungstrakt der Insekten ist ein hochspezialisiertes Organsystem, das sich in drei funktionell unterschiedliche Hauptabschnitte gliedert: Vorderdarm, Mitteldarm und Hinterdarm [s13]. Diese Dreiteilung ermöglicht eine effiziente Verarbeitung und Verwertung verschiedenster Nahrungsquellen. Der Vorderdarm beginnt mit der Mundhöhle und setzt sich über den Rachen und die Speiseröhre bis zum Kropf fort, wo Nahrung zwischengespeichert werden kann [s13]. Eine Besonderheit ist der Proventriculus - ein muskulöses Organ, das wie eine Art Kaumagen funktioniert und die Nahrung mechanisch zerkleinert. Bei der Sektion von Insekten lässt sich dieser Abschnitt gut als verdickter Teil des Vorderdarms erkennen. Der gesamte Vorderdarm ist mit einer Cuticula ausgekleidet, die bei jeder Häutung mit erneuert wird [s14]. Im Mitteldarm findet die eigentliche Verdauung statt. Hier produzieren hochspezialisierte Epithelzellen verschiedene Verdauungsenzyme [s14]. Diese Zellen sind mit Mikrovilli ausgestattet, die die Oberfläche zur Nährstoffaufnahme deutlich vergrößern [s15]. Eine wichtige Schutzfunktion übernimmt die peritrophische Membran, die das Darmepithel vor mechanischer Beschädigung bewahrt und gleichzeitig den Transport von Wasser, Salzen und Nährstoffen reguliert [s14]. Der pH-Wert im Verdauungstrakt variiert je nach Abschnitt erheblich. Während der Mitteldarm bei manchen Arten einen pH-Wert von bis zu 8,38 aufweist, ist der Hinterdarm mit etwa 6,89 deutlich saurer [s16]. Diese pH-Gradienten sind wichtig für die optimale Funktion verschiedener Verdauungsenzyme. Eine faszinierende Besonderheit ist die enge Symbiose mit Darmbakterien. Diese Mikroorganismen sind essentiell für die Verdauung komplexer Moleküle wie Zellulose [s17]. Bei der Untersuchung von pflanzenfressenden Insekten lässt sich eine besonders spezialisierte Darmflora nachweisen, die auf die jeweilige Ernährungsweise abgestimmt ist [s18]. Der Hinterdarm spielt eine zentrale Rolle bei der Rückresorption von Wasser und wichtigen Stoffwechselprodukten [s14]. Hier münden auch die Malpighischen Gefäße ein, die als Ausscheidungsorgane fungieren. Bei der Präparation von Insekten sind diese als feine, fadenförmige Strukturen zu erkennen. Die Transitzeit der Nahrung durch den gesamten Verdauungstrakt beträgt etwa 24 Stunden [s13]. Bei der Beobachtung lebender Insekten lässt sich dieser Prozess gut nachvollziehen, indem man gefärbte Nahrung verfüttert und deren Passage durch den Darm verfolgt. Interessanterweise gibt es auch geschlechtsspezifische Unterschiede in der Anatomie des Verdauungstrakts [s13]. Diese Unterschiede betreffen vor allem die Form und Anordnung von Mittel- und Hinterdarm und sollten bei der Bestimmung berücksichtigt werden. Ein besonders extremes Beispiel für die Anpassungsfähigkeit des Verdauungssystems zeigen die weißen Soldaten bei Termiten. Ihr Verdauungstrakt ist stark vereinfacht und spezialisiert auf die Aufnahme von vorverdautem Speichel der Arbeiter [s19].

Glossar

Malpighisches Gefäß
Röhrenförmige Ausstülpungen am Übergang zwischen Mittel- und Enddarm, die ähnlich wie Nieren bei Wirbeltieren funktionieren.

Mikrovillus
Fingerförmige Ausstülpungen der Zellmembran, die die Absorptionsfläche um das 20- bis 30-fache vergrößern können.

Peritrophische Membran
Eine durchlässige, chitinhaltige Schicht, die sich wie ein Schlauch durch den Mitteldarm zieht und ständig neu gebildet wird.

Proventriculus
Ein spezialisierter Magenabschnitt bei Insekten, der mit chitinhaltigen Zähnen und Leisten ausgestattet ist und als Filterorgan dient.

1. 1. 5. Atmungssystem und Tracheen

Das Atmungssystem der Insekten unterscheidet sich grundlegend von dem der Wirbeltiere und stellt eine hocheffiziente Anpassung an das Leben an Land dar. Anders als bei Wirbeltieren erfolgt der Gasaustausch nicht über ein kombiniertes Atem- und Kreislaufsystem, sondern fast ausschließlich über das Tracheensystem [s20]. Das Tracheensystem besteht aus einem komplexen Netzwerk von Röhren, die sich von den Atemöffnungen (spirakel) aus durch den gesamten Körper verzweigen [s21]. Diese Röhren sind mit Chitin ausgekleidet und durch ringförmige Verdickungen (Taenidien) verstärkt, was sie vor dem Kollabieren schützt [s22]. Bei der Untersuchung von Insekten unter dem Mikroskop lassen sich diese charakteristischen Verstärkungsringe gut erkennen.

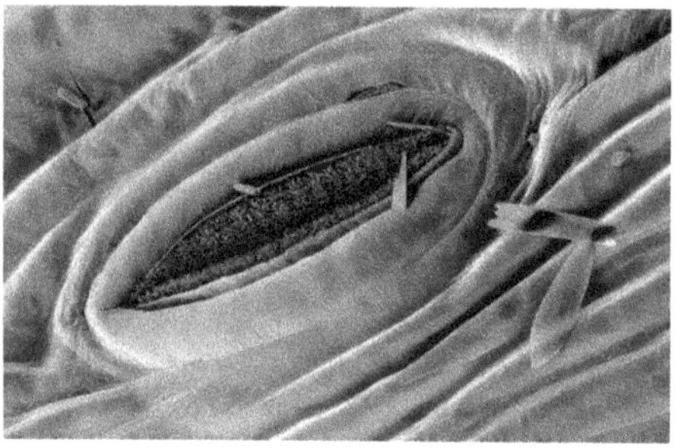

Spirakel [i5]

Die Spirakel, typischerweise zehn Paare, sind die Verbindung zur Außenwelt und können aktiv geöffnet und geschlossen werden [s23]. Bei der Bestimmung von Insektenlarven ist die Position und Anzahl der Spirakel oft ein wichtiges taxonomisches Merkmal. Besonders bei Fliegenlarven sollten Sie auf die spezifische Anordnung der Atemöffnungen achten [s21]. Eine Besonderheit des Systems sind die Luftsäcke - dünnwandige Erweiterungen der Tracheen, die bei der Ventilation eine wichtige Rolle spielen [s24]. Diese Strukturen unterstützen nicht nur den Flug, sondern verbessern auch die Gaswechselrate und können bei aquatischen Insekten sogar den Auftrieb regulieren. Bei der Sektion flugfähiger Insekten sind diese Luftsäcke als blasenförmige Strukturen erkennbar. Der Gasaustausch erfolgt sowohl durch Diffusion als auch durch aktive Ventilation [s25]. Interessanterweise zeigen verschiedene Insekten wie

Käfer, Grillen und Ameisen schnelle Zyklen der Tracheenkompression und -expansion, besonders im Kopf- und Brustbereich. Bei der Beobachtung lebender Insekten können Sie diese Atembewegungen oft als rhythmische Kontraktionen des Abdomens wahrnehmen. Eine faszinierende evolutionäre Perspektive bietet die Entwicklung der Insektenflügel: Sie stammen vermutlich von den Kiemen aquatischer Vorfahren ab [s26]. Diese Erkenntnis zeigt die erstaunliche Anpassungsfähigkeit der Atmungsorgane im Laufe der Evolution. Bei größeren Insekten wie Käfern lässt sich ein interessantes Phänomen beobachten: Je größer das Tier, desto mehr Körpervolumen wird dem Atmungssystem gewidmet [s20]. Dies könnte eine natürliche Größenbegrenzung für Insekten darstellen. Bei der Untersuchung verschiedener Käferarten können Sie diesen Zusammenhang durch vorsichtige Präparation nachvollziehen. Für aquatische Insekten haben sich besondere Anpassungen entwickelt, wie spezielle Atemröhren oder Trachealkiemen [s21]. Bei der Bestimmung von Wasserinsekten sollten Sie besonders auf diese Strukturen achten, da sie wichtige Bestimmungsmerkmale darstellen können. Die feinsten Verzweigungen des Tracheensystems, die Tracheolen, dringen direkt in die Zellen ein und ermöglichen so einen äußerst effizienten Gasaustausch [s27]. Diese mikroskopischen Strukturen können Durchmesser im Submikronbereich erreichen [s22] und sind ein eindrucksvolles Beispiel für die Miniaturisierung biologischer Systeme.

Zusammenfassung - 1. 1. Anatomie und Morphologie

- Der Insektenkörper besteht aus Chitin, einem Material ähnlich unseren Fingernägeln
- Die Procuticle bildet die stabilere innere Schicht des zweischichtigen Exoskeletts
- Ommatidien sind die einzelnen Seheinheiten der Facettenaugen
- Die Hämolymphe zirkuliert frei in der Leibeshöhle im offenen Kreislaufsystem
- Der Archedictyon-Typ zeigt ein ursprüngliches Flügeladerungsmuster mit vielen Queradern
- Halteren sind zu Schwingkölbchen umgewandelte Hinterflügel bei Zweiflüglern
- Resilin-Venengelenke fungieren als natürliche Scharniere in den Flügeln
- Der Käfer Acrotrichis sericans erreicht ein Flügelfaltungsverhältnis von 3,31
- Kommissuren verbinden die segmentalen Ganglien im ventralen Nervenstrang
- Ein einzelnes Sensillum enthält spezialisierte Mechanorezeptoren zur Reizumwandlung
- Die Crista acoustica ist Teil des tibialen Organs bei Heuschrecken
- Der Proventriculus funktioniert als muskulöser Kaumagen im Vorderdarm
- Die peritrophische Membran schützt das Darmepithel und reguliert den Stofftransport
- Taenidien sind ringförmige Verdickungen zur Stabilisierung der Tracheen
- Tracheolen erreichen Durchmesser im Submikronbereich und dringen direkt in Zellen ein

1. 2. Entwicklung und Metamorphose

Die Entwicklung und Metamorphose der Insekten gehört zu den faszinierendsten biologischen Prozessen in der Natur. Von der frühen Embryonalentwicklung über verschiedene Häutungsstadien bis hin zur kompletten Umwandlung des Körpers während der Metamorphose zeigt sich eine erstaunliche Komplexität. Doch wie schaffen es Insekten, ihren Körper während der Entwicklung so grundlegend umzubauen? Welche molekularen Mechanismen steuern diese Prozesse? Und warum haben sich im Laufe der Evolution verschiedene Entwicklungsstrategien herausgebildet? Die Antworten auf diese Fragen sind nicht nur für die Wissenschaft relevant, sondern haben auch praktische Bedeutung für Züchter und Naturbeobachter. Das Verständnis der Entwicklungsprozesse ermöglicht es uns, optimale Bedingungen für die Aufzucht zu schaffen und potenzielle Probleme frühzeitig zu erkennen. Die folgenden Kapitel beleuchten die verschiedenen Aspekte der Insektenentwicklung - von den grundlegenden genetischen Mechanismen bis hin zu den sichtbaren Veränderungen während der Metamorphose.

> *„Die Anzahl der Häutungen variiert stark zwischen verschiedenen Insektenarten und kann bei manchen Spezies bis zu 50 betragen.“*

1. 2. 1. Embryonalentwicklung

Die Embryonalentwicklung bei Insekten ist ein faszinierender und komplexer Prozess, der die Grundlage für die spätere Entwicklung des erwachsenen Insekts legt. Während der frühen embryonalen Phase durchläuft der Embryo zunächst die Keimbandinvagination, bei der sich der Keimstreifen bildet [s28]. Diese Phase ist besonders kritisch, da hier die grundlegende Körperorganisation festgelegt wird. Ein wichtiger Regulator in dieser frühen Entwicklung ist das br (broad) Gen, dessen Expression in zwei deutlichen Phasen zu beobachten ist. Wissenschaftliche Untersuchungen haben gezeigt, dass eine Störung dieses Gens zu schwerwiegenden Entwicklungsdefekten führen kann, von posterioren Verkürzungen bis hin zu vollständig fragmentierten embryonalen Geweben [s28]. Für Insektenforscher ist dies besonders relevant, da die Kenntnis solcher genetischen Mechanismen hilft, Entwicklungsstörungen bei Zuchtprogrammen besser zu verstehen und zu vermeiden. Die Rolle des Juvenilhormons (JH) ist während der Embryonalentwicklung von fundamentaler Bedeutung, wobei sich interessante Unterschiede zwischen verschiedenen Insektengruppen zeigen. Bei ametabolen und hemimetabolen Insekten ist JH während der Embryonalentwicklung essentiell, während seine Bedeutung bei holometabolen Insekten weniger ausgeprägt ist [s29]. Das Hormon ist besonders im letzten Viertel der Embryogenese aktiv und beeinflusst dort die Differenzierung und Reifung der Embryostrukturen [s30]. Ein faszinierender Aspekt der embryonalen Entwicklung ist die Rolle der microRNAs (miRNAs). Diese kleinen RNA-Moleküle tragen wesentlich zur Spezifizierung des Keimstrangs und der Körperstruktur bei. Wissenschaftler haben vier Hauptwellen der miRNA-Expression identifiziert, wobei die meisten Veränderungen während der embryonalen Stadien auftreten [s31]. Für Züchter und Forscher ist dies besonders interessant, da diese Erkenntnisse neue Möglichkeiten für die gezielte Beeinflussung der Insektenentwicklung eröffnen könnten. Die Gliedmaßenentwicklung während der Embryogenese wird durch spezifische Gene gesteuert, die für die korrekte Musterbildung verantwortlich sind [s32]. Praktische Bedeutung hat dies beispielsweise bei der Regeneration von Gliedmaßen - ein Prozess, der bei vielen Insektenlarven möglich ist. Züchter sollten daher optimale Bedingungen schaffen, um die Regenerationsfähigkeit ihrer Insekten zu unterstützen. Epigenetische Modifikationen spielen ebenfalls eine wichtige Rolle in der Entwicklung. Histonmodifikationen wie Acetylierung und

Methylierung beeinflussen die Expression von Genen, die für die post-embryonale Entwicklung erforderlich sind [s33]. Diese Erkenntnisse sind besonders für die Optimierung von Zuchtbedingungen relevant, da Umweltfaktoren epigenetische Veränderungen beeinflussen können. Ein besonders interessanter Aspekt ist die Kontinuität zwischen der embryonalen und post-embryonalen Entwicklung. Bei holometabolen Insekten zeigt sich während der Metamorphose eine überraschende Ähnlichkeit der Genexpression mit dem embryonalen Stadium [s34]. Dies deutet darauf hin, dass während der Metamorphose embryonale Entwicklungsprogramme reaktiviert werden. Für die praktische Anwendung bedeuten diese Erkenntnisse, dass optimale Entwicklungsbedingungen während der Embryonalphase entscheidend für den späteren Entwicklungserfolg sind. Züchter sollten besonders auf konstante Temperatur- und Feuchtigkeitsbedingungen achten, da diese Faktoren die Genexpression und hormonelle Regulation beeinflussen können. Die Kontrolle des Juvenilhormonspiegels durch entsprechende Umweltbedingungen ist dabei von besonderer Bedeutung [s35]. Die verschiedenen Entwicklungstypen - ametabol, hemimetabol und holometabol - zeigen unterschiedliche embryonale Entwicklungsmuster [s36], was bei der Zucht verschiedener Insektenarten berücksichtigt werden muss. Beispielsweise entwickeln holometabole Insekten ihre Flügelanlagen bereits während der Embryogenese intern, während diese bei hemimetabolen Insekten erst in den Nymphenstadien extern wachsen.

Glossar

ametabol
Entwicklungstyp bei Insekten, bei dem die Jungtiere bereits in ihrer endgültigen Form schlüpfen und nur noch an Größe zunehmen

Epigenetisch
Vererbbare Veränderungen der Genaktivität, die nicht auf Änderungen der DNA-Sequenz beruhen, sondern durch äußere Einflüsse entstehen

Histonmodifikation
Chemische Veränderungen an Proteinen, die die DNA verpacken und dadurch die Zugänglichkeit von Genen regulieren

Juvenilhormon
Ein von Insekten produziertes Hormon, das das Wachstum und die Entwicklung von jugendlichen Merkmalen steuert und die Geschlechtsreife verzögert

Keimbandinvagination
Ein früher Entwicklungsschritt bei Insektenembryonen, bei dem sich Teile der äußeren Zellschicht nach innen falten und eine neue innere Schicht bilden

microRNA
Kurze RNA-Moleküle, die die Aktivität bestimmter Gene regulieren und dadurch Einfluss auf die Entwicklung von Geweben und Organen nehmen

1. 2. 2. Häutungsprozesse

Die Häutung (ecdysis) ist ein fundamentaler Prozess im Leben der Insekten, der ihr Wachstum und ihre Entwicklung erst ermöglicht [s37]. Anders als bei Wirbeltieren, die kontinuierlich wachsen können, müssen Insekten ihr starres Außenskelett regelmäßig abwerfen, um sich zu vergrößern [s38]. Dieser komplexe Vorgang wird durch ein fein abgestimmtes Zusammenspiel verschiedener Hormone gesteuert. Der Häutungszyklus läuft in vier klar definierten Phasen ab: Häutung (Ecdysis), Posthäutung, Interhäutung und Vorhäutung [s39]. Bereits in der Vorhäutungsphase beginnen wichtige vorbereitende Prozesse: Die Skelettmuskulatur wird teilweise abgebaut, das alte Exoskelett wird resorbiert und ein neues wird bereits unter dem alten angelegt [s40]. Für Insektenzüchter ist diese Phase besonders kritisch, da die Tiere in dieser Zeit sehr empfindlich auf Störungen reagieren.

Die eigentliche Häutung wird durch das Hormon Ecdyson eingeleitet [s41]. Ein faszinierender Aspekt ist der präzise Anstieg des Hyperglykämie-Hormons in der haemolymphe während der späten Vorhäutung - die Werte steigen dabei auf das Hundertfache der normalen Konzentration [s37]. Dies reguliert die lebenswichtige Wasser- und Ionenaufnahme während des Prozesses. Besonders bemerkenswert ist das Timing der Häutung: Viele Insekten häuten sich bevorzugt nachts oder in den frühen Morgenstunden, wenn das Risiko, von Fressfeinden entdeckt zu werden, geringer ist [s42]. Züchter sollten diese natürlichen Rhythmen respektieren und ihre Tiere in diesen Phasen besonders vor Störungen schützen. Die Anzahl der Häutungen variiert stark zwischen verschiedenen Arten und kann bei manchen Spezies bis zu 50 betragen [s41]. Ein konkretes Beispiel sind Bettwanzen, die fünf Entwicklungsstadien durchlaufen, wobei jedes Stadium eine Blutmahlzeit benötigt, um sich erfolgreich häuten zu können [s43]. Ohne ausreichende Nahrung verbleiben die Tiere im aktuellen Stadium. Der Häutungsprozess birgt auch erhebliche Risiken: Wenn ein Insekt zu lange braucht oder im alten Exoskelett stecken bleibt, kann das neue Skelett zu früh aushärten, was fatale Folgen hat [s44]. Züchter sollten daher optimale Umweltbedingungen schaffen, besonders hinsichtlich Luftfeuchtigkeit und Temperatur, da diese Faktoren den Häutungserfolg maßgeblich beeinflussen. Nach der erfolgreichen Häutung durchläuft das neue Exoskelett einen Prozess der Sklerotisierung oder "Bräunung", der ihm seine endgültige Festigkeit und Erscheinung verleiht [s40]. In dieser Phase, dem sogenannten

Teneral-Stadium, sind die Insekten oft noch blass und unpigmentiert [s44]. Erst wenn dieser Prozess abgeschlossen ist, können beispielsweise die Flügel ihre volle Funktionsfähigkeit entwickeln. Die Zeitspanne zwischen den Häutungen wird stark von äußeren Faktoren wie Nahrungsqualität und -verfügbarkeit sowie den allgemeinen Umweltbedingungen beeinflusst [s38]. Für die praktische Zucht bedeutet dies, dass konstante, optimale Bedingungen und hochwertige Nahrung essentiell für eine erfolgreiche Entwicklung sind.

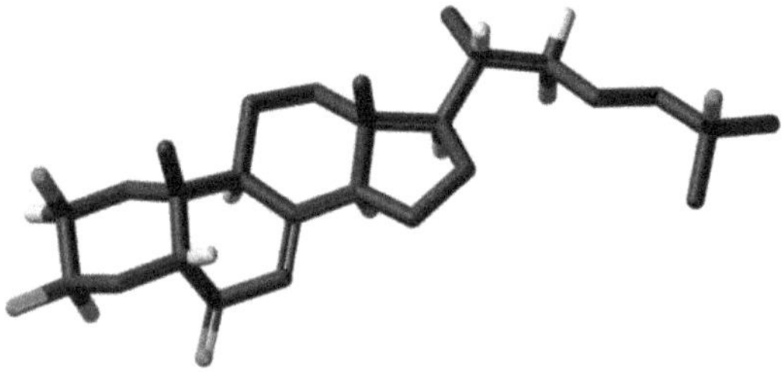

Ecdyson [i6]

1. 2. 3. Vollständige Metamorphose

Die vollständige Metamorphose (Holometabolie) stellt eine der faszinierendsten Entwicklungsstrategien im Tierreich dar. Als charakteristisches Merkmal aller endopterygoten Insektenordnungen [s45] ermöglicht sie eine bemerkenswerte Anpassungsfähigkeit: Larven und adulte Tiere können sich unabhängig voneinander an unterschiedliche ökologische Nischen anpassen [s45]. Diese evolutionäre Innovation erschien vermutlich erstmals gegen Ende des Karbonzeitalters [s45] und revolutionierte die Insektenevolution. Während der Metamorphose durchlaufen die Insekten dramatische Veränderungen ihrer Körperorganisation. In der Puppenphase, die zwischen dem larvalen und adulten Stadium liegt, findet eine komplette Reorganisation der Gewebe statt. Besonders bemerkenswert ist dabei die Umgestaltung des Verdauungstrakts: Durch kontrollierte Zelltodprozesse (Apoptose) wird der larvale Darm abgebaut und durch neue Zellen ersetzt [s46]. Für Insektenzüchter ist diese Phase besonders kritisch, da die Puppen in dieser Zeit sehr empfindlich auf Störungen reagieren. Eine stabile Umgebung mit geeigneter Temperatur und Luftfeuchtigkeit ist daher essentiell. Ein faszinierender Aspekt der Metamorphose ist die Rolle der endosymbiontischen Bakterien. Während der Puppenphase, in der keine Nahrungsaufnahme stattfindet, steigt ihre Anzahl deutlich an [s47]. Dies deutet auf ihre wichtige Funktion in dieser kritischen Entwicklungsphase hin. Die Bakterien überleben die massive Gewebeumorganisation in speziellen Zellen (Bakteriocyten) im Mitteldarm [s47]. Praktisch bedeutet dies für Züchter, dass die Gesundheit der Symbionten bereits in der Larvenphase durch geeignete Ernährung gefördert werden sollte. Während der Metamorphose befinden sich die Insekten in einem weitgehend bewegungslosen Zustand, eingeschlossen in einer gehärteten Cuticula [s48]. In dieser Zeit werden embryonale Entwicklungsprogramme reaktiviert [s48]. Gene, die mit Stoffwechsel und Entwicklung assoziiert sind, kehren in einen embryonalen Expressionszustand zurück [s48]. Für die Praxis bedeutet dies, dass die Umgebungsbedingungen während der Metamorphose ähnlich optimal sein sollten wie während der Embryonalentwicklung. Die wissenschaftliche Erforschung der vollständigen Metamorphose hat eine lange Geschichte. Im Laufe der Jahrhunderte entwickelten sich verschiedene Theorien über die Beziehung zwischen larvalen und pupalen Stadien [s49]. Heute wissen wir, dass die Metamorphose ein hochkomplexer Prozess ist, bei dem der gesamte Mitteldarm zu einem symbiotischen Organ wird [s47]. Dies unterstreicht die Bedeutung einer ausgewogenen Ernährung der Larven für eine erfolgreiche Metamorphose. Für Insektenzüchter und Forscher ergeben sich aus diesen Erkenntnissen wichtige praktische Konsequenzen: Die Qualität der Larvenfütterung beeinflusst nicht nur das unmittelbare Wachstum, sondern auch den Erfolg der späteren Metamorphose. Die Aufrechterhaltung stabiler Umweltbedingungen während der Puppenphase ist crucial, da in dieser Zeit komplexe Umbauprozesse stattfinden. Besonders die Temperatur sollte konstant gehalten werden, da sie die Geschwindigkeit der Entwicklungsprozesse beeinflusst.

Glossar

Apoptose
Ein programmierter Zelltod, der es dem Organismus ermöglicht, nicht mehr benötigte oder beschädigte Zellen gezielt abzubauen. Dieser Prozess ist wichtig für die Entwicklung und Gewebeerneuerung.

Bakteriocyte
Spezialisierte Zellen im Insektenkörper, die als Wohnort für nützliche Bakterien dienen. Diese Zellen schützen und versorgen die Bakterien mit Nährstoffen.

Cuticula
Die äußere Schicht des Insektenkörpers, die aus mehreren Lagen besteht und hauptsächlich aus Chitin und Proteinen aufgebaut ist. Sie dient als Schutz und Außenskelett.

Holometabolie
Eine Form der Insektenentwicklung, bei der sich das Tier über die Stadien Ei, Larve, Puppe zum fertigen Insekt entwickelt. Im Gegensatz zur unvollständigen Metamorphose findet hier eine vollständige Umwandlung statt.

1. 2. 4. Unvollständige Metamorphose

Die unvollständige Metamorphose, auch als Hemimetabolie bezeichnet, stellt eine evolutionär ältere und weniger komplexe Entwicklungsform der Insekten dar [s50]. Im Gegensatz zur vollständigen Metamorphose durchlaufen diese Insekten nur drei Hauptentwicklungsstadien: Ei, Nymphe und Adult [s51]. Ein besonderes Merkmal dieser Entwicklungsform ist, dass die Nymphen bereits stark den erwachsenen Tieren ähneln und sich hauptsächlich in ihrer Größe und den noch nicht vollständig entwickelten Geschlechtsorganen unterscheiden [s50]. Besonders faszinierend ist die hormonelle Steuerung dieser Entwicklung. Das Hormon Neotenin spielt dabei eine Schlüsselrolle, indem es die finale Metamorphose zum Adultstadium verzögert und die vorzeitige Bildung des adulten Exoskeletts verhindert [s52]. Für Züchter und Forscher ist dieses Wissen von großer praktischer Bedeutung, da die Umweltbedingungen einen direkten Einfluss auf die Hormonproduktion haben können. Optimale Temperatur- und Feuchtigkeitsbedingungen sind daher essentiell für eine erfolgreiche Entwicklung. Ein interessantes Beispiel für die unvollständige Metamorphose findet sich bei aquatischen Insekten wie den Libellen [s53]. Ihre Nymphen, auch Naiaden genannt, leben räuberisch im Wasser, während die adulten Tiere flugfähig sind und an Land leben [s54]. Diese ökologische Anpassung ermöglicht es den Arten, verschiedene Lebensräume zu nutzen und Konkurrenz zwischen den Entwicklungsstadien zu vermeiden. Für die Artbestimmung bedeutet dies, dass man sowohl die aquatischen als auch die terrestrischen Lebensformen kennen muss. Evolutionsbiologisch besonders interessant ist die Hypothese, dass sich die Puppe der holometabolen Insekten aus einem letzten juvenilen Stadium eines hemimetabolen Vorfahren entwickelt haben könnte [s55]. Diese Theorie wird durch die Entdeckung ähnlicher Hormonsignalwege in beiden Entwicklungsformen gestützt. Für das Verständnis der Insektenentwicklung ist dies von grundlegender Bedeutung. Die praktische Bedeutung für Züchter und Forscher liegt vor allem in der Vorhersehbarkeit der Entwicklung. Da die Nymphen bereits stark den Adulten ähneln, lassen sich Entwicklungsfortschritte leichter beobachten und dokumentieren [s50]. Dies ermöglicht eine bessere Planung von Zuchtprogrammen und Forschungsprojekten. Ein weiterer wichtiger Aspekt ist die Ernährung während der Entwicklung. Da sich die Nymphen in ihrer Lebensweise kaum von den Adulten unterscheiden [s53], müssen keine speziellen

Futterumstellungen vorgenommen werden. Dies vereinfacht die Haltung und Zucht im Vergleich zu holometabolen Insekten erheblich. Für die Naturbeobachtung und den Artenschutz ist das Verständnis der unvollständigen Metamorphose ebenfalls von großer Bedeutung. Da viele hemimetabole Insekten, wie beispielsweise Libellen, als Bioindikatoren für die Gewässerqualität dienen [s54], können ihre verschiedenen Entwicklungsstadien wichtige Hinweise auf den ökologischen Zustand eines Habitats geben. Die zeitliche Expression entwicklungsrelevanter Gene zeigt interessante Parallelen zwischen hemimetabolen und holometabolen Insekten [s55]. Diese Erkenntnis eröffnet neue Perspektiven für die evolutionäre Entwicklungsbiologie und könnte in Zukunft zu einem besseren Verständnis der Insektenentwicklung insgesamt führen.

Glossar

Hemimetabolie
Eine Form der Insektenentwicklung, bei der die Entwicklungsstadien fließend ineinander übergehen, typisch für ursprüngliche Insektengruppen wie Heuschrecken und Wanzen

Naiade
Wasserlebende Jugendstadien bestimmter Insekten, die sich durch besondere Anpassungen wie Tracheenkiemen oder Schwanzlamellen auszeichnen

Neotenin
Ein Juvenilhormon, das bei Insekten die Aufrechterhaltung der Jugendmerkmale steuert und in der Pharmaindustrie als Modell für Wachstumsregulatoren dient

1. 2. 5. Puppenstadien

Das Puppenstadium stellt bei holometabolen Insekten eine faszinierende Übergangsphase zwischen Larve und Adult dar, in der dramatische Umbauprozesse stattfinden. Die Dauer dieser Phase variiert stark und kann je nach Art und Umweltbedingungen von nur 4 Tagen bis zu mehreren Monaten reichen [s56]. Bei optimalen Temperaturen zwischen 32-37°C durchlaufen beispielsweise manche Fliegenarten ihre Verpuppung in nur 2-6 Tagen, während kühlere Temperaturen den Prozess auf bis zu 27 Tage verlängern können [s57]. Während der Verpuppung spielen molekulare Mechanismen eine entscheidende Rolle. Die sequenzielle Expression spezifischer Transkriptionsfaktoren bestimmt dabei die Identität der verschiedenen Entwicklungsstadien. Besonders interessant ist, dass bestimmte Faktoren in der juvenilen Phase aktiviert werden müssen, um das Larvenwachstum zu ermöglichen, jedoch für die erfolgreiche Metamorphose wieder deaktiviert werden müssen [s58]. Für Züchter bedeutet dies, dass die Umweltbedingungen während der Verpuppung besonders stabil gehalten werden müssen, da sie die Genexpression direkt beeinflussen können.
Ein faszinierender Aspekt der Puppenstadien ist die Rolle der Chitinase-Enzyme. Wissenschaftliche Untersuchungen haben 12 Chitinase-Gene identifiziert, die für die Puppenentwicklung essentiell sind [s59]. Diese Enzyme ermöglichen den kontrollierten Abbau des alten Exoskeletts - ein Prozess, der für die Metamorphose unerlässlich ist. Störungen in diesem System können zu Entwicklungsverzögerungen und Häutungsproblemen führen. Züchter sollten daher besonders auf Anzeichen von Häutungsstörungen achten, da diese auf ungünstige Umweltbedingungen hinweisen können. Die Proteomik-Analyse hat gezeigt, dass während der Metamorphose verschiedene Stoffwechselwege unterschiedlich reguliert werden. Besonders der Aminozuckerstoffwechsel wird hochreguliert, was seine wichtige Rolle im Chitinmetabolismus unterstreicht [s60]. Praktisch bedeutet dies für die Aufzucht, dass eine ausgewogene Ernährung der Larven vor der Verpuppung essentiell ist, um alle notwendigen Bausteine für die Metamorphose bereitzustellen.

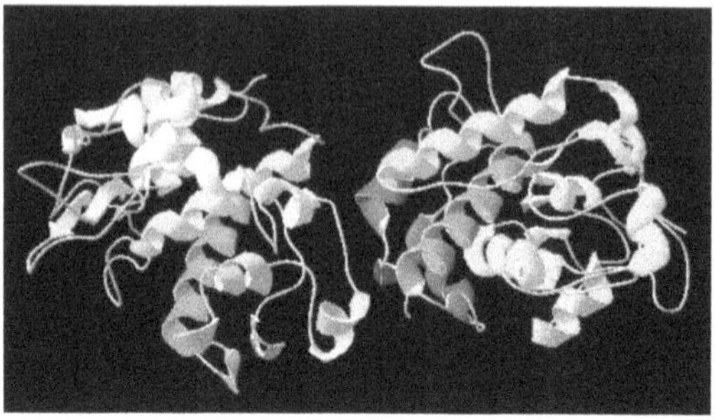

Chitinase [i7]

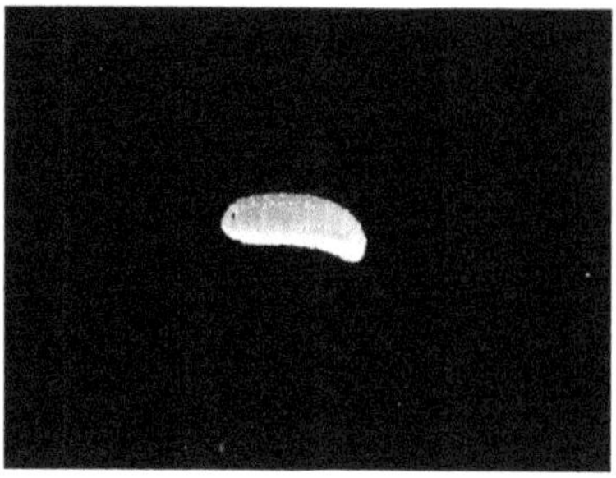

Puparium [i8]

Viele Insektenarten haben spezielle Schutzstrategien für das vulnerable Puppenstadium entwickelt. Einige Mottenund Wespenlarven produzieren beispielsweise einen schützenden Kokon aus Seide. Bei Fliegen wird die letzte Larvenhaut zu einem schützenden Puparium umgewandelt [s61]. Für die Praxis bedeutet dies, dass Züchter diese natürlichen Schutzmechanismen respektieren und unterstützen sollten, indem sie geeignete Verpuppungssubstrate anbieten. Die Farbe des Puppenkastens kann wichtige Hinweise auf den Entwicklungsfortschritt geben. Bei manchen Arten verändert sich die Färbung von gelb über rot bis schwarz während des Alterungsprozesses [s57]. Dies ermöglicht Züchtern eine non-invasive Überwachung der Entwicklung. Auch die Überwinterungsstrategie variiert - manche Arten überwintern entweder im Larven- oder Puppenstadium an geschützten Orten [s57], was bei der Planung von Zuchtprogrammen berücksichtigt werden muss. Die Erkenntnis, dass über 90% der Gewichtszunahme oft in den letzten Larvenstadien vor der Verpuppung stattfindet [s61], ist für Züchter besonders relevant. Eine optimale Ernährung in dieser kritischen Phase ist entscheidend für eine erfolgreiche Metamorphose. Diese Erkenntnisse haben auch zur Entwicklung gezielter Kontrollstrategien bei Schadinsekten geführt, die auf die hormonelle Steuerung der Metamorphose abzielen [s61].

Glossar

Chitinase

Ein Enzym, das die chemische Spaltung von Chitin ermöglicht. Chitinasen sind besonders wichtig bei der Neubildung des Außenskeletts von Insekten.

Proteomik

Wissenschaftliche Untersuchungsmethode zur Erforschung aller Proteine in einem Organismus zu einem bestimmten Zeitpunkt.

Puparium

Eine verhärtete, tonnenförmige Schutzhülle aus der letzten Larvenhaut, die besonders bei Fliegen vorkommt und der Puppe Schutz bietet.

Transkriptionsfaktor

Proteine, die das An- und Ausschalten von Genen steuern und damit die Entwicklung des Insekts regulieren.

Zusammenfassung - 1. 2. Entwicklung und Metamorphose

- Die Keimbandinvagination legt die grundlegende Körperorganisation während der frühen Embryonalentwicklung fest
- Das br-Gen reguliert die embryonale Entwicklung in zwei Phasen und beeinflusst die posteriore Entwicklung
- Juvenilhormon ist bei ametabolen und hemimetabolen Insekten während der Embryonalentwicklung essentiell, bei holometabolen weniger
- MicroRNAs zeigen vier Hauptwellen der Expression während der embryonalen Entwicklung
- Epigenetische Modifikationen wie Histonacetylierung beeinflussen die post-embryonale Genexpression
- Während der Metamorphose werden embryonale Entwicklungsprogramme reaktiviert
- Der Häutungszyklus durchläuft vier Phasen: Ecdysis, Posthäutung, Interhäutung und Vorhäutung
- Das Hyperglykämie-Hormon steigt während der späten Vorhäutung auf das Hundertfache
- Die Sklerotisierung verleiht dem neuen Exoskelett nach der Häutung seine endgültige Festigkeit
- Endosymbiontische Bakterien vermehren sich stark während der Puppenphase
- Bakteriocyten im Mitteldarm schützen Symbionten während der Gewebeumorganisation
- Neotenin verhindert bei der Hemimetabolie die vorzeitige Bildung des adulten Exoskeletts
- Naiaden leben als aquatische Räuber, während adulte Tiere flugfähig sind
- 12 verschiedene Chitinase-Gene sind für die Puppenentwicklung essentiell
- Der Aminozuckerstoffwechsel wird während der Metamorphose hochreguliert

- 90% der Gewichtszunahme erfolgt in den letzten Larvenstadien vor der Verpuppung

1. 3. Systematik und Evolution

Die Systematik und Evolution der Insekten gehört zu den faszinierendsten Forschungsgebieten der Entomologie. Mit über einer Million beschriebener Arten stellen sich grundlegende Fragen: Wie haben sich diese vielfältigen Lebensformen entwickelt? Welche Mechanismen führten zu ihrer Diversifikation? Und wie lassen sich die komplexen verwandtschaftlichen Beziehungen zwischen den verschiedenen Insektengruppen entschlüsseln? Die moderne Forschung kombiniert dabei klassische morphologische Untersuchungen mit molekularbiologischen Methoden und computergestützten Analysen. Dies ermöglicht nicht nur präzisere Einblicke in die Stammesgeschichte der Insekten, sondern auch ein besseres Verständnis ihrer Anpassungsmechanismen und Artbildungsprozesse. Die kontinuierliche Weiterentwicklung der Untersuchungsmethoden führt dabei regelmäßig zu überraschenden Erkenntnissen, die unser Verständnis der Insektenevolution erweitern und manchmal sogar grundlegend verändern. Die folgenden Abschnitte beleuchten die wichtigsten Aspekte dieser dynamischen Forschung und zeigen ihre praktische Bedeutung für die Bestimmung und den Schutz von Insekten.

„Die Evolution der Insekten wurde maßgeblich von Schlüsselinnovationen wie der Entwicklung der Flügel oder komplexer Mundwerkzeuge beeinflusst, die die Erschließung neuer ökologischer Nischen ermöglichten.“

---

1. 3. 1. Stammesgeschichte

Die Stammesgeschichte der Insekten erstreckt sich über einen beeindruckenden Zeitraum von mehreren hundert Millionen Jahren und zeigt eine faszinierende Entwicklung von frühen Vorläufern bis zu der enormen Vielfalt, die wir heute kennen. Die wissenschaftliche Rekonstruktion dieser Evolution basiert auf verschiedenen Quellen und Methoden, die ständig verfeinert werden [s62]. Besonders aufschlussreich ist die Betrachtung der phylogenetischen Beziehungen zwischen verschiedenen Insektengruppen. Moderne Analysen kombinieren dabei morphologische Merkmale mit molekularen Daten, was zu einem deutlich präziseren Verständnis der evolutionären Verwandtschaften führt [s63]. Ein praktisches Beispiel hierfür ist die Untersuchung sozialer Insekten, deren Kronengruppe bereits vor 90-100 Millionen Jahren existierte. Für Naturbeobachter bedeutet dies, dass sie bei der Bestimmung von Insekten sowohl äußere Merkmale als auch das Verhalten berücksichtigen sollten, da sich verwandte Arten oft in beiden Aspekten ähneln. Die Evolution der Insekten wurde maßgeblich von Schlüsselinnovationen beeinflusst [s64]. Diese evolutionären Neuerungen, wie etwa die Entwicklung der Flügel oder komplexer Mundwerkzeuge, ermöglichten die Erschließung neuer ökologischer Nischen. Bei der Bestimmung von Insekten ist es daher hilfreich, auf solche charakteristischen Merkmale zu achten, die oft gruppenspezifisch sind und wichtige Hinweise auf die systematische Einordnung geben können.

Interessante Einblicke liefert auch die Betrachtung spezifischer Insektenordnungen wie der Thysanoptera (Fransenflügler). Die Unterteilung in die Unterordnungen Terebrantia und Tubulifera zeigt deutliche morphologische und entwicklungsbiologische Unterschiede [s65]. Für die praktische Bestimmungsarbeit bedeutet dies, dass man besonders auf diese unterscheidenden Merkmale achten sollte. Die Komplexität der Insektenevolution wird durch verschiedene Faktoren wie Hybridisierung und klimatische Veränderungen beeinflusst [s66]. Dies erklärt auch die heute beobachtbare disjunkte Verbreitung mancher Arten zwischen Alter und Neuer Welt. Für Feldforschende ist es deshalb wichtig, auch geografische und klimatische Faktoren bei der Artbestimmung zu berücksichtigen.

Thysanoptera [i9]

Ein besonders anschauliches Beispiel für die praktische Bedeutung systematischer Studien liefern die Rüstungsschildläuse (Diaspididae). Ihre genaue systematische Einordnung ist nicht nur von wissenschaftlichem Interesse, sondern hat auch praktische Bedeutung für die Schädlingsbekämpfung [s67]. Dies verdeutlicht, wie wichtig präzise taxonomische Arbeit für die angewandte Entomologie ist. Die moderne Systematik nutzt verschiedene Methoden zur Rekonstruktion der Stammesgeschichte, darunter phylogenetische Systematik, Phenetik und evolutionäre Taxonomie [s62]. Für die praktische Bestimmungsarbeit bedeutet dies, dass oft mehrere Merkmalsysteme parallel betrachtet werden müssen. Bei der Verwendung von Bestimmungsschlüsseln sollte man sich dieser Komplexität bewusst sein und gegebenenfalls mehrere Bestimmungswege parallel verfolgen. Die kontinuierliche Weiterentwicklung der systematischen Methoden führt immer wieder zu Überarbeitungen bestehender Klassifikationen [s68]. Für Praktiker bedeutet dies, dass sie ihre

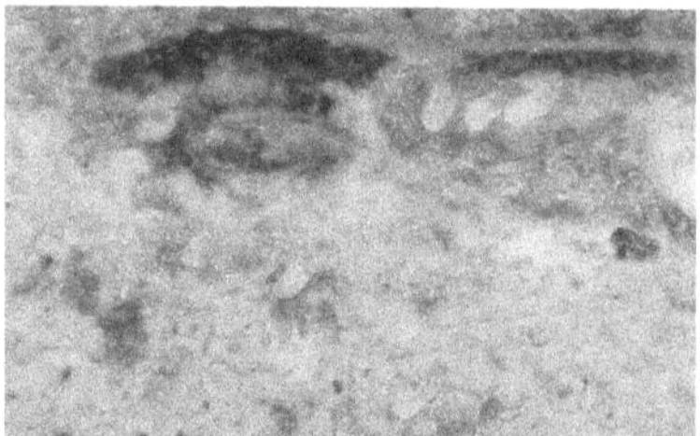

Diaspididae [i10]

Bestimmungsliteratur regelmäßig aktualisieren und sich über neue systematische Erkenntnisse informieren sollten. Die Kombination aus traditioneller Morphologie und modernen molekularen Methoden ermöglicht dabei eine immer genauere Rekonstruktion der evolutionären Beziehungen.

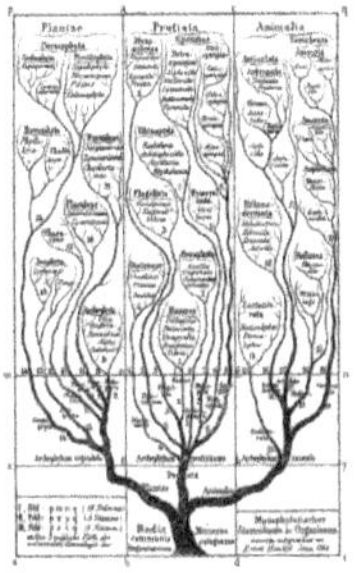

Phylogenie [i11]

Diaspididae

Eine Familie von Schildläusen, die sich durch die Bildung eines harten, wachsartigen Schildes auszeichnet, der den Körper des erwachsenen Weibchens vollständig bedeckt.

Phenetik

Eine Methode zur Klassifizierung von Organismen, die auf der Gesamtähnlichkeit von messbaren Merkmalen basiert, ohne evolutionäre Beziehungen zu berücksichtigen.

Terebrantia

Eine Unterordnung der Fransenflügler, deren Weibchen einen sägeartigen Legeapparat besitzen, mit dem sie ihre Eier in Pflanzengewebe ablegen können.

Thysanoptera

Eine Ordnung winziger Insekten mit schmalen, gefransten Flügeln, die meist nur 1-2 mm lang sind. Der Name leitet sich aus dem Griechischen ab: 'thysanos' (Franse) und 'pteron' (Flügel).

Tubulifera

Eine Unterordnung der Fransenflügler, die sich durch ein röhrenförmiges letztes Hinterleibssegment auszeichnet. Sie legen ihre Eier offen auf Pflanzenoberflächen ab.

1. 3. 2. Taxonomische Ordnungen

Die taxonomische Ordnung von Insekten folgt einem hierarchischen System, das auf der Linneischen Systematik basiert und kontinuierlich durch moderne Forschungsmethoden verfeinert wird [s69]. Diese Systematik ermöglicht es Wissenschaftlern und Naturbeobachtern, die immense Vielfalt der Insektenwelt strukturiert zu erfassen und zu kategorisieren. Die klassische Hierarchie umfasst acht Hauptebenen: Domäne, Reich, Stamm, Klasse, Ordnung, Familie, Gattung und Art [s69]. Bei der praktischen Bestimmungsarbeit ist es hilfreich, sich von den höheren zu den niedrigeren taxonomischen Ebenen vorzuarbeiten. Beispielsweise würde man bei der Bestimmung eines Käfers zunächst die Ordnung Coleoptera identifizieren, bevor man sich den spezifischeren Merkmalen der Familie oder Gattung widmet. Die moderne Taxonomie erkennt an, dass die Evolution oft komplexer ist als das traditionelle hierarchische System suggeriert [s70]. Dies zeigt sich besonders bei der Artabgrenzung, die nicht immer eindeutig ist. Für Praktiker bedeutet dies, dass sie bei der Bestimmung auch Übergangsformen oder Hybride berücksichtigen müssen und gegebenenfalls mehrere Bestimmungsmerkmale parallel prüfen sollten. Ein wichtiger Fortschritt in der taxonomischen Arbeit ist die Integration von DNA-basierten Methoden [s71]. Diese ermöglichen eine präzisere Artabgrenzung, besonders bei morphologisch schwer unterscheidbaren Arten. Für Feldforschende bedeutet dies, dass sie bei zweifelhaften Fällen Gewebeproben für molekulare Analysen sammeln sollten, um eine genaue Bestimmung zu ermöglichen. Die Standardisierung der taxonomischen Nomenklatur wird durch internationale Konventionen geregelt [s72]. In wissenschaftlichen Publikationen werden taxonomische Namen üblicherweise kursiv geschrieben, was die Erkennbarkeit erhöht. Bei der Dokumentation von Insektenbeobachtungen sollte man daher auf die korrekte Schreibweise der wissenschaftlichen Namen achten. Moderne Forschungsansätze integrieren zunehmend zeitbasierte Klassifikationssysteme [s73]. Diese berücksichtigen, wann sich verschiedene Taxa phylogenetisch getrennt haben, was für das Verständnis der Evolution und Biogeographie wichtig ist. Für Naturbeobachter kann dieses Wissen helfen, das Vorkommen bestimmter Arten in ihrem geografischen Kontext besser zu verstehen.

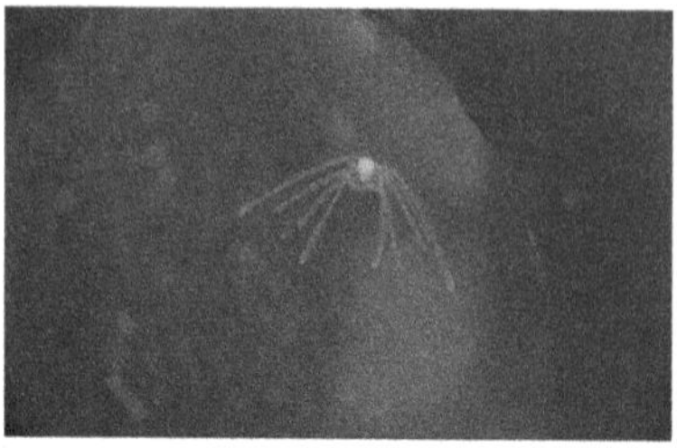

Biorepositories [i12]

Die Komplexität der Insektentaxonomie spiegelt sich in der Entwicklung spezialisierter Infrastrukturen und Datenbanken wider [s74]. Große Biorepositories mit Millionen von Datensätzen unterstützen die taxonomische Arbeit. Bestimmer sollten diese Ressourcen nutzen und ihre Beobachtungen möglichst in entsprechende Datenbanken einpflegen, um zur Weiterentwicklung des Wissens beizutragen. Die taxonomische Klassifikation bleibt ein dynamischer Prozess [s75]. Neue Erkenntnisse führen regelmäßig zu Überarbeitungen der systematischen Einordnung. Praktiker sollten daher ihre Bestimmungsliteratur regelmäßig aktualisieren und sich über taxonomische Revisionen in ihrem Interessengebiet informieren. Die Integration von multilokalen DNA-Sequenzdaten [s73] ermöglicht zunehmend präzisere phylogenetische Rekonstruktionen. Dies hat praktische Bedeutung für die Artbestimmung, da verwandtschaftliche Beziehungen besser verstanden werden. Bei der Feldarbeit sollten daher wenn möglich auch genetische Proben gesammelt werden, um zur Verfeinerung der taxonomischen Kenntnisse beizutragen.

Glossar

Biorepository
Sammlungen biologischer Proben und zugehöriger Daten, die für Forschungszwecke aufbewahrt und katalogisiert werden

Hybrid
Nachkommen zweier verschiedener Arten oder Unterarten, die durch Kreuzung entstanden sind

Phylogenetisch
Bezieht sich auf die stammesgeschichtliche Entwicklung und Verwandtschaftsbeziehungen zwischen Arten

Taxonomie
Wissenschaft der Einordnung und Benennung von Lebewesen nach bestimmten Kriterien wie Aussehen, Verhalten und Verwandtschaft

1. 3. 3. Anpassungsmechanismen

Die Evolution hat bei Insekten zu einer erstaunlichen Vielfalt an Anpassungsmechanismen geführt, die ihr Überleben in unterschiedlichsten Lebensräumen ermöglichen. Diese Anpassungen umfassen morphologische, physiologische und verhaltensbiologische Aspekte, die sich über Millionen von Jahren entwickelt haben [s76]. Ein faszinierendes Beispiel für morphologische Anpassung zeigt sich bei den Stickinsekten der Mascarene-Inseln. Diese Populationen gehen auf ein einziges Besiedlungsereignis vor 16-29 Millionen Jahren zurück und haben sich aus australischen Vorfahren entwickelt [s77]. Bei der Bestimmung dieser Arten ist besonders auf die spezifischen Körpermerkmale zu achten, die sich als Anpassung an die insularen Bedingungen entwickelt haben.

Besonders gut dokumentiert sind die Anpassungsmechanismen von Bienen in den Changbai-Bergen. Diese Population hat bemerkenswerte Strategien entwickelt, um mit den extremen klimatischen Bedingungen zurechtzukommen. Die Bienen zeigen eine ausgeprägte Kältetoleranz als Anpassung an lange Winter und kurze Sommer [s78]. Für Feldforscher ist es wichtig zu wissen, dass sich diese Anpassungen in spezifischen morphologischen Merkmalen widerspiegeln, insbesondere in der Flügelform und -größe, die zwischen verschiedenen geografischen Populationen variieren. Die genetische Basis solcher Anpassungen ist komplex. Wissenschaftliche Untersuchungen haben spezifische Gene identifiziert, die mit der Kälteanpassung in Verbindung stehen [s78]. Bei der Dokumentation von Insektenpopulationen sollten daher neben morphologischen Merkmalen auch Umweltparameter wie Höhenlage und Temperatur erfasst werden, da diese die Ausprägung adaptiver Merkmale beeinflussen. Interessante Einblicke liefert auch die Untersuchung mitochondrialer Genome, die Hinweise auf adaptive Evolution zeigen [s79]. Bei der Höhenanpassung wurden beispielsweise spezifische Gene identifiziert, die positive Selektion aufweisen. Für die praktische Bestimmungsarbeit bedeutet dies, dass Höhenunterschiede im Habitat bei

Bienen [i13]

der Artidentifikation berücksichtigt werden sollten. Die Anpassung an spezifische Lebensräume zeigt sich auch in der Larvenmorphologie vieler Insektenarten. Die Körperfärbung der Larven weist dabei oft adaptive Charaktere auf, die direkt mit ihrem Habitat in Verbindung stehen [s80]. Bei der Bestimmung von Insektenlarven sollte man daher besonders auf diese habitatspezifischen Färbungsmuster achten.

Ein weiterer wichtiger Aspekt sind Verteidigungsstrategien und Mimese, die sich als Anpassungsmechanismen entwickelt haben [s76]. Bei der Feldarbeit ist es wichtig, diese Tarnungs- und Verteidigungsmechanismen zu erkennen und zu dokumentieren, da sie wichtige Hinweise auf die ökologische Rolle und systematische Zugehörigkeit der Arten geben können. Die genetische Vielfalt spielt eine zentrale Rolle bei Anpassungsprozessen. Studien zeigen jedoch, dass einige Populationen durch Isolation und Inzucht einen erheblichen Verlust an genetischer Diversität erfahren haben [s78]. Für Naturschützer und Feldforscher ist es daher wichtig, bei ihren Beobachtungen auch auf Anzeichen von Populationsisolation und mögliche Inzuchteffekte zu achten. Die Dokumentation und das Verständnis dieser Anpassungsmechanismen sind nicht nur von wissenschaftlichem Interesse, sondern haben auch praktische Bedeutung für den Artenschutz. Bei der Bestimmung und Dokumentation von Insekten sollten daher sowohl morphologische Merkmale als auch ökologische und verhaltensbiologische Aspekte berücksichtigt werden, um ein vollständiges Bild der Anpassungsstrategien zu erhalten.

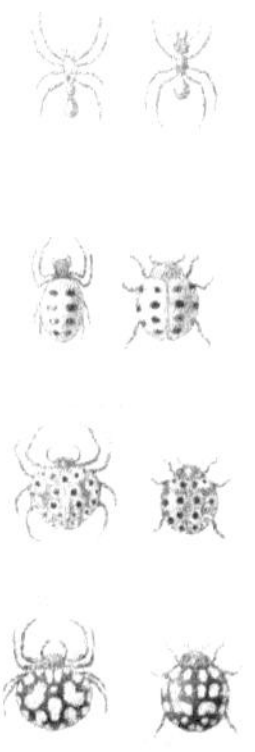

Mimese [i14]

Glossar

Changbai-Berge
Ein Gebirgszug an der Grenze zwischen China und Nordkorea, bekannt für seine extreme Höhenlage und besondere klimatische Bedingungen

Mascarene-Inseln
Eine Inselgruppe im westlichen Indischen Ozean östlich von Madagaskar, bestehend aus den Hauptinseln Mauritius, Réunion und Rodrigues

Mimese
Eine Form der Tarnung, bei der Tiere in Aussehen, Färbung oder Verhalten andere Organismen oder Objekte ihrer Umgebung nachahmen, um sich vor Fressfeinden zu schützen oder selbst besser jagen zu können

mitochondriales Genom
Die Erbinformation in den Mitochondrien einer Zelle, die unabhängig vom Zellkern vererbt wird und besonders für die Energiegewinnung wichtige Gene enthält

1. 3. 4. Artbildungsprozesse

Die Entstehung neuer Arten (Artbildung) ist ein komplexer und kontinuierlicher Prozess, der durch verschiedene Mechanismen und Faktoren beeinflusst wird [s81]. Besonders interessant ist dabei die Rolle der Hybridisierung, die vor allem bei jüngeren, sich schnell entwickelnden Arten häufiger auftritt als bei älteren Taxa [s81]. Dies zeigt sich beispielsweise bei der Untersuchung von sympatrischen Arten, wo genetischer Austausch durch Introgression nachgewiesen wurde. Für Feldforscher bedeutet dies, dass sie bei der Artbestimmung besonders in Gebieten mit überlappenden Verbreitungsarealen verwandter Arten auf Zwischenformen achten sollten. Ein faszinierendes Beispiel für die Komplexität der Artbildungsprozesse liefert die Entdeckung einer außergewöhnlichen Variabilität in der Chromosomenzahl bei einem weitverbreiteten Schmetterling [s82]. Die diploide Chromosomenzahl variiert dabei von 2n = 106 bis 2n = 56 über eine geografische Distanz von 6000 km. Bei der Dokumentation von Insektenpopulationen sollten daher auch geografische Daten sorgfältig erfasst werden, da sie wichtige Hinweise auf mögliche chromosomale Variationen liefern können. Die Mikroendemie, also das Vorkommen von Arten in sehr kleinen geografischen Gebieten, spielt eine wichtige Rolle bei der Artbildung [s83]. Bei der Untersuchung von Blattkäfern wurde festgestellt, dass intrinsische evolutionäre Faktoren und spezifische Speziationsmodi zu solchen eingeschränkten Verbreitungsmustern führen können. Für Naturschützer ist es daher wichtig, auch kleinräumige Habitate zu erfassen und zu schützen, da sie wichtige "Artbildungslaboratorien" darstellen können. Eine besondere Rolle bei der Artbildung spielen sogenannte Orphan-Gene, die keine erkennbaren Verwandtschaften zu Genen anderer Arten aufweisen [s84]. Diese Gene, die 10-30% des Genoms ausmachen können, entstehen durch verschiedene Mechanismen wie Gen-Duplikation oder horizontale Genübertragung. Bei der Dokumentation von Artmerkmalen sollten daher auch ungewöhnliche oder einzigartige Merkmale besonders beachtet werden, da sie möglicherweise auf die Aktivität solcher Orphan-Gene zurückzuführen sind. Ein interessantes Beispiel für die Bedeutung ökologischer Faktoren bei der Artbildung liefert die One-Host-One-Parasite (1H1P) Hypothese [s85]. Diese zeigt, wie die Anwesenheit oder Abwesenheit bestimmter Strukturen (in diesem Fall Haustorien) die Wirtsspezifität und damit die Artbildung beeinflussen kann. Für die praktische Feldarbeit bedeutet dies, dass bei der

Untersuchung von parasitischen Insekten besonders auf die Wirt-Parasit-Beziehungen geachtet werden sollte.

Die Dokumentation von Artbildungsprozessen erfordert eine sorgfältige und systematische Herangehensweise. Feldforscher sollten dabei folgende Aspekte besonders beachten:
- Genaue geografische Dokumentation der Fundorte
- Erfassung morphologischer Variationen innerhalb von Populationen
- Dokumentation von Hybridisierungsereignissen
- Beobachtung von Wirt-Parasit-Beziehungen
- Sammlung von DNA-Proben für genetische Analysen

Die Erforschung von Artbildungsprozessen ist nicht nur von wissenschaftlichem Interesse, sondern hat auch praktische Bedeutung für den Artenschutz. Das Verständnis dieser Prozesse hilft bei der Entwicklung effektiver Schutzstrategien und bei der Vorhersage möglicher Auswirkungen von Umweltveränderungen auf die Biodiversität.

Haustorien
Spezialisierte Strukturen bei parasitischen Organismen, die in das Wirtsgewebe eindringen und der Nährstoffaufnahme dienen

Hybridisierung
Biologischer Vorgang, bei dem sich zwei verschiedene Arten oder Unterarten kreuzen und Nachkommen (Hybriden) erzeugen, die Merkmale beider Elternteile tragen

Introgression
Einkreuzung von Genen einer Art in den Genpool einer anderen Art durch wiederholte Rückkreuzung von Hybriden mit einer der Elternarten

Mikroendemie
Besondere Form des Endemismus, bei der Arten ausschließlich in einem sehr kleinen, klar abgegrenzten geografischen Gebiet vorkommen

Orphan-Gene
Einzigartige Gene ohne erkennbare Verwandte in anderen Arten, die neue biologische Funktionen entwickeln können

Zusammenfassung - 1. 3. Systematik und Evolution

- Die Evolution der Insekten erstreckt sich über mehrere hundert Millionen Jahre, wobei die Kronengruppe sozialer Insekten bereits vor 90-100 Millionen Jahren existierte
- Die Entwicklung von Schlüsselinnovationen wie Flügel und komplexen Mundwerkzeugen ermöglichte die Erschließung neuer ökologischer Nischen
- Thysanoptera teilen sich in die morphologisch und entwicklungsbiologisch unterschiedlichen Unterordnungen Terebrantia und Tubulifera
- Disjunkte Verbreitung mancher Arten zwischen Alter und Neuer Welt wird durch Hybridisierung und klimatische Veränderungen erklärt
- DNA-basierte Methoden ermöglichen präzisere Artabgrenzung bei morphologisch schwer unterscheidbaren Arten
- Zeitbasierte Klassifikationssysteme berücksichtigen phylogenetische Trennungszeitpunkte für Evolution und Biogeographie
- Stickinsekten der Mascarene-Inseln entwickelten sich aus einem einzigen Besiedlungsereignis vor 16-29 Millionen Jahren
- Bienen in den Changbai-Bergen zeigen spezifische morphologische Anpassungen wie veränderte Flügelform als Kälteanpassung
- Mitochondriale Genome zeigen positive Selektion bei Genen für Höhenanpassung
- Die diploide Chromosomenzahl eines weitverbreiteten Schmetterlings variiert von 2n = 106 bis 2n = 56 über 6000 km
- Orphan-Gene ohne erkennbare Verwandtschaften machen 10-30% des Genoms aus
- Die One-Host-One-Parasite Hypothese zeigt Zusammenhänge zwischen Haustorien, Wirtsspezifität und Artbildung

Rückblick - 1. Grundlagen der Entomologie

- Der Insektenkörper ist in drei Tagmata gegliedert und wird durch ein zweischichtiges Exoskelett mit Chitin bestimmt
- Die Facettenaugen bestehen aus vielen einzelnen Ommatidien für die visuelle Wahrnehmung
- Flügel zeigen verschiedene Modifikationen wie Elytra bei Käfern oder Halteren bei Zweiflüglern
- Der asynchrone Flugmechanismus ermöglicht sehr hohe Flügelschlagfrequenzen ohne neuronale Steuerung jedes Schlags
- Resilin-Venengelenke fungieren als natürliche Scharniere mit unterschiedlichen Gelenktypen bei verschiedenen Arten
- Das Nervensystem ist stark dezentralisiert mit segmentalen Ganglien für autonome Kontrolle
- Die antennalen Lappen verarbeiten Geruchsinformationen mit bis zu 1200 olfaktorischen Sinneszellen
- Der Verdauungstrakt zeigt extreme pH-Gradienten von 8,38 im Mitteldarm bis 6,89 im Hinterdarm
- Die Häutung wird durch präzise Ecdyson-Ausschüttung gesteuert mit hundertfachem Anstieg des Hyperglykämie-Hormons
- Während der Metamorphose werden embryonale Entwicklungsprogramme reaktiviert
- Die Evolution der Insekten wurde durch Schlüsselinnovationen wie Flügel und komplexe Mundwerkzeuge geprägt
- Orphan-Gene ohne erkennbare Verwandte machen 10-30% des Genoms aus
- Die Chromosomenzahl kann innerhalb einer Art über geografische Distanzen stark variieren
- Die faszinierenden Anpassungsmechanismen der Insekten an ihre Lebensräume werfen die spannende Frage auf, wie diese Organismen die verschiedensten ökologischen Nischen besiedeln und dort überleben können.

2. Lebensräume und Ökologie

Wie funktionieren die komplexen Wechselbeziehungen zwischen Insekten und ihrer Umwelt? Was ermöglicht es bestimmten Arten, sich perfekt an extreme Lebensräume anzupassen, während andere dort nicht überleben können? Diese Fragen beschäftigen Wissenschaftler seit Generationen und sind heute aktueller denn je. Die Vielfalt der Lebensräume - von dichten Wäldern über offene Wiesen bis hin zu temporären Gewässern - bietet Insekten unterschiedlichste ökologische Nischen. Dabei entstehen faszinierende Anpassungen und Überlebensstrategien: Räuber-Beute-Beziehungen werden optimiert, symbiotische Partnerschaften gebildet und Konkurrenzsituationen gemeistert. Das Verständnis dieser ökologischen Zusammenhänge ist nicht nur wissenschaftlich relevant, sondern auch entscheidend für praktische Naturschutzarbeit. Die folgenden Kapitel beleuchten die verschiedenen Lebensräume und ihre Bewohner im Detail. Sie zeigen auf, wie Insekten diese Räume nutzen und welche erstaunlichen Anpassungen sie dabei entwickelt haben. Ein besonderer Fokus liegt dabei auf den praktischen Aspekten der Beobachtung und Bestimmung dieser faszinierenden Organismen.

2. 1. Terrestrische Habitate

Die Erforschung terrestrischer Habitate stellt Wissenschaftler und Naturbeobachter vor faszinierende Herausforderungen. Von dichten Waldökosystemen über artenreiche Wiesenlandschaften bis hin zu urbanen Lebensräumen und kargen Wüstengebieten - wie schaffen es Insekten, sich an diese unterschiedlichen Bedingungen anzupassen? Welche Rolle spielen dabei Faktoren wie Vegetation, Klima und menschliche Einflüsse? Die Vielfalt terrestrischer Lebensräume bietet einzigartige Möglichkeiten, die komplexen Wechselbeziehungen zwischen Insekten und ihrer Umwelt zu untersuchen. Während einige Arten hochspezialisiert sind und nur in bestimmten Habitaten vorkommen, zeigen andere erstaunliche Anpassungsfähigkeit an verschiedene Lebensräume. Die genaue Betrachtung dieser Zusammenhänge liefert nicht nur wichtige Erkenntnisse für den Artenschutz, sondern ermöglicht auch Rückschlüsse auf die Entwicklung und Stabilität ganzer Ökosysteme. Die systematische Untersuchung terrestrischer Habitate und ihrer Insektenfauna eröffnet spannende Einblicke in die erstaunlichen Überlebensstrategien dieser erfolgreichen Tiergruppe.

„Waldökosysteme gehören zu den komplexesten und wichtigsten terrestrischen Habitaten unserer Erde.“

2. 1. 1. Waldökosysteme

Waldökosysteme gehören zu den komplexesten und wichtigsten terrestrischen Habitaten unserer Erde. Sie bieten eine beeindruckende Vielfalt an Ökosystemdienstleistungen, die sich in vier zentrale Kategorien einteilen lassen: Bereitstellung, Regulierung, kulturelle und unterstützende Dienstleistungen [s86]. Diese Vielfalt macht sie zu unverzichtbaren Lebensräumen für unzählige Arten und zu wichtigen Faktoren für das menschliche Wohlbefinden. Die Struktur von Waldökosystemen wird maßgeblich durch Höhenlage, klimatische Bedingungen und das vorhandene Substrat bestimmt [s87]. Dabei spielen die dominierenden Pflanzenarten eine zentrale Rolle bei der Charakterisierung verschiedener Waldtypen. Ein besonders interessanter Aspekt ist die Erkenntnis, dass Mischwälder oft produktiver sind als Monokulturen [s88]. Dies lässt sich in der Praxis gut beobachten: Ein Wald, der sowohl Nadel- als auch Laubbäume beherbergt, bietet nicht nur verschiedenartigen Lebensraum für unterschiedliche Insektenarten, sondern zeigt auch eine höhere Widerstandsfähigkeit gegenüber Umweltstress.
Die Biodiversität in Waldökosystemen ist von fundamentaler Bedeutung für deren Funktionsfähigkeit [s88]. Besonders deutlich wird dies bei der Betrachtung terrestrischer Invertebraten, die eine Schlüsselrolle in diesen Systemen spielen [s89]. In der Praxis lässt sich dies gut an der Zersetzung organischen Materials beobachten: Verschiedene Arten von Milben, Springschwänzen und anderen Insekten arbeiten hier als "Recycling-Team" zusammen und sorgen für die Erhaltung der Bodenfruchtbarkeit. Der Klimawandel stellt eine erhebliche Bedrohung für Waldökosysteme dar [s90]. Er führt zu Verschiebungen von Lebensräumen in nördliche Richtungen und höhere Lagen [s91]. Ein praktisches Beispiel hierfür ist die Beobachtung von Arten, die früher nur in südlicheren Regionen vorkamen und nun zunehmend in nördlicheren Wäldern anzutreffen sind. Für Naturbeobachter und Forscher bedeutet dies, besonders aufmerksam auf solche Veränderungen zu achten und sie zu dokumentieren. Die Fragmentierung von Waldlebensräumen stellt ein

Invertebraten [i15]

weiteres gravierendes Problem dar [s88]. Um dem entgegenzuwirken, ist es wichtig, bei der Waldbewirtschaftung auf eine diversifizierte Altersstruktur und Artenzusammensetzung zu achten. In der Praxis bedeutet dies beispielsweise, bei Aufforstungen gezielt verschiedene heimische Baumarten zu verwenden und unterschiedliche Altersstufen zu etablieren. Terrestrische Invertebraten eignen sich besonders gut als Bioindikatoren für den Zustand von Waldökosystemen [s89]. Sie reagieren schnell auf Umweltveränderungen und können als Frühwarnsystem für ökologische Veränderungen dienen. Für Naturschützer und Förster ist es daher ratsam, regelmäßige Bestandsaufnahmen dieser Arten durchzuführen, etwa durch systematische Fallenfänge oder gezielte Beobachtungen. Die Bedeutung von Bestäubern wie Fliegen und Hummeln für Waldökosysteme kann nicht hoch genug eingeschätzt werden [s89]. Sie sind essentiell für die Reproduktion vieler Pflanzenarten und damit für die Verjüngung des Waldes. In der Praxis sollte daher bei der Waldpflege darauf geachtet werden, ausreichend Blühpflanzen und Nistmöglichkeiten für diese wichtigen Insekten zu erhalten. Um Waldökosysteme nachhaltig zu schützen, ist ein ganzheitlicher Managementansatz erforderlich, der die verschiedenen Ökosystemdienstleistungen berücksichtigt [s86]. Dies bedeutet in der Praxis, sowohl wirtschaftliche als auch ökologische Aspekte zu beachten und dabei die Bedürfnisse verschiedener Arten nicht aus den Augen zu verlieren. Besonders wichtig ist dabei die Erhaltung von Totholz und alten Bäumen, die als Mikrohabitate für viele spezialisierte Arten dienen.

Bioindikator

Lebewesen, die durch ihr Vorkommen oder Fehlen Rückschlüsse auf bestimmte Umweltbedingungen ermöglichen

Invertebrat

Wirbellose Tiere, die kein inneres Skelett besitzen, wie beispielsweise Insekten, Spinnen und Würmer

Substrat

Material oder Untergrund, auf dem Organismen leben und wachsen können, wie zum Beispiel verschiedene Bodenarten oder verrottendes Pflanzenmaterial

terrestrisch

Auf dem Land befindlich oder landlebend, im Gegensatz zu wasserlebend (aquatisch)

2. 1. 2. Wiesenlandschaften

Wiesenlandschaften gehören zu den artenreichsten terrestrischen Lebensräumen, deren Bedeutung für die Biodiversität oft unterschätzt wird. Diese Ökosysteme zeichnen sich durch eine bemerkenswerte räumliche und zeitliche Heterogenität aus, die eine Vielzahl von Mikrohabitaten für Insekten und andere Organismen schafft [s92]. In Mitteleuropa sind besonders Streuobstwiesen als traditionelle Kulturlandschaften von hohem ökologischem Wert. Diese charakteristische Kombination aus Obstbäumen und extensiv genutzten Wiesen bietet verschiedenste Lebensräume und unterstützt eine außergewöhnlich diverse Flora und Fauna [s93]. Bei der Beobachtung von Insekten in Streuobstwiesen lohnt es sich besonders, die verschiedenen Vegetationsschichten zu untersuchen - vom Bodenniveau über die Krautschicht bis hin zu den Baumkronen. Die Bewirtschaftungsform hat einen entscheidenden Einfluss auf die Artenvielfalt. Studien zeigen, dass einmal jährlich gemähte Wiesen, besonders in Kombination mit extensiver Beweidung, die höchste Diversität an Schmetterlingen und Käfern aufweisen [s92]. Für Naturschützer und Landwirte ergeben sich daraus konkrete Handlungsempfehlungen: Das Mähen sollte möglichst spät im Jahr erfolgen und in Phasen durchgeführt werden. Dabei ist es ratsam, ungemähte Streifen entlang von Landschaftselementen zu belassen [s92]. Besondere Bedeutung haben auch ungemähte Winterbrachen. Diese bieten zusätzliche Pflanzenstrukturen, die in gemähten Wiesen fehlen und sind essentiell für die Überwinterung vieler Insektenarten [s94]. Bei der Planung von Naturschutzmaßnahmen sollte daher ein besonderes Augenmerk auf die Erhaltung solcher Überwinterungshabitate gelegt werden. Insekten nehmen in Wiesenökosystemen eine Schlüsselrolle als Ökosystemingenieure ein [s95]. Sie beeinflussen nicht nur die Habitatstruktur, sondern sind auch wichtige Bestäuber und dienen als Nahrungsgrundlage für viele andere Tierarten. Bei der Untersuchung von Wiesenlandschaften ist es daher empfehlenswert, verschiedene Insektengruppen zu beobachten und ihre Interaktionen mit der Vegetation zu dokumentieren. Leider sind Grasländer global stark gefährdet, hauptsächlich durch die Umwandlung in intensiv genutzte landwirtschaftliche Flächen [s96]. Ein Beispiel dafür ist die Palouse Prairie in den USA, wo detaillierte Untersuchungen der Ameisenfauna die Bedeutung dieser bedrohten Lebensräume unterstreichen [s96]. Auch in Schottland sind unverbesserte Niederungswiesen heute selten geworden, da viele Flächen entweder intensiviert oder aufgegeben wurden [s97]. Die Bedrohungen für Wiesenökosysteme sind vielfältig: Neben Überweidung und Habitatfragmentierung spielen auch der Klimawandel sowie verschiedene Schädlinge und Krankheiten eine wichtige Rolle [s98]. Für die praktische Naturschutzarbeit bedeutet dies, dass ein ganzheitlicher Ansatz erforderlich ist, der sowohl die Bewirtschaftungsintensität als auch landschaftsökologische Aspekte berücksichtigt. Für die erfolgreiche Bestimmung und Beobachtung von Insekten in Wiesenlandschaften empfiehlt es sich, verschiedene Methoden zu kombinieren: Keschern in der Vegetation, Sichtbeobachtungen von Blütenbesuchern und das Auslegen von Bodenfallen können ein umfassendes Bild der vorhandenen Artendiversität liefern. Dabei sollten die Untersuchungen zu verschiedenen Tageszeiten und über die gesamte Vegetationsperiode hinweg durchgeführt werden, um möglichst viele Arten zu erfassen.

Mikrohabitate [i16]

Glossar

extensiv
Form der landwirtschaftlichen Nutzung mit geringer Bewirtschaftungsintensität, wenig Düngereinsatz und reduzierter Mahdhäufigkeit.

Habitatfragmentierung
Zerteilung von zusammenhängenden Lebensräumen in kleinere, isolierte Teilflächen durch menschliche Eingriffe wie Straßenbau oder Landnutzungsänderungen.

Mikrohabitat
Kleinräumige Lebensbereiche innerhalb eines größeren Lebensraums, die sich durch besondere Umweltbedingungen auszeichnen und spezialisierten Arten Nischen bieten.

Ökosystemingenieure
Organismen, die durch ihre Aktivitäten die physikalische Umwelt so verändern, dass sie neue Lebensräume für andere Arten schaffen oder bestehende modifizieren. Sie wirken als Schlüsselarten in ihren Lebensgemeinschaften.

2. 1. 3. Urbane Lebensräume

Urbane Lebensräume stellen für Insekten eine besondere Herausforderung dar, bieten aber auch überraschende Chancen für die Artenvielfalt. Die zunehmende Verstädterung führt zwar generell zu einer Verringerung der Insektenvielfalt [s99], jedoch zeigen sich deutliche Unterschiede zwischen verschiedenen taxonomischen Gruppen. Besonders interessant ist die Beobachtung, dass Hautflügler, insbesondere Bienen, in städtischen Gebieten eine höhere Artenvielfalt und Blütenbesuchsrate aufweisen als in ländlichen Regionen [s99]. Dies lässt sich durch die Vielfalt an Blühpflanzen in Stadtgärten und Parks erklären. Für Naturbeobachter bedeutet dies, dass urbane Grünflächen durchaus lohnende Beobachtungsgebiete für Wildbienen und andere bestäubende Insekten sein können.

Ein oft übersehener Aspekt städtischer Lebensräume sind Pflasterflächen, die überraschend viele Nistmöglichkeiten für bodenlebende Insekten bieten [s100]. Besonders wenn sich in der Nähe insektenfreundliche Blühgärten befinden, steigt die Anzahl der Nester und die Artenvielfalt signifikant an. Für die Stadtplanung ergibt sich daraus die praktische Empfehlung, bei der Gestaltung von Pflasterflächen bewusst Fugen und Spalten für nistende Insekten zu belassen und diese mit nahegelegenen Blühflächen zu kombinieren. Urbane Wälder spielen eine zentrale Rolle als Lebensraum für Insekten und bieten gleichzeitig wichtige Ökosystemdienstleistungen für die Stadtbevölkerung [s101]. Sie regulieren nicht nur das lokale Klima und verbessern die Luftqualität, sondern haben auch positive Auswirkungen auf die physische und psychische Gesundheit der Menschen. Wirbellose Tiere tragen wesentlich zur Funktionsfähigkeit dieser urbanen Waldökosysteme bei.

Blühgärten [i17]

Allerdings unterliegen städtische Lebensräume verschiedenen ökologischen Filtern [s101], die die Artenzusammensetzung beeinflussen:
- Veränderte Habitatstrukturen
- Erhöhte Landschaftsversiegelung
- Mikroklimatische Veränderungen
- Verschiedene Formen der Verschmutzung

Eine besondere Herausforderung in urbanen Lebensräumen stellen nicht-einheimische Arten dar [s102]. Ihre Verteilung ist jedoch nicht gleichmäßig, was die Möglichkeit eröffnet, besonders widerstandsfähige Habitate zu identifizieren und zu schützen. Für Stadtökologen und Naturschützer ist es daher wichtig, diese resistenten Bereiche zu kartieren und bei der Stadtplanung zu berücksichtigen. Die Forschung konzentriert sich zunehmend darauf, Methoden zur Wiederherstellung funktionierender Pflanzen- und Insektengemeinschaften in städtischen Landschaften zu entwickeln [s103]. Ein besonderer Fokus liegt dabei auf dem Management invasiver Arten in bewirtschafteten Umgebungen. Für die Praxis bedeutet dies, dass bei der Gestaltung städtischer Grünflächen verstärkt auf einheimische Pflanzenarten gesetzt werden sollte, die den lokalen Insektenarten als Nahrungsquelle und Lebensraum dienen.

Für die systematische Erfassung von Insekten in urbanen Lebensräumen empfiehlt sich ein methodischer Ansatz, der verschiedene Beobachtungstechniken kombiniert:
- Regelmäßige Kontrolle von Pflasterflächen auf Nistaktivitäten
- Dokumentation von Blütenbesuchern in städtischen Gärten
- Monitoring von Totholzstrukturen in urbanen Wäldern
- Erfassung von Nachfaltern an künstlichen Lichtquellen

Die Erkenntnis, dass städtische Gebiete durch angemessene Bewirtschaftung als Hotspots für Bestäubungsdienstleistungen fungieren können [s99], eröffnet neue Perspektiven für den urbanen Naturschutz. Praktische Maßnahmen könnten die Anlage von Blühstreifen entlang von Straßen, die Installation von Nisthilfen in Parks und die naturnahe Gestaltung von Grünflächen umfassen.

Glossar

Hautflügler
Eine Insektenordnung (Hymenoptera), zu der unter anderem Bienen, Wespen und Ameisen gehören, charakteristisch sind ihre häutigen Flügel

invasiv
Bezeichnet gebietsfremde Arten, die sich in einem neuen Lebensraum stark ausbreiten und dabei einheimische Arten verdrängen können

taxonomisch
Bezieht sich auf die wissenschaftliche Einordnung und Klassifizierung von Lebewesen nach bestimmten Merkmalen in verschiedene Gruppen

2. 1. 4. Wüsten und Steppen

Wüsten und Steppen gehören zu den extremsten terrestrischen Lebensräumen unserer Erde. Sie sind durch ein raues kontinentales Klima mit ausgeprägten Temperaturunterschieden und geringen Niederschlägen gekennzeichnet [s104]. Diese herausfordernden Bedingungen haben zur Entwicklung hochspezialisierter Insektengemeinschaften geführt.

Steppen [i18]

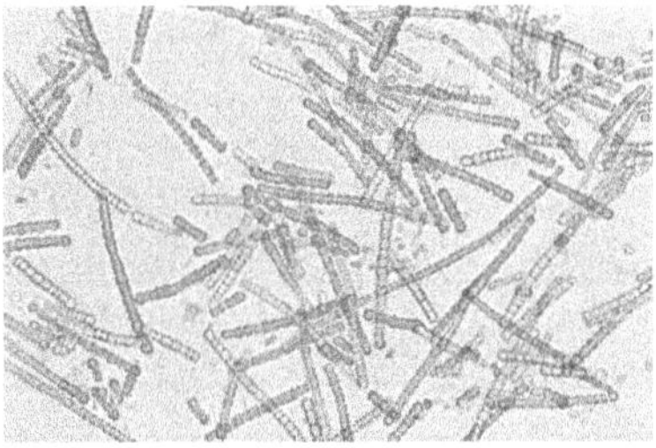

Cyanobakterien [i19]

Die Strauch-Steppe, die sich über 645.000 km^2 im westlichen Nordamerika erstreckt, wird von Beifußarten sowie verschiedenen Gräsern und Kräutern dominiert [s105]. Ein faszinierendes Element dieser Ökosysteme sind die biologischen Bodenkrusten - fragile Strukturen aus Flechten, Moosen, Algen und Cyanobakterien. Diese Krusten spielen eine Schlüsselrolle für die Insektenvielfalt, da ihre Anwesenheit die Diversität und Häufigkeit von Insektenarten signifikant erhöht [s105]. Für Insektenkundler empfiehlt es sich daher besonders, diese Bereiche gezielt zu untersuchen und dabei sehr vorsichtig vorzugehen, um die empfindlichen Krusten nicht zu beschädigen. In der Wüstensteppe zeigt sich eine bemerkenswerte Anpassung der Insektenfauna an die extremen Bedingungen. Die Käfergemeinschaften weisen hier die niedrigste Abundanz und Artenvielfalt auf, sind aber durch hochspezialisierte Arten gekennzeichnet [s106]. Bei der Beobachtung dieser Arten sollte man besonders auf ihre morphologischen Anpassungen achten, wie etwa helle Körperfarben zur Reflexion der Sonneneinstrahlung oder verlängerte Beine zur Vermeidung des Kontakts mit dem heißen Boden. Ameisen spielen in Wüstenökosystemen eine besonders wichtige Rolle. Neue Artenfunde in diesen Habitaten unterstreichen die noch immer unvollständige Kenntnis dieser Gruppe [s104]. Für Feldforscher bietet sich hier die Möglichkeit, durch systematische Beobachtungen und Dokumentation zur Erweiterung des Artenwissens beizutragen. Ein wichtiges Managementinstrument in Wüstengrasländern und Kurzgrassteppen sind kontrollierte Brände. Diese verbessern nicht nur das Futterangebot für Wildtiere, sondern beeinflussen auch die Häufigkeit von Wirbellosen [s107]. Bei der Untersuchung von Insekten in diesen Gebieten sollte man daher die Brandhistorie der Flächen berücksichtigen und dokumentieren. Die Erhaltung und Wiederherstellung von Steppen-Habitaten ist von großer ökologischer Bedeutung [s105]. Programme zur Umwandlung landwirtschaftlicher Flächen in naturnahe Lebensräume bieten dabei interessante Möglichkeiten für das Monitoring von Insektenpopulationen. Wissenschaftler und Naturschützer können hier die Wiederbesiedlung durch verschiedene Arten dokumentieren und wichtige Erkenntnisse für künftige Renaturierungsprojekte gewinnen. In der Ningxia-Region zeigt sich die Bedeutung von Käfern als bioindikatoren für Habitatdegradation [s108]. Bei der Erfassung von Insekten in Steppen- und Wüstengebieten sollte daher

Wüsten [i20]

besonderes Augenmerk auf diese Gruppe gelegt werden. Ihre Präsenz oder Abwesenheit kann wichtige Hinweise auf den ökologischen Zustand des Gebiets geben.

Für die praktische Feldarbeit in Wüsten und Steppen empfiehlt sich eine Kombination verschiedener Erfassungsmethoden:
- Bodenfallen für bodenbewohnende Arten
- Nachtfänge mit Lichtfallen
- Direkte Beobachtungen während verschiedener Tageszeiten
- Gezielte Untersuchung von Mikrohabitaten wie biologischen Bodenkrusten

Dabei sollten die extremen Klimabedingungen stets berücksichtigt und entsprechende Vorsichtsmaßnahmen getroffen werden, sowohl zum Schutz der Forschenden als auch zur Schonung der empfindlichen Habitate.

biologische Bodenkrusten [i21]

Zusammenfassung - 2. 1. Terrestrische Habitate

- Waldökosysteme bieten vier zentrale Ökosystemdienstleistungen: Bereitstellung, Regulierung, kulturelle und unterstützende Dienstleistungen
- Mischwälder sind produktiver als Monokulturen und zeigen höhere Widerstandsfähigkeit
- Terrestrische Invertebraten fungieren als Bioindikatoren und Frühwarnsystem für ökologische Veränderungen
- Der Klimawandel führt zu Verschiebungen von Waldlebensräumen in nördliche Richtungen und höhere Lagen
- Streuobstwiesen als traditionelle Kulturlandschaften bieten außergewöhnlich diverse Flora und Fauna
- Einmal jährlich gemähte Wiesen mit extensiver Beweidung weisen die höchste Diversität an Schmetterlingen und Käfern auf
- Ungepflegte Winterbrachen sind essentiell für die Überwinterung vieler Insektenarten
- Hautflügler zeigen in städtischen Gebieten höhere Artenvielfalt als in ländlichen Regionen
- Pflasterflächen bieten überraschend viele Nistmöglichkeiten für bodenlebende Insekten
- Urbane Lebensräume unterliegen ökologischen Filtern wie Habitatveränderung und Mikroklimaänderungen
- Biologische Bodenkrusten aus Flechten, Moosen und Cyanobakterien erhöhen die Insektendiversität in Wüsten signifikant
- Käfergemeinschaften in Wüstensteppen zeigen niedrigste Abundanz aber hochspezialisierte Arten
- Kontrollierte Brände in Wüstengrasländern beeinflussen die Häufigkeit von Wirbellosen
- Käfer in der Ningxia-Region dienen als Bioindikatoren für Habitatdegradation

2. 2. Aquatische Lebensräume

Wie funktioniert das Leben unter Wasser? Welche Anpassungen haben Insekten entwickelt, um in diesem Element zu überleben? Diese Fragen beschäftigen Wissenschaftler seit Jahrhunderten und führen uns zu faszinierenden Einblicken in die aquatischen Lebensräume unserer Erde. Von stehenden Gewässern über Fließgewässer bis hin zu temporären Wasserstellen - jeder dieser Lebensräume stellt eigene Anforderungen an seine Bewohner. Die Vielfalt der Anpassungen reicht dabei von speziellen Atmungsorganen über strömungsoptimierte Körperformen bis zu ausgeklügelten Überlebensstrategien für Trockenphasen. Besonders interessant ist die Rolle der aquatischen Insekten als Bioindikatoren. Ihre Präsenz oder Abwesenheit gibt wichtige Hinweise auf die Wasserqualität und den ökologischen Zustand eines Gewässers. Die genaue Kenntnis dieser Zusammenhänge ermöglicht es uns, den Zustand aquatischer Ökosysteme besser zu verstehen und zu bewerten. Die folgenden Abschnitte zeigen detailliert, wie verschiedene Gewässertypen funktionieren und welche spezifischen Lebensgemeinschaften sie beherbergen. Diese Erkenntnisse sind nicht nur wissenschaftlich relevant, sondern auch für den praktischen Gewässerschutz von großer Bedeutung.

„Aquatische Insekten machen mehr als 95% aller Makroinvertebraten in Süßwasserökosystemen aus, mit über 45.000 bekannten Arten.“

2. 2. 1. Stehende Gewässer

Stehende Gewässer, auch als lentische Gewässer bekannt, bilden einen wichtigen Teil der Süßwasserökosysteme. Diese Bezeichnung leitet sich vom lateinischen "lentus" (langsam oder bewegungslos) ab und umfasst Seen, Teiche, Sümpfe und Moore [s109]. Im Gegensatz zu fließenden (lotischen) Gewässern weisen sie besondere Charakteristika auf, die sie zu einzigartigen Lebensräumen machen. Die Bedeutung stehender Gewässer für die Insektenfauna ist bemerkenswert. Mit über 45.000 bekannten Arten machen aquatische Insekten mehr als 95% aller Makroinvertebraten in Süßwasserökosystemen aus [s110]. Bei der Untersuchung eines stehenden Gewässers lässt sich die Insektenemission räumlich heterogen beobachten, wobei sich die höchsten Konzentrationen meist um große Wasserflächen herum finden [s111]. Für die praktische Gewässeruntersuchung ist es wichtig zu wissen, dass die Insektenbiomasse in stehenden Gewässern typischerweise geringer ausfällt als in fließenden Gewässern [s112]. Dies sollte bei der Probennahme und Bewertung berücksichtigt werden. Um repräsentative Ergebnisse zu erhalten, empfiehlt es sich daher, mehrere Probenstellen an verschiedenen Bereichen des Gewässers zu wählen. Besonders interessant für die ökologische Bewertung ist die Funktion aquatischer Insekten als Bioindikatoren. Verschiedene Insektengruppen reagieren unterschiedlich empfindlich auf Umwelteinflüsse [s110]. So bevorzugen beispielsweise Libellen (Odonata) frisches, unbelastetes und gut durchlüftetes Wasser. Eintagsfliegenlarven reagieren besonders empfindlich auf Sauerstoffmangel, während Steinfliegen bereits bei leichter Wasserqualitätsverschlechterung verschwinden können [s110].

Uferzonen [i22]

Die Uferzonen stehender Gewässer verdienen besondere Aufmerksamkeit, da sie als Schnittstelle zwischen aquatischen und terrestrischen Systemen fungieren. Sie zeichnen sich durch hohe Produktivität und Biodiversität aus [s113]. Bei der Untersuchung dieser Bereiche lässt sich beobachten, dass aquatische Insekten einen wichtigen Nährstofftransfer zwischen Wasser und Land ermöglichen. Besonders in den wärmeren Monaten nutzen beispielsweise Spinnen verstärkt aquatische Beute, was die saisonale

Bedeutung dieser Nahrungskette unterstreicht [s113]. Für die praktische Gewässeruntersuchung ist es wichtig zu wissen, dass die Diversität von Insekten in stehenden Gewässern mit steigendem Nährstoffgehalt zunimmt [s110]. Bei der Probennahme sollten daher auch physikochemische Parameter wie der spezifische Leitwert, Sauerstoffgehalt und pH-Wert erfasst werden [s114]. Diese Daten helfen bei der Interpretation der gefundenen Insektengemeinschaften. Eine Studie in städtischen stehenden Gewässern Chiles demonstrierte die praktische Anwendung von Insektenfamilien als Bioindikatoren [s115]. Die Untersuchungen zeigten, dass alle betrachteten Gewässer eutroph waren, was die Bedeutung regelmäßiger Überwachung unterstreicht. Für die eigene Gewässeruntersuchung empfiehlt es sich daher, systematisch verschiedene Insektenfamilien zu erfassen und ihre An- oder Abwesenheit zu dokumentieren. Stehende Gewässer können sowohl permanent als auch temporär (ephemer) sein, wobei letztere besonders in Regionen mit stark ausgeprägten Jahreszeiten vorkommen [s109]. Bei der Planung von Untersuchungen sollte dieser Aspekt berücksichtigt werden, da er erheblichen Einfluss auf die Zusammensetzung der Insektenfauna haben kann. Für die praktische Arbeit an stehenden Gewässern ist es ratsam, einen ganzheitlichen Ansatz zu verfolgen. Neben der Erfassung der Insektenfauna sollten auch die Strukturvielfalt des Gewässers, die Vegetation und die Vernetzung mit dem Umland berücksichtigt werden. Dies ermöglicht eine umfassendere Bewertung des ökologischen Zustands und hilft bei der Entwicklung gezielter Schutzmaßnahmen.

lentische Gewässer [i23]

ephemer
Bezeichnet kurzlebige oder vorübergehende Erscheinungen. Bei Gewässern bedeutet dies, dass sie zeitweise austrocknen und nur saisonal mit Wasser gefüllt sind.

eutroph
Bezeichnet einen Gewässerzustand mit hohem Nährstoffgehalt, der oft zu starkem Algenwachstum und verminderter Wasserqualität führt.

lentisch
Beschreibt Gewässer mit sehr geringer oder fehlender Strömung. Der Begriff wird in der Gewässerökologie verwendet, um die besonderen Bedingungen in stehenden Gewässern zu charakterisieren.

lotisch
Bezeichnet Gewässer mit deutlicher Strömung. Der Begriff wird in der Gewässerökologie verwendet, um die besonderen Bedingungen in fließenden Gewässern zu charakterisieren.

2. 2. 2. Fließgewässer

Fließgewässer, auch als lotische Gewässer bekannt, sind dynamische aquatische Lebensräume, die sich durch ihre kontinuierliche Wasserbewegung auszeichnen. Diese Ökosysteme beherbergen eine außergewöhnlich diverse Insektenfauna, die sich perfekt an die besonderen Bedingungen der strömenden Gewässer angepasst hat [s116]. Die physikalische Struktur eines Fließgewässers spielt eine zentrale Rolle für die Zusammensetzung der Insektengemeinschaften. Besonders die Strömungsgeschwindigkeit und die Beschaffenheit des Substrats sind entscheidende Faktoren [s117]. Bei der praktischen Untersuchung eines Fließgewässers sollten diese Parameter daher stets erfasst werden. Hierfür eignet sich ein Strömungsmesser für die Fließgeschwindigkeit und eine standardisierte Substratansprache. Die saisonalen Schwankungen in Fließgewässern haben einen erheblichen Einfluss auf die Insektenfauna. Wissenschaftliche Untersuchungen haben gezeigt, dass sich zwei unterschiedliche aquatische Insektengemeinschaften im Jahresverlauf abwechseln können [s118]. Bei der Planung von Gewässeruntersuchungen sollte man daher verschiedene Jahreszeiten berücksichtigen. Besonders aufschlussreich sind Vergleiche zwischen Hoch- und Niedrigwasserperioden. Für die ökologische Bewertung von Fließgewässern hat sich der Ansatz der funktionalen Merkmale (Traits) als besonders wertvoll erwiesen [s119]. Diese Merkmale umfassen beispielsweise Lebensgeschichte, Habitatpräferenzen und Fortpflanzungsstrategien der Insekten. Bei der praktischen Anwendung empfiehlt es sich, ein standardisiertes Protokoll zu verwenden, das diese verschiedenen Merkmale systematisch erfasst. Die Habitatheterogenität spielt eine Schlüsselrolle für die Artenvielfalt in Fließgewässern. Wissenschaftliche Studien belegen, dass die Einbringung von Totholz besonders positive Effekte auf die Makroinvertebratenfauna hat [s120]. Für Renaturierungsprojekte bedeutet dies, dass die gezielte Platzierung von Holzstrukturen eine effektive Maßnahme zur Förderung der Biodiversität darstellt. Der Klimawandel stellt eine besondere Herausforderung für Fließgewässerorganismen dar. Insbesondere Arten mit engen thermischen Toleranzen und speziellen Habitatansprüchen sind gefährdet [s121]. Bei der Gewässeruntersuchung sollte daher besonderes Augenmerk auf temperatursensitive Arten gelegt werden. Die Erfassung der Wassertemperatur über längere Zeiträume mittels Datenlogger kann wertvolle Hinweise auf klimabedingte Veränderungen geben. Für das Biomonitoring von Fließgewässern sind besonders die EPT-Taxa (Eintagsfliegen, Steinfliegen, Köcherfliegen) von Bedeutung [s122]. Diese Insektengruppen reagieren sehr empfindlich auf Umweltveränderungen und eignen sich daher hervorragend als bioindikatoren. Bei der praktischen Probennahme sollten verschiedene Mikrohabitate beprobt werden, um ein repräsentatives Bild der EPT-Fauna zu erhalten. Die Vernetzung von Lebensräumen ist für Fließgewässerorganismen von essentieller Bedeutung [s121]. Bei der Untersuchung sollte daher auch die longitudinale Durchgängigkeit des Gewässers erfasst werden. Hindernisse wie Wehre oder Verrohrungen können die Migration von Insekten beeinträchtigen und sollten dokumentiert werden.

Fließgewässer [i24]

2. 2. 3. Temporäre Gewässer

Temporäre Gewässer sind faszinierende und ökologisch bedeutsame Lebensräume, die sich durch einen wechselnden Wasserstand auszeichnen und periodisch austrocknen können [s123]. Diese dynamischen Systeme weisen eine erstaunlich hohe Artenvielfalt auf, die durchaus mit der permanenter Gewässer vergleichbar ist. Der entscheidende Faktor für die Zusammensetzung der Lebensgemeinschaften ist dabei die Dauer der Wasserführung, auch Hydroperiode genannt [s123]. Besonders interessant sind vernale Teiche, die sich im Frühjahr nach der Schneeschmelze bilden. Sie bieten ideale Bedingungen für viele Amphibien und Insekten, da sie natürlicherweise keine Fischpopulationen beherbergen [s124]. Bei der Suche nach temporären Gewässern sollte man auf charakteristische Merkmale wie nasse, graue Böden und wasserbefleckte Baumstämme achten. Auch das Vorkommen feuchtigkeitsliebender Pflanzen kann ein guter Indikator sein [s124]. Die physikalisch-chemischen Bedingungen in temporären Gewässern unterliegen starken Schwankungen während der Hydroperiode [s125]. Dies führt zu faszinierenden Sukzessionsmustern: Zunächst entwickeln sich Pionierarten, die sich schnell nach der Überflutung ansiedeln können. Im weiteren Verlauf kommen speziell angepasste Arten hinzu [s123]. Für die praktische Untersuchung bedeutet dies, dass regelmäßige Beobachtungen über die gesamte Wasserführungsperiode notwendig sind, um die vollständige Artenzusammensetzung zu erfassen. Die Rekrutierung von Organismen erfolgt auf zwei Wegen: Zum einen durch die Entwicklung aus Dauereiern, die im Sediment überdauern, zum anderen durch die aktive Besiedlung mobiler Arten [s125]. Bei der Probennahme sollte man daher sowohl das Sediment als auch die Wassersäule untersuchen. Die trophischen Strukturen in temporären Gewässern sind typischerweise einfacher aufgebaut als in permanenten Gewässern, was auf die begrenzte Ressourcenverfügbarkeit zurückzuführen ist [s125]. Geomorphologisch lassen sich temporäre Gewässer in fünf verschiedene Bereiche unterteilen, die sich in ihren Bodeneigenschaften unterscheiden [s126]. Besonders artenreich sind die ökologischen Übergangszonen, da hier die längste Wasserverweildauer zu beobachten ist [s126]. Bei der Anlage künstlicher temporärer Gewässer kann man die Wasserhaltefähigkeit durch das Einbringen von Ton verbessern [s127].

In Alaska finden sich verschiedene Typen temporärer Gewässer, von ephemeren über intermittierende bis hin zu permanenten Bächen [s128]. Besonders interessant sind die isolierten Seen und Teiche, die aufgrund ihrer zeitweisen Isolation einzigartige Lebensgemeinschaften beherbergen können [s128]. Für die praktische Gewässeruntersuchung empfiehlt es sich, ein standardisiertes Protokoll zu entwickeln, das die zeitliche Dynamik berücksichtigt. Wichtige Parameter sind dabei die Wassertiefe, Temperatur, pH-Wert und Leitfähigkeit. Die Probennahme sollte in regelmäßigen Abständen erfolgen, um die Sukzessionsmuster zu dokumentieren. Besonders aufschlussreich ist es, GPS-Koordinaten und Fotodokumentation zu nutzen, um die Veränderungen des Gewässers über die Zeit nachvollziehen zu können. Die Erhaltung temporärer Gewässer ist von großer Bedeutung für den Artenschutz, da sie wichtige Trittsteine in der Landschaft darstellen und zur Vernetzung von Lebensräumen beitragen [s129]. Bei Naturschutzmaßnahmen sollte daher besonders auf den Erhalt dieser wertvollen Biotope geachtet werden.

intermittierende [i25]

ephemer

Sehr kurzlebig oder vorübergehend, bei Gewässern meist nur wenige Tage bis Wochen wasserführend.

Hydroperiode

Zeitraum, in dem ein Gewässer Wasser führt. Die Länge kann von wenigen Tagen bis zu mehreren Monaten reichen und beeinflusst maßgeblich die Zusammensetzung der Lebewesen.

intermittierend

In regelmäßigen oder unregelmäßigen Abständen aussetzend oder unterbrochen, bei Gewässern periodisch trockenfallend.

Sukzessionsmuster

Zeitliche Abfolge der Besiedlung eines Lebensraums durch verschiedene Arten, wobei jede Phase charakteristische Organismen aufweist und die vorherige Phase vorbereitet.

2. 2. 4. Küstenregionen

Küstenregionen bilden die dynamische Schnittstelle zwischen Land und Meer und beherbergen einige der artenreichsten aber auch gefährdetsten Ökosysteme der Erde. Diese Übergangszone zeichnet sich durch eine Vielzahl unterschiedlicher Lebensräume aus, die von Korallenriffen über Mangrovenwälder bis hin zu Seegraswiesen reichen [s130]. Die biologische Vielfalt dieser Regionen steht jedoch unter zunehmendem Druck. Marine Hitzewellen, als Folge des Klimawandels, führen zu abrupten Veränderungen in der Gemeinschaftsstruktur und können ganze Fischereien zum Zusammenbruch bringen [s131]. Bei der Untersuchung von Küstenökosystemen sollte daher besonderes Augenmerk auf temperatursensitive Arten gelegt werden. Die Installation von Temperatur-Datenloggern kann wertvolle Langzeitdaten liefern. Ein weiteres gravierendes Problem stellt die Verschmutzung der Küstengewässer dar. Besonders Plastikmüll hat sich als allgegenwärtige Bedrohung erwiesen, da er nicht nur physikalische Lebensräume schädigt, sondern auch chemische Schadstoffe transportiert [s132]. Bei Gewässeruntersuchungen empfiehlt sich daher die systematische Erfassung von Müllaufkommen, wobei besonders auf Mikroplastik geachtet werden sollte. Die Rolle der Küstenökosysteme für den Nährstoff- und Materialaustausch zwischen Land und Meer ist von fundamentaler Bedeutung [s130]. Um diese Austauschprozesse zu dokumentieren, sollten bei Untersuchungen sowohl terrestrische als auch marine Parameter erfasst werden. Hierfür eignen sich standardisierte Probennahmeprotokolle, die Wasserqualität, Sedimentzusammensetzung und biologische Indikatoren berücksichtigen. Der prognostizierte Meeresspiegelanstieg stellt eine existenzielle Bedrohung für Küstenökosysteme dar. Besonders betroffen sind Strände, Dünen und Marschland durch zunehmende Erosion [s133]. Für das Monitoring dieser Veränderungen empfiehlt sich die Einrichtung fester Messpunkte zur regelmäßigen Dokumentation der Küstenlinie mittels GPS und Fotografie. Eine besondere Herausforderung stellen nicht einheimische Arten (NNS) dar, die durch internationale Schifffahrt, Aquakultur oder den Hobbyhandel eingeschleppt werden [s130]. Bei der Gewässeruntersuchung sollte daher ein besonderes Augenmerk auf die Früherkennung potenziell invasiver Arten gelegt werden. Die Erstellung einer fotografischen Dokumentation und die Nutzung aktueller Bestimmungsschlüssel sind hierbei unerlässlich. Die Gesundheit mariner Ökosysteme wird maßgeblich von Aktivitäten an Land beeinflusst [s134]. Daher ist es bei der Untersuchung von Küstenregionen wichtig, auch das Einzugsgebiet und potenzielle Verschmutzungsquellen zu erfassen. Die Kartierung von Einleitungen, landwirtschaftlichen Flächen und anderen anthropogenen Einflüssen sollte Teil jeder umfassenden Gewässeruntersuchung sein. Korallenriffe, als besonders sensible Ökosysteme, sind durch multiple Stressoren gefährdet [s134]. Bei ihrer Untersuchung sollten neben der Artenerfassung auch Faktoren wie Wassertemperatur, pH-Wert und Trübung dokumentiert werden. Die Verwendung standardisierter Methoden wie Transektanalysen und Fotoquadrate ermöglicht dabei vergleichbare Langzeitbeobachtungen. Die Verschiebung von Klimazonen führt bereits jetzt zu Veränderungen in der Verbreitung kommerziell wichtiger Arten [s133]. Um diese Veränderungen zu dokumentieren, empfiehlt sich die Einrichtung von Dauerbeobachtungsflächen entlang der Küste. Die regelmäßige Erfassung von Artenzusammensetzung und Populationsgrößen liefert wichtige Daten für Managemententscheidungen.

Fotoquadrat
Ein quadratischer Rahmen definierter Größe, der für die standardisierte fotografische Dokumentation von Flächen verwendet wird. Diese Methode ermöglicht die genaue Analyse von Bedeckungsgraden und Veränderungen über die Zeit.

Mikroplastik
Winzige Kunststoffpartikel unter 5 Millimeter Größe, die durch Zerfallsprozesse aus größeren Plastikteilen entstehen oder direkt als Mikropartikel hergestellt werden. Sie können von Organismen aufgenommen werden und sich in der Nahrungskette anreichern.

Transektanalyse
Eine wissenschaftliche Untersuchungsmethode, bei der entlang einer gedachten oder tatsächlich gezogenen Linie systematisch Daten erhoben werden. Die Methode ermöglicht eine standardisierte Erfassung von Arten und Umweltfaktoren.

Zusammenfassung - 2. 2. Aquatische Lebensräume

- Stehende Gewässer beherbergen über 45.000 bekannte Arten aquatischer Insekten, die 95% aller Makroinvertebraten in Süßwasserökosystemen ausmachen
- Die Insektenbiomasse fällt in stehenden Gewässern typischerweise geringer aus als in Fließgewässern
- Die Diversität von Insekten in stehenden Gewässern steigt mit zunehmendem Nährstoffgehalt
- Fließgewässer weisen zwei unterschiedliche aquatische Insektengemeinschaften im Jahresverlauf auf
- Die gezielte Platzierung von Holzstrukturen fördert nachweislich die Biodiversität in Fließgewässern
- EPT-Taxa (Eintagsfliegen, Steinfliegen, Köcherfliegen) reagieren besonders empfindlich auf Umweltveränderungen
- Vernale Teiche bieten ideale Bedingungen für viele Insekten, da sie natürlicherweise keine Fischpopulationen beherbergen
- Die Rekrutierung von Organismen in temporären Gewässern erfolgt durch Dauereier im Sediment und aktive Besiedlung mobiler Arten
- Trophische Strukturen in temporären Gewässern sind einfacher aufgebaut als in permanenten Gewässern
- Marine Hitzewellen können zu abrupten Veränderungen der Gemeinschaftsstruktur führen und ganze Fischereien gefährden
- Mikroplastik schädigt nicht nur physikalische Lebensräume, sondern transportiert auch chemische Schadstoffe

2. 3. Nahrungsnetze

Wie beeinflussen sich Organismen in einem Ökosystem gegenseitig? Welche Rolle spielen Räuber und Beute, Parasiten und Wirte oder konkurrierende Arten in einem funktionierenden Lebensraum? Diese grundlegenden Fragen beschäftigen Ökologen seit Jahrzehnten bei der Erforschung von Nahrungsnetzen. Die komplexen Wechselbeziehungen zwischen Organismen bilden die Basis für stabile Ökosysteme. Dabei geht es nicht nur um simple "Fressen und Gefressen werden"-Beziehungen. Vielmehr entstehen durch verschiedene Interaktionsformen wie Symbiosen, Parasitismus oder Konkurrenz vielschichtige Abhängigkeiten. Diese Verflechtungen können sich über mehrere trophische Ebenen erstrecken und werden durch Umweltfaktoren sowie menschliche Einflüsse zusätzlich moduliert. Das Verständnis dieser ökologischen Zusammenhänge ist nicht nur von wissenschaftlichem Interesse. Die gewonnenen Erkenntnisse finden praktische Anwendung in der biologischen Schädlingsbekämpfung, im Naturschutz und bei der Vorhersage von Populationsentwicklungen. Die folgenden Abschnitte beleuchten die verschiedenen Aspekte von Nahrungsnetzen und deren Bedeutung für funktionierende Ökosysteme.

> *„Nur etwa ein Zehntel der Energie wird von einer trophischen Ebene zur nächsten weitergegeben.“*

2. 3. 1. Räuber-Beute-Systeme

Räuber-Beute-Systeme bilden die Grundlage komplexer ökologischer Wechselbeziehungen in der Natur. Diese Systeme sind keineswegs statisch, sondern unterliegen ständigen dynamischen Veränderungen, bei denen die Populationsgrößen von Räubern und Beutetieren in charakteristischen Zyklen schwanken [s135]. Ein anschauliches Beispiel ist die Beziehung zwischen insektenfressenden Vögeln, Raupen und Eichen: Die Vögel fressen die Raupen, welche sich wiederum von den Eichenblättern ernähren [s136]. Die Komplexität dieser Systeme wird durch verschiedene Faktoren beeinflusst. Besonders interessant ist die Rolle der genetischen Variation: Studien haben gezeigt, dass eine höhere genetische Vielfalt in einer Wirtsart die Komplexität des gesamten Nahrungsnetzes um bis zu 20% steigern kann [s137]. Dies hat praktische Konsequenzen für den Naturschutz, da der Verlust genetischer Vielfalt zu einer Vereinfachung und damit potenziellen Destabilisierung von Nahrungsnetzen führen kann.

Ein oft übersehener, aber wichtiger Aspekt ist der Parasitismus, der als häufigste Lebensweise bei Tieren gilt [s138]. Parasiten erhöhen nicht nur die Artenvielfalt, sondern verlängern auch die Nahrungsketten und können die Stabilität des gesamten Systems beeinflussen. Bei der Untersuchung von Räuber-Beute-Systemen ist es daher wichtig, auch parasitische Beziehungen zu berücksichtigen.

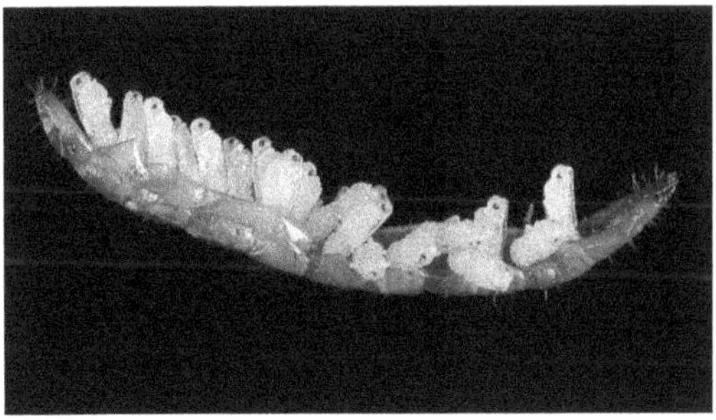

Parasitismus [i26]

Die Energieübertragung in Räuber-Beute-Systemen folgt dem "10-Prozent-Gesetz": Nur etwa ein Zehntel der Energie wird von einer trophischen Ebene zur nächsten weitergegeben [s139]. Dies erklärt, warum Nahrungsketten in der Natur meist relativ kurz sind und warum Top-Prädatoren typischerweise in geringerer Anzahl vorkommen als ihre Beutetiere. Moderne Forschungsmethoden wie Hochdurchsatz-DNA-Sequenzierung ermöglichen ein besseres Verständnis der komplexen Wechselwirkungen, besonders auf höheren trophischen Ebenen [s140]. Diese Erkenntnisse sind besonders wichtig für die biologische Schädlingsbekämpfung in der Landwirtschaft, wo man sich das natürliche Gleichgewicht zwischen Räubern und Beute zunutze macht. Ein wichtiger Aspekt für das Verständnis von Räuber-Beute-Systemen ist die Bedeutung von mikrohabitaten [s141]. Die räumliche Struktur des Lebensraums kann einen größeren Einfluss auf die Populationsdynamik haben als nicht-konsumtive Räubereffekte. Dies hat praktische Bedeutung für den Naturschutz: Bei der Gestaltung von Schutzgebieten sollte auf eine ausreichende Strukturvielfalt geachtet werden. Trophische Kaskaden zeigen die weitreichenden Auswirkungen von Störungen im System [s139]. Wenn beispielsweise ein Top-Prädator aus dem System entfernt wird, kann dies zu einer Zunahme der mittleren trophischen Ebene und damit zu verstärktem Fraßdruck auf die unterste Ebene führen. Für den praktischen Naturschutz bedeutet dies, dass der Schutz von Top-Prädatoren oft indirekt auch dem Schutz der Vegetation dient. Die Anwendung dieser Erkenntnisse findet sich in verschiedenen Bereichen, von der biologischen Schädlingsbekämpfung bis zur Habitatrestaurierung [s142]. Dabei wird besonderer Wert auf den Schutz natürlicher Feinde und die Untersuchung ihrer grundlegenden Ökologie gelegt. Die Forschung zu Räuber-Beute-Systemen hat auch praktische Bedeutung für aktuelle Herausforderungen wie den Einsatz transgener Pflanzen und die Auswirkungen von Habitatfragmentierung auf die Biodiversität.

Mikrohabitat [i27]

Top-Prädator [i28]

2. 3. 2. Parasitismus

Parasitismus stellt eine der häufigsten Lebensweisen in der Natur dar und spielt eine zentrale Rolle in Nahrungsnetzen. Die Integration von Parasiten in die Betrachtung von Nahrungsnetzen führt zu einer deutlichen Erhöhung der Komplexität, da sie zusätzliche trophische Ebenen und Verknüpfungen einführen [s143]. Dabei unterscheidet man grundsätzlich zwischen Endoparasiten, die im Inneren ihrer Wirte leben, und Ektoparasiten, die sich auf der Körperoberfläche ihrer Wirte aufhalten [s144]. Besonders interessant ist die Wirtsspezifität von Parasiten - sie sind hochspezialisierte Organismen, die nur bestimmte Wirtsarten befallen können [s145]. Diese Spezialisierung steht im deutlichen Gegensatz zu vielen Räubern, die oft opportunistisch jagen. Allerdings zeigen neuere Studien, dass Parasiten im Vergleich zu frei lebenden Konsumenten überraschenderweise breitere und weniger zusammenhängende Nahrungsnischen aufweisen [s146].

Ein faszinierender Aspekt des Parasitismus sind die verschiedenen Lebenszyklen. Während monoxene Parasiten einen direkten Lebenszyklus mit nur einem Wirt haben, durchlaufen heteroxene Parasiten komplexe Lebenszyklen mit mehreren Wirten [s143]. Ein anschauliches Beispiel ist der Malaria-Erreger, der sowohl Menschen als auch Mücken als Wirte benötigt [s144]. Diese komplexen Lebenszyklen machen Parasiten besonders abhängig von stabilen ökologischen Netzwerken. Die Klimaerwärmung kann dramatische Auswirkungen auf parasitische Beziehungen haben. Ein konkretes Beispiel ist ein Parasit, der massive Austernsterben verursacht und seine geografische Ausbreitung mit steigenden Wintertemperaturen erweitert [s147]. Dies verdeutlicht die Notwendigkeit, Klimawandeleffekte bei der Beurteilung parasitischer Beziehungen zu berücksichtigen. Parasiten können als biologische Indikatoren für trophische Verbindungen dienen, da sie die langfristigen Fressgewohnheiten ihrer Wirte widerspiegeln [s148]. Dies macht sie zu wertvollen Werkzeugen für das Verständnis von

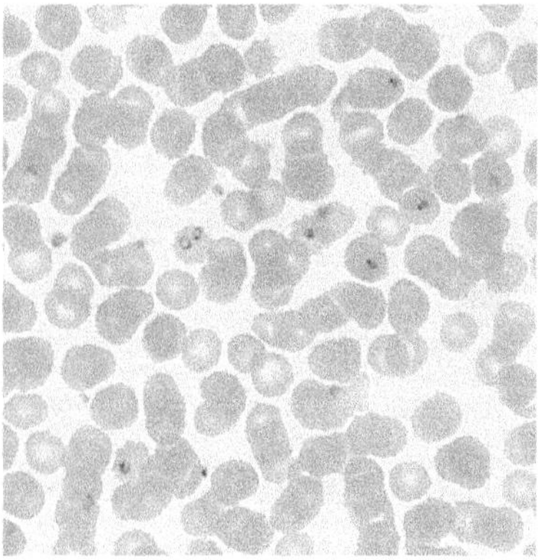

Malaria-Erreger [i29]

Nahrungsnetzen. Interessanterweise können Parasiten auch das Verhalten oder die Morphologie ihrer Wirte manipulieren, um deren Anfälligkeit für Räuber zu erhöhen [s143]. Ein klassisches Beispiel sind bestimmte Wurmparasiten, die Ameisen dazu bringen, sich auffällig zu verhalten, wodurch sie leichter von Vögeln gefressen werden. Die Integration von Parasiten in Nahrungsnetzmodelle ist komplex, da sie nicht einfach als Räuber behandelt werden können [s149]. Ihre spezielle Rolle wird noch dadurch verkompliziert, dass Top-Räuber die Verbreitung von Parasiten fördern können, indem sie infizierte Beute fressen und so zur Übertragung beitragen [s150]. Für die praktische Anwendung bedeutet dies, dass bei der biologischen Schädlingsbekämpfung auch parasitische Beziehungen berücksichtigt werden müssen. Besonders wichtig ist das Verständnis der Übertragungswege, um effektive Kontrollstrategien zu entwickeln [s150]. Bei der Planung von Naturschutzmaßnahmen sollte die Rolle von Parasiten als wichtige Komponenten gesunder Ökosysteme nicht unterschätzt werden. Die Erforschung parasitischer Beziehungen kann auch dabei helfen, menschliche Einflüsse auf Ökosysteme besser zu verstehen und zu bewerten [s148]. Dies ist besonders relevant für die Vorhersage und das Management von Infektionskrankheiten, da viele Krankheitserreger parasitische Lebensweisen haben.

Glossar

Ektoparasit
Schmarotzer, die auf der äußeren Körperoberfläche ihrer Wirte leben und sich dort ernähren, wie etwa Läuse oder Milben

Endoparasit
Schmarotzer, die sich im Körperinneren ihrer Wirte entwickeln und ernähren, wie beispielsweise Bandwürmer oder bestimmte Wespenlarven

heteroxen
Bezeichnet einen mehrstufigen Entwicklungszyklus eines Parasiten, bei dem verschiedene Wirtsarten nacheinander befallen werden müssen

monoxen
Beschreibt einen einfachen Entwicklungszyklus eines Parasiten, bei dem nur eine einzige Wirtsart für die Vollendung des Lebenszyklus benötigt wird

2. 3. 3. Symbiosen

Symbiosen sind faszinierende Lebensgemeinschaften zwischen verschiedenen Arten, die in der Natur weit verbreitet sind. Es werden drei Hauptformen unterschieden: Mutualismus (beide Partner profitieren), Kommensalismus (ein Partner profitiert, der andere wird nicht geschädigt) und Parasitismus (bereits im vorherigen Text behandelt) [s151]. Besonders bemerkenswert sind die vielfältigen Symbiosen zwischen Insekten und Mikroorganismen. Diese mikrobiellen Partner beeinflussen grundlegende Eigenschaften der Insekten und werden oft von Generation zu Generation weitergegeben [s152]. In speziellen Zellen, den sogenannten bakteriocyten, leben Bakterien, die für beide Partner überlebenswichtig sind. Das Immunsystem der Insekten und ihre mikrobiellen Partner stehen dabei in einer komplexen Wechselbeziehung - die Mikroben unterstützen die Immunfunktion, während das Immunsystem ihre Zusammensetzung reguliert [s152]. Ein faszinierendes Beispiel für die evolutionäre Bedeutung von Symbiosen zeigt sich bei der Erschließung nährstoffarmer Nahrungsquellen durch Insekten. Durch symbiotische Partner konnten sich Insekten auf Ressourcen wie Holz, Pflanzensäfte oder Blut spezialisieren, die alleine kaum verwertbar wären [s153]. Die Symbionten stellen dabei essenzielle Aminosäuren und B-Vitamine bereit [s154]. Dies führte in manchen Fällen zu regelrechten Evolutionsschüben mit der Entstehung vieler neuer Arten [s153]. Ein gut untersuchtes Beispiel sind die komplexen Symbiosen zwischen Käfern und Pilzen. Borkenkäfer und Ambrosiakäfer leben in enger Gemeinschaft mit bestimmten Pilzarten. Die Pilze helfen beim Aufschluss des Holzes und liefern Nährstoffe, während die Käfer für ihre Verbreitung sorgen [s155]. Interessanterweise sind diese Pilzpartner oft sehr spezifisch auf bestimmten Körperregionen der Käfer angesiedelt. Das Verständnis dieser Beziehungen ist auch praktisch relevant, etwa um die Ausbreitung invasiver Arten vorherzusagen [s155]. In der Landwirtschaft spielen Symbiosen eine wichtige Rolle. Die Bestäubung durch Bienen und andere Insekten ist ein klassisches Beispiel für Mutualismus - die Insekten erhalten Nahrung und die Pflanzen werden bestäubt [s151]. Allerdings gibt es auch parasitische Beziehungen, wenn Schädlinge wie der Maiszünsler ihre Wirtspflanzen schädigen [s151]. Neue Forschungsansätze zielen darauf ab, durch gezielte Manipulation des Mikrobioms von Schädlingen deren Bekämpfung zu verbessern [s154]. Ein interessantes Beispiel für indirekte Symbiosen zeigt sich bei der Mistel. Ihre

Beeren sind eine wichtige Winternahrung für Vögel, wenn Insekten rar sind [s156]. Dies verdeutlicht die komplexen Verflechtungen in Ökosystemen, wo auch scheinbar unabhängige Arten durch Nahrungsnetze verbunden sind. Für die praktische Naturschutzarbeit bedeutet dies, dass der Erhalt von Symbiosen zentral für funktionierende Ökosysteme ist. Bei Schutzmaßnahmen sollten daher nicht nur einzelne Arten, sondern ihre symbiotischen Beziehungen berücksichtigt werden. Auch in der biologischen Schädlingsbekämpfung eröffnen sich neue Perspektiven durch das bessere Verständnis symbiotischer Beziehungen, etwa durch die Nutzung natürlicher mikrobieller Partner zur Kontrolle von Schadinsekten.

2. 3. 4. Konkurrenzsituationen

Konkurrenzsituationen sind ein fundamentaler Bestandteil ökologischer Beziehungen in Nahrungsnetzen und treten in verschiedenen Formen auf. Grundsätzlich unterscheidet man zwischen intraspezifischer Konkurrenz (innerhalb einer Art) und interspezifischer Konkurrenz (zwischen verschiedenen Arten) [s157]. Die intraspezifische Konkurrenz manifestiert sich auf zwei Arten: Zum einen im territorialen Wettbewerb, bei dem Individuen bestimmte Gebiete für sich beanspruchen und verteidigen, zum anderen im direkten Ressourcenwettbewerb, bei dem Ressourcen ohne territoriale Verteidigung umkämpft werden [s157]. Ein praktisches Beispiel hierfür sind Raupen derselben Art an einer Futterpflanze, die um die besten Fressplätze konkurrieren. Bei der interspezifischen Konkurrenz konkurrieren verschiedene Arten um dieselben limitierten Ressourcen in einem Ökosystem [s158]. Dies kann zu drei verschiedenen evolutionären Ausgängen führen: Wettbewerbs-Ausschluss (eine Art wird verdrängt), Reichweiten-Einschränkung (räumliche Trennung) oder Wettbewerbs-Verschiebung (Entwicklung unterschiedlicher Spezialisierungen) [s157]. Ein anschauliches Beispiel für interspezifische Konkurrenz findet sich in den Neotropen, wo verschiedene insektenfressende Vogelarten um ähnliche Nahrungsressourcen konkurrieren [s159]. Besonders interessant sind die Auswirkungen invasiver Arten auf bestehende Konkurrenzsituationen. Ein gut dokumentiertes Beispiel ist der Fall Armyworm in Kenia, der in Konkurrenz zu einheimischen Stängelbohrern in Maiskulturen tritt [s160]. Der invasive Fall Armyworm zeigt dabei einen deutlichen Konkurrenzvorteil, was sich in höheren Larvenzahlen und einer reduzierten Überlebensrate der einheimischen Arten äußert. Solche invasiven Generalisten führen oft zu niedrigeren Ressourcenlevels als einheimische Arten [s161]. Die Koexistenz zwischen verschiedenen Arten wird durch Nischenpartitionierung ermöglicht. Dabei entwickeln die Arten unterschiedliche Anpassungen, die eine Überlappung der Ressourcennutzung minimieren [s161]. Dies kann räumlich (verschiedene Mikrohabitate), zeitlich (unterschiedliche Aktivitätszeiten) oder durch Spezialisierung auf verschiedene Nahrungsquellen erfolgen. Für die praktische Naturschutzarbeit bedeutet dies, dass die Erhaltung verschiedener Mikrohabitate essentiell ist, um Konkurrenzsituationen zu entschärfen. Ein wichtiger Aspekt für die biologische Schädlingsbekämpfung ist das Verständnis von Intra-Gilde-

Prädation und Wettbewerb zwischen natürlichen Feinden [s162]. Diese Interaktionen können die Effektivität der Schädlingsbekämpfung beeinflussen. Bei der Planung von Bekämpfungsmaßnahmen sollte daher die Konkurrenzsituation zwischen verschiedenen Nützlingen berücksichtigt werden. Die Konkurrenz zwischen phytophagen Insekten ist eine wichtige ökologische Kraft, die sowohl Populationsgrößen als auch die Zusammensetzung von Insektengemeinschaften beeinflusst [s163]. Für das Management von Agrarökosystemen bedeutet dies, dass bei der Einführung neuer Kultursorten oder Anbaumethoden mögliche Verschiebungen in den Konkurrenzverhältnissen berücksichtigt werden müssen. Das Konkurrenzausschlussprinzip besagt, dass zwei Arten nicht dauerhaft dieselbe ökologische Nische am gleichen Ort besetzen können [s158]. Dies hat praktische Bedeutung für die Vorhersage von Artverschiebungen, beispielsweise im Kontext des Klimawandels oder bei der Einführung neuer Arten in ein Ökosystem.

Glossar

Fall Armyworm
Ein gefährlicher Schädling (Spodoptera frugiperda), der ursprünglich aus Amerika stammt und sich weltweit ausbreitet

interspezifisch
Bezeichnet Vorgänge oder Beziehungen zwischen verschiedenen biologischen Arten

intraspezifisch
Bezeichnet Vorgänge oder Beziehungen, die innerhalb einer einzelnen biologischen Art stattfinden

Neotropen
Biogeographische Region, die Mittel- und Südamerika sowie die Karibischen Inseln umfasst

phytophag
Bezeichnet Organismen, die sich von Pflanzenteilen ernähren

Zusammenfassung - 2. 3. Nahrungsnetze

- Räuber-Beute-Systeme können durch genetische Vielfalt in einer Wirtsart die Komplexität des Nahrungsnetzes um bis zu 20% steigern
- Das "10-Prozent-Gesetz" besagt, dass nur etwa ein Zehntel der Energie von einer trophischen Ebene zur nächsten weitergegeben wird
- Mikrohabitate haben oft größeren Einfluss auf die Populationsdynamik als nicht-konsumtive Räubereffekte
- Parasiten weisen überraschenderweise breitere und weniger zusammenhängende Nahrungsnischen auf als freilebende Konsumenten
- Heteroxene Parasiten durchlaufen komplexe Lebenszyklen mit mehreren Wirten, während monoxene nur einen Wirt haben
- Top-Räuber können die Verbreitung von Parasiten fördern, indem sie infizierte Beute fressen
- In Bakteriocyten leben Bakterien, die für beide Symbiosepartner überlebenswichtig sind
- Durch symbiotische Partner konnten sich Insekten auf schwer verwertbare Ressourcen wie Holz oder Blut spezialisieren
- Borkenkäfer und Ambrosiakafer tragen spezifische Pilzpartner auf bestimmten Körperregionen
- Invasive Generalisten führen oft zu niedrigeren Ressourcenlevels als einheimische Arten
- Der Fall Armyworm in Kenia zeigt einen deutlichen Konkurrenzvorteil gegenüber einheimischen Stängelbohrern in Maiskulturen

Rückblick - 2. Lebensräume und Ökologie

- Waldökosysteme bieten eine beeindruckende Vielfalt an Ökosystemdienstleistungen in vier zentralen Kategorien.
- Mischwälder sind produktiver als Monokulturen und zeigen höhere Widerstandsfähigkeit.
- Terrestrische Invertebraten eignen sich besonders gut als Bioindikatoren für den Zustand von Waldökosystemen.
- Streuobstwiesen als traditionelle Kulturlandschaften bieten verschiedenste Mikrohabitate für eine außergewöhnlich diverse Flora und Fauna.
- Einmal jährlich gemähte Wiesen in Kombination mit extensiver Beweidung weisen die höchste Diversität an Schmetterlingen und Käfern auf.
- Ungemähte Winterbrachen sind essentiell für die Überwinterung vieler Insektenarten.
- In urbanen Gebieten zeigen Hautflügler, insbesondere Bienen, eine höhere Artenvielfalt als in ländlichen Regionen.
- Pflasterflächen bieten überraschend viele Nistmöglichkeiten für bodenlebende Insekten.
- Die Hydroperiode ist der entscheidende Faktor für die Zusammensetzung der Lebensgemeinschaften in temporären Gewässern.
- Vernale Teiche bieten ideale Bedingungen für viele Amphibien und Insekten durch das natürliche Fehlen von Fischpopulationen.
- Räuber-Beute-Systeme folgen dem "10-Prozent-Gesetz" bei der Energieübertragung zwischen trophischen Ebenen.
- Parasiten können als biologische Indikatoren für trophische Verbindungen dienen.
- Symbiosen ermöglichten Insekten die Erschließung nährstoffarmer Nahrungsquellen wie Holz oder Pflanzensäfte.
- Interspezifische Konkurrenz kann zu Wettbewerbs-Ausschluss, Reichweiten-Einschränkung oder Wettbewerbs-Verschiebung führen.

- Der invasive Fall Armyworm zeigt einen deutlichen Konkurrenzvorteil gegenüber einheimischen Stängelbohrern.
- Die vielfältigen Beziehungen zwischen Arten und ihren Lebensräumen werfen die Frage auf, wie wir diese Systeme effektiv schützen und ihre Bedeutung für zukünftige Generationen bewahren können.

3. Artenschutz und Bedeutung

Die Bedeutung von Insekten für Ökosysteme und menschliche Gesellschaften ist weitaus größer als ihre geringe Körpergröße vermuten lässt. Von der Bestäubung unserer Nutzpflanzen über die Zersetzung organischen Materials bis hin zur kulturellen Inspiration - diese faszinierenden Gliederfüßer prägen seit jeher das Leben auf unserem Planeten. Doch wie stark sind Insektenpopulationen tatsächlich durch menschliche Aktivitäten bedroht? Welche konkreten Auswirkungen hat ihr Rückgang auf die Stabilität von Ökosystemen? Und welche oft übersehenen Funktionen erfüllen sie in natürlichen wie auch kulturellen Zusammenhängen? Die systematische Erfassung gefährdeter Arten zeigt ein besorgniserregendes Bild: Mehr als ein Viertel aller bewerteten Arten ist vom Aussterben bedroht. Gleichzeitig fehlen für viele Insektengruppen noch grundlegende Daten zu ihrer Gefährdungssituation. Dies erschwert gezielte Schutzmaßnahmen erheblich. Die folgenden Abschnitte beleuchten die vielfältigen Aspekte der Insektenwelt - von ihrer ökologischen Bedeutung über traditionelle Nutzungsformen bis hin zu ihrer Rolle als Inspiration für Kunst, Technik und Innovation. Dabei wird deutlich: Der Schutz dieser oft unterschätzten Tiergruppe ist nicht nur aus naturwissenschaftlicher Sicht geboten, sondern auch für das kulturelle Erbe der Menschheit von unschätzbarem Wert.

3. 1. Gefährdete Arten

Die dramatische Abnahme der Insektenvielfalt stellt Wissenschaft und Naturschutz vor große Herausforderungen. Wie lässt sich der Verlust von Arten aufhalten, wenn wir bei vielen Insektengruppen nicht einmal deren genauen Bestand kennen? Welche Rolle spielen dabei die komplexen Wechselwirkungen zwischen Habitatverlust, Klimawandel und menschlichen Eingriffen in die Natur? Die systematische Erfassung gefährdeter Arten und das Verständnis ihrer spezifischen Bedürfnisse bilden die Grundlage für wirksame Schutzmaßnahmen. Dabei zeigt sich: Der Erhalt der Insektenvielfalt ist keine unlösbare Aufgabe. Sowohl auf globaler als auch auf lokaler Ebene existieren bereits erprobte Konzepte und Handlungsansätze. Die folgenden Abschnitte beleuchten die verschiedenen Aspekte der Gefährdung und zeigen konkrete Wege zum Schutz bedrohter Insektenarten auf.

„Mit mehr als 46.300 vom Aussterben bedrohten Arten - das entspricht 28% aller bewerteten Arten - zeichnet die Rote Liste ein alarmierendes Bild des globalen Artensterbens.“

3. 1. 1. Rote Liste Arten

Die Rote Liste gefährdeter Arten ist das wichtigste internationale Verzeichnis zum Erhaltungsstatus von Tier-, Pilz- und Pflanzenarten [s164]. Mit mehr als 46.300 vom Aussterben bedrohten Arten - das entspricht 28% aller bewerteten Arten - zeichnet sie ein alarmierendes Bild des globalen Artensterbens [s164].

Insekten [i30]

Besonders dramatisch stellt sich die Situation bei den Insekten dar. Die systematische Erfassung konzentriert sich bisher hauptsächlich auf vier taxonomische Gruppen: Libellen, Bienen, holzbewohnende (saproxylische) Käfer und Schmetterlinge [s165]. Bei den europäischen holzbewohnenden Käfern sind bereits 11% in einer der drei Gefährdungskategorien gelistet, weitere 13% gelten als "nahezu bedroht" [s165]. Besorgniserregend ist auch, dass für 28% dieser Arten nicht genügend Daten vorliegen, um ihren Gefährdungsstatus überhaupt einschätzen zu können [s165]. Die Rote Liste verwendet ein differenziertes Kategoriesystem zur Einstufung der Arten: Von "Nicht bewertet" über "Daten mangelhaft" bis hin zu "Geringes Risiko", "Nahezu bedroht", "Verwundbar", "Gefährdet", "Kritisch gefährdet" und schließlich "In der Wildnis ausgestorben" oder "Ausgestorben" [s164]. Konkret sind 2% der erfassten Arten kritisch gefährdet, 3% gefährdet und 9% als verletzlich eingestuft [s166]. Ein besonderes Augenmerk liegt auf wandernden Arten, von denen ein Fünftel vom Aussterben bedroht ist. Erschreckende 44% zeigen einen abnehmenden Populationstrend [s167]. Hier wird deutlich, wie wichtig internationale Zusammenarbeit beim Artenschutz ist, da diese Tiere häufig Ländergrenzen überschreiten und nur durch koordinierte Schutzmaßnahmen aller betroffenen Staaten effektiv geschützt werden können [s167].

Als Hauptursachen für den dramatischen Artenschwund werden Landnutzungsänderungen, die Intensivierung der Landwirtschaft, zunehmende Urbanisierung und der Klimawandel identifiziert [s166]. Jeder kann durch bewusstes Handeln zum Artenschutz beitragen: Die Anlage naturnaher Gärten mit heimischen Pflanzen, der Verzicht auf Pestizide und das Belassen von Totholz schaffen wertvolle Lebensräume für bedrohte Insekten. Die Backbone-Taxonomie der Roten Liste umfasst derzeit 21.221 Namen und wird ständig aktualisiert [s168]. Sie ermöglicht eine konsistente taxonomische Erfassung und Berichterstattung [s168]. Allerdings erschwert die Tatsache, dass bisher weniger als 5% aller bekannten Arten überhaupt bewertet wurden, präzise Aussagen über den globalen Gefährdungsstatus [s169]. Positive Entwicklungen zeigen sich dort, wo Schutzmaßnahmen konsequent umgesetzt werden [s166]. Die EU-Biodiversitätsstrategie 2030 setzt hier wichtige Impulse [s166]. Für den praktischen Naturschutz vor Ort ist die systematische Erfassung gefährdeter Arten unerlässlich. Citizen Science Projekte, bei denen interessierte Laien Artbeobachtungen dokumentieren, leisten dabei einen wichtigen Beitrag zur Datenerhebung. Die Herausforderung bleibt enorm: Bei den Wirbellosen sind 88,9-95,2% der gefährdeten Arten noch nicht ausreichend erfasst [s170]. Um diesem Informationsdefizit zu begegnen, ist verstärkte Forschung dringend notwendig [s165]. Gleichzeitig muss das öffentliche Bewusstsein für die Bedeutung der Artenvielfalt und die Dringlichkeit von Schutzmaßnahmen weiter geschärft werden.

Landnutzungsänderungen [i31]

Urbanisierung [i32]

Glossar

saproxylisch
Bezeichnet Organismen, die in totem oder verrottendem Holz leben und dieses als Nahrungsquelle nutzen. Diese Lebensweise ist besonders bei Käferarten verbreitet.

3. 1. 2. Habitatverlust

Der Verlust und die Zerstörung natürlicher Lebensräume stellt eine der größten Bedrohungen für die globale Insektenvielfalt dar. In den letzten 25 Jahren sind die Insektenpopulationen um bis zu drei Viertel geschrumpft [s171], was dramatische Auswirkungen auf ganze Ökosysteme hat. Besonders alarmierend ist die Situation in Feuchtgebieten, von denen weltweit bereits 85% durch menschliche Aktivitäten zerstört wurden [s172]. Die Fragmentierung von Lebensräumen durch intensive Landwirtschaft, Urbanisierung und Infrastrukturprojekte zerschneidet natürliche Habitate in isolierte Inseln. Dies erschwert den genetischen Austausch zwischen Populationen und macht sie anfälliger für lokales Aussterben. Ein historisches Beispiel dafür ist die Rocky Mountain Heuschrecke, die 1900 durch die Umwandlung ihres Lebensraums in Ackerland ausstarb [s173]. Besonders dramatisch zeigt sich die Situation in Hawaii, wo bereits 90% der Trockenlebensräume, 61% der mesischen Lebensräume und 42% der Feuchtgebiete verloren gingen [s174]. Dies führte dazu, dass 75% aller dokumentierten Arten-Extinktionen der USA auf Hawaii stattfanden [s174]. Die Einführung invasiver Arten verschärft diese Problematik zusätzlich.

Lebensräume [i33]

Bestäuber sind von der Habitatdegradation besonders betroffen [s175]. Die zunehmende Verstädterung und die Ausweitung monotoner Rasenflächen reduzieren ihre Nahrungsquellen drastisch. Klimawandelbedingte Verschiebungen der Lebensräume nach Norden und in höhere Lagen [s176] stellen eine zusätzliche Herausforderung dar, da nicht alle Arten gleich schnell auf diese Veränderungen reagieren können.

Bestäuber [i34]

Praktische Maßnahmen zum Habitatschutz können bereits im kleinen Maßstab wirksam sein:
- Anlage von Blühstreifen und naturnahen Gärten mit heimischen Wildpflanzen
- Verzicht auf häufiges Rasenmähen und Pestizideinsatz
- Schaffung von Kleinstrukturen wie Totholz, Steinhaufen oder unbefestigten Bodenstellen
- Erhalt von Feuchtgebieten und naturnahen Waldrändern

Habitatdegradation [i35]

Die Süßwasserökosysteme verzeichnen mit einem Artenverlust von über 80% seit den 1970er Jahren [s171] besonders drastische Einbußen. Landwirtschaftliche Abflüsse, Gewässerverbauung und die Trockenlegung von Feuchtgebieten sind hier die Hauptursachen.

Die Abholzung und Fragmentierung von Wäldern [s177] hat weitreichende Folgen für das gesamte Ökosystem. Nicht nur die direkt betroffenen Arten verlieren ihren Lebensraum, sondern auch die mit ihnen verbundenen Arten leiden unter dem Verlust ihrer Nahrungsgrundlage oder Fortpflanzungspartner. Prognosen zeigen, dass ohne entschiedenes Gegensteuern bis 2070 ein Drittel aller Tier- und Pflanzenarten vom Aussterben bedroht sein könnte [s178]. Dies unterstreicht die Dringlichkeit umfassender Schutzmaßnahmen auf allen Ebenen - von der internationalen Politik bis zum lokalen Engagement jedes Einzelnen. Die Wiederherstellung geschädigter Lebensräume und die Vernetzung isolierter Habitate durch Biotopverbundsysteme sind zentrale Aufgaben des modernen Naturschutzes. Dabei spielt auch die Zusammenarbeit mit der Landwirtschaft eine wichtige Rolle, um naturverträgliche Bewirtschaftungsformen zu etablieren und wichtige Rückzugsräume für bedrohte Arten zu schaffen.

Abholzung [i36]

Glossar

mesische Lebensräume

Bezeichnet Lebensräume mit ausgeglichener Wasserversorgung, die weder zu trocken noch zu feucht sind. Typische Beispiele sind Laubwälder der gemäßigten Zone.

3. 1. 3. Klimawandeleinflüsse

Der Klimawandel stellt eine der größten Bedrohungen für Insektenpopulationen weltweit dar. Die Auswirkungen sind vielfältig und betreffen sowohl einzelne Arten als auch ganze Ökosysteme. Besonders alarmierend ist die Prognose, dass bei einer globalen Erwärmung um 3,2°C fast die Hälfte aller Insektenarten gezwungen sein wird, ihre Lebensräume um 50% oder mehr zu reduzieren [s179]. Kaltblütige Insekten sind besonders anfällig für Temperaturschwankungen, da sie keine eigenen Mechanismen zur Körpertemperaturregulation besitzen [s180]. Eine aktuelle Analyse zeigt, dass 65% der untersuchten Insektenpopulationen im nächsten Jahrhundert vom Aussterben bedroht sind, wobei bei 25 von 38 untersuchten Arten ein erhöhtes Aussterberisiko durch dramatische und unregelmäßige Temperaturschwankungen besteht [s180]. Besonders deutlich zeigen sich die Auswirkungen bei spezialisierten Arten in kalten Regionen. Ein eindrückliches Beispiel ist die Gletschersteinfliege, die durch das Abschmelzen der Gletscher ihren Lebensraum verliert [s181]. Auch aquatische Insekten leiden unter den veränderten Bedingungen, da Niederschlagsmuster, Wassertemperaturen und Fließgeschwindigkeiten sich drastisch verändern [s181]. Die Klimaerwärmung führt zu komplexen Veränderungen in den Ökosystemen. Während spezialisierte Arten in kalten Gebieten zurückgehen, breiten sich weniger spezialisierte Arten nach Norden aus [s182]. Dies kann zu dramatischen Verschiebungen in den Nahrungsnetzen führen. Ein besonders problematischer Aspekt ist die zeitliche Entkopplung zwischen Blütezeiten und dem Auftreten von Bestäubern [s183]. Um diesem entgegenzuwirken, können Gartenbesitzer durch die Anlage von Blühflächen mit verschiedenen heimischen Arten, die zu unterschiedlichen Zeiten blühen, wichtige Nahrungsquellen über die gesamte Saison bereitstellen. Extreme Wetterereignisse wie Dürreperioden verschärfen die Situation zusätzlich. Sie schwächen nicht nur die Insekten direkt, sondern auch ihre Lebensgrundlagen. In Wäldern führt Trockenheit zu geschwächten Bäumen, die anfälliger für Insektenbefall werden [s184]. Dies kann paradoxerweise zu massiven Vermehrungen bestimmter Schadinsekten führen, während andere Arten verschwinden.

Die Auswirkungen des Klimawandels auf Bestäuber sind besonders besorgniserregend, da sie direkte Folgen für die Nahrungsmittelproduktion haben [s185]. Jeder kann durch klimafreundliches Verhalten zum Schutz der Insekten beitragen. Konkrete Maßnahmen umfassen:
- Die Umstellung auf eine mehr pflanzenbasierte Ernährung
- Die naturnahe Gestaltung von Gärten mit heimischen Pflanzen
- Das Anlegen von Wasserstellen, die in Trockenperioden wichtige Refugien darstellen
- Die Schaffung von mikrohabitaten mit unterschiedlichen Temperatur- und Feuchtigkeitsbedingungen

Die Wissenschaft zeigt deutlich: Ohne entschiedenes Gegensteuern werden die Auswirkungen des Klimawandels auf Insektenpopulationen dramatisch sein [s179]. Die gute Nachricht ist, dass es noch nicht zu spät ist, durch geeignete Schutzmaßnahmen und die Wiederherstellung von Ökosystemen gegenzusteuern [s179]. Dabei ist sowohl globales als auch lokales Handeln gefragt.

3. 1. 4. Schutzmaßnahmen

Der Schutz gefährdeter Insektenarten erfordert ein breites Spektrum aufeinander abgestimmter Maßnahmen. Besonders wichtig ist dabei ein wissenschaftlich fundiertes Ressourcenmanagement, das Forschung, systematische Erfassung und gezielte Schutzmaßnahmen kombiniert [s186]. Die Wirksamkeit dieser Maßnahmen hängt entscheidend von ihrer konkreten Umsetzung ab.

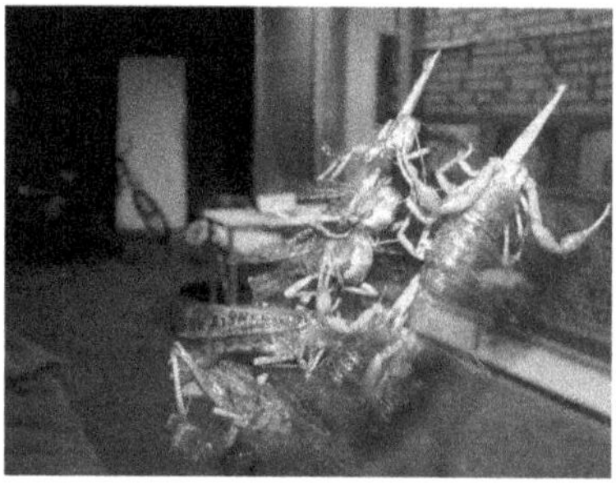

Exuvien [i37]

Eine innovative und besonders schonende Methode zur Erfassung gefährdeter Arten ist die Analyse von Exuvien (abgestreifte Häutungsreste). Diese nicht-invasive Technik ermöglicht es, die Anwesenheit von Arten nachzuweisen, ohne die oft kleinen Populationen durch Fang zusätzlich zu gefährden. Das genetische Material aus den Exuvien bleibt bis zu 40 Tage analysierbar, optimal ist jedoch eine Untersuchung innerhalb der ersten 10 Tage [s187]. Diese Methode können auch interessierte Bürger unterstützen, indem sie Exuvien sammeln und dokumentieren.

Ein zentrales Problem ist der Mangel an insektenspezifischen Schutzvorschriften in Naturschutzgebieten [s188]. Um dies zu verbessern, sollten folgende Aspekte berücksichtigt werden:
- Einrichtung von Pufferzonen um Schutzgebiete
- Reduzierung des Pestizideinsatzes in angrenzenden landwirtschaftlichen Flächen
- Regelmäßiges Monitoring der Insektenpopulationen
- Integration spezifischer Insektenschutzmaßnahmen in Managementpläne

Für Privatpersonen und Landwirte gibt es verschiedene Möglichkeiten zum aktiven Insektenschutz. Gartenbesitzer können beispielsweise:
- Heimische Wildpflanzen anpflanzen
- Strukturreiche Lebensräume mit Tot- und Altholz schaffen
- Wasserstellen und Feuchtbiotope anlegen
- Auf chemische Pflanzenschutzmittel verzichten

Landwirte können durch umweltschonende Bewirtschaftungsmethoden zum Insektenschutz beitragen. Hierfür gibt es oft finanzielle Förderungen [s188]. Konkrete Maßnahmen sind:
- Anlage von Blühstreifen
- Reduzierter Pestizideinsatz
- Erhalt von Kleinstrukturen wie Hecken und Feldrainen
- Zeitlich gestaffelte Mahd

Ein sieben Punkte umfassender Aktionsplan sieht vor, das Verständnis für die spezifischen Mikrobiotop-Anforderungen gefährdeter Arten zu verbessern und geschützte Gebiete gezielt zu erweitern [s189]. Dies ist besonders wichtig, da viele Insektenarten sehr spezifische Habitatansprüche haben. Die Zusammenarbeit verschiedener Interessengruppen ist entscheidend für den Erfolg von Schutzmaßnahmen. Ein Beispiel ist die Kooperation zwischen staatlichen Behörden, Waldbesitzern und Naturschützern [s190]. Solche Partnerschaften können rechtliche Sicherheit für Landnutzer schaffen und gleichzeitig den Artenschutz gewährleisten.

Die Ausweisung kritischer Habitate für bedrohte Arten [s186] muss mit konkreten Schutzmaßnahmen verbunden werden. Dazu gehören:
- Kartierung und Monitoring der Populationen
- Entwicklung artspezifischer Schutzkonzepte
- Vernetzung isolierter Lebensräume
- Wiederherstellung degradierter Habitate

Besonders wichtig ist die regelmäßige Überprüfung der Wirksamkeit von Schutzmaßnahmen [s188]. Nur so können Maßnahmen bei Bedarf angepasst und verbessert werden. Citizen Science Projekte können dabei helfen, die notwendigen Daten zu sammeln und gleichzeitig das öffentliche Bewusstsein für den Insektenschutz zu stärken. Die Fragmentierung von

Schutzgebieten stellt eine besondere Herausforderung dar [s188]. Um diesem Problem zu begegnen, sind großräumige Biotopverbundsysteme notwendig. Diese ermöglichen den genetischen Austausch zwischen Populationen und erhöhen deren Überlebenschancen.

Glossar

Exuvien
Die leeren Außenskelette von Insekten, die nach der Häutung zurückbleiben. Sie bestehen hauptsächlich aus Chitin und können wichtige Informationen über Größe, Art und Entwicklungsstadium des Insekts liefern.

Mikrobiotop
Ein sehr kleiner, räumlich begrenzter Lebensraum mit spezifischen Umweltbedingungen, wie beispielsweise eine einzelne Baumhöhle oder ein kleiner Wassertümpel.

Zusammenfassung - 3. 1. Gefährdete Arten

- Die Rote Liste erfasst über 46.300 vom Aussterben bedrohte Arten, was 28% aller bewerteten Arten entspricht
- Bei europäischen holzbewohnenden Käfern sind 11% in Gefährdungskategorien gelistet und für 28% liegen nicht genügend Daten vor
- Ein Fünftel der wandernden Arten ist vom Aussterben bedroht, 44% zeigen abnehmende Populationstrends
- Die Backbone-Taxonomie der Roten Liste umfasst 21.221 Namen, aber weniger als 5% aller bekannten Arten wurden bisher bewertet
- Bei Wirbellosen sind 88,9-95,2% der gefährdeten Arten noch nicht ausreichend erfasst
- In Hawaii gingen 90% der Trockenlebensräume, 61% der mesischen Lebensräume und 42% der Feuchtgebiete verloren
- 75% aller dokumentierten Arten-Extinktionen der USA fanden auf Hawaii statt
- Süßwasserökosysteme verzeichnen seit den 1970er Jahren einen Artenverlust von über 80%
- Bei einer globalen Erwärmung um 3,2°C müssen fast 50% aller Insektenarten ihre Lebensräume um mindestens 50% reduzieren
- Bei 25 von 38 untersuchten Arten besteht erhöhtes Aussterberisiko durch dramatische Temperaturschwankungen
- Genetisches Material aus Exuvien bleibt bis zu 40 Tage analysierbar, optimal ist eine Untersuchung innerhalb der ersten 10 Tage

3. 2. Ökosystemdienstleistungen

Wie lässt sich der immense wirtschaftliche und ökologische Wert quantifizieren, den Insekten durch ihre vielfältigen Dienstleistungen für unsere Ökosysteme erbringen? Welche konkreten Funktionen erfüllen sie bei der Bodenbildung, der natürlichen Schädlingsbekämpfung oder der Verwertung organischer Abfälle? Und wie können wir diese essentiellen Leistungen für kommende Generationen bewahren? Die sogenannten Ökosystemdienstleistungen der Insekten sind fundamental für das Funktionieren terrestrischer und aquatischer Lebensräume. Sie reichen von der Zersetzung organischen Materials über die Regulation von Schädlingspopulationen bis hin zur Bereitstellung von Nahrungsressourcen. Wissenschaftliche Schätzungen beziffern den ökonomischen Wert dieser Leistungen auf mindestens 70 Milliarden Dollar jährlich - eine Zahl, die die immense Bedeutung dieser oft unterschätzten Tiergruppe unterstreicht. Die zunehmende Gefährdung von Insektenpopulationen durch Faktoren wie intensive Landwirtschaft, Pestizideinsatz und Klimawandel macht es dringend erforderlich, ihre vielfältigen Funktionen genauer zu verstehen. Nur so können wirksame Schutzkonzepte entwickelt werden, die diese unverzichtbaren Ökosystemdienstleistungen auch für die Zukunft sichern.

„Etwa 35% der weltweiten Nahrungsmittelproduktion hängen von der Bestäubung durch Insekten ab.“

3. 2. 1. Bodenbildung

Die Bodenbildung ist ein faszinierender und komplexer Prozess, der durch das Zusammenspiel verschiedener biologischer, chemischer und physikalischer Faktoren gesteuert wird [s191]. Dabei spielen insbesondere Mikroorganismen eine Schlüsselrolle - sie können regelrecht als die "Architekten unserer Böden" bezeichnet werden. Diese mikroskopisch kleinen Lebewesen sind maßgeblich an der Umwandlung von organischem Material und der Freisetzung wichtiger Nährstoffe beteiligt [s192]. Ein besonders anschauliches Beispiel für die Bedeutung der Bodenbildung findet sich in der Forstwirtschaft: Hier spielt die Zersetzung von Totholz eine entscheidende Rolle. Wenn ein Baum stirbt und zu Boden fällt, beginnt ein jahrelanger Prozess der Zersetzung. Dabei werden nicht nur Nährstoffe freigesetzt, sondern es entsteht auch eine verbesserte Bodenstruktur [s192]. Forstwirte sollten daher bewusst einen gewissen Anteil an Totholz im Wald belassen, statt es vollständig zu entfernen. Dies fördert langfristig die Bodenqualität und schützt vor Erosion. Die Geschwindigkeit der Zersetzungsprozesse wird stark von den Umweltbedingungen beeinflusst. In kühleren und feuchteren Regionen läuft die Zersetzung beispielsweise schneller ab [s192]. Gärtner und Landwirte können sich dieses Wissen zunutze machen, indem sie ihre Kompostierung entsprechend anpassen - etwa durch regelmäßiges Bewässern bei Trockenheit. Besonders interessant ist die Rolle der Bodenmikroben bei der Bodenbildung. Diese mikroskopischen Organismen sind wahre Multitalente: Sie treiben nicht nur die Entwicklung von Kohlenstoff- und Stickstoffkreisläufen voran, sondern beeinflussen auch aktiv die chemische Zusammensetzung des Bodens [s191]. Durch ihre Aktivität werden Minerale verwittert und Nährstoffe mobilisiert, was letztendlich zur Bildung fruchtbarer Böden führt. Ein faszinierender Aspekt der Bodenbildung zeigt sich in der Bioturbation - der Durchmischung des Bodens durch Lebewesen. Dieser Prozess hat nicht nur Bedeutung für die aktuelle Bodenentwicklung, sondern spielt auch eine wichtige Rolle in der Archäologie [s193]. Wenn beispielsweise Regenwürmer oder andere Bodentiere den Boden durchmischen, können sie archäologische Funde sowohl schützen als auch deren Interpretation erschweren. Dies zeigt eindrücklich, wie eng die natürlichen Bodenprozesse mit der menschlichen Geschichte verwoben sind. Für die praktische Anwendung bedeutet dies, dass eine nachhaltige Bodenbewirtschaftung die natürlichen Prozesse der Bodenbildung berücksichtigen muss. Landwirte und Gärtner können beispielsweise durch gezielte Förderung des Bodenlebens - etwa durch reduzierte Bodenbearbeitung und organische Düngung - die Bodenqualität verbessern. Auch der Aufbau von organo-mineralischen Verbindungen, der bereits in frühen Phasen der Bodenentwicklung beginnt [s191], kann durch entsprechende Bewirtschaftungsmethoden unterstützt werden. Die Bildung biologischer Bodenkrusten ist ein weiterer wichtiger Aspekt der Bodenbildung [s191]. Diese oberflächlichen Strukturen, die sich aus Mikroorganismen, Moosen und Flechten zusammensetzen, spielen eine wichtige Rolle beim Erosionsschutz und der Nährstoffanreicherung. In der Praxis sollten diese natürlichen Schutzsysteme wo möglich erhalten und gefördert werden, beispielsweise durch angepasste Beweidung oder reduzierte mechanische Bodenbearbeitung.

Glossar

Bioturbation
Ein natürlicher Vorgang, bei dem Bodenlebewesen wie Würmer, Insekten und Kleinsäuger den Boden durch ihre Aktivitäten wie Graben, Wühlen und Nahrungssuche durchmischen und lockern.

organo-mineralische Verbindung
Chemische Verbindungen im Boden, die aus einer Kombination von organischen Stoffen und Mineralen bestehen und für die Bodenfruchtbarkeit wichtig sind.

3. 2. 2. Schädlingsbekämpfung

Die biologische Schädlingsbekämpfung hat sich als effektive und nachhaltige Alternative zu chemischen Pestiziden etabliert. Sie nutzt natürliche Feinde wie Räuber, Parasitoide und Pathogene, um Schädlingspopulationen unter Kontrolle zu halten [s194]. Dabei unterscheidet man drei zentrale Ansätze: die klassische, die augmentative und die konservierende biologische Kontrolle [s195]. Bei der klassischen biologischen Kontrolle werden natürliche Feinde aus dem Herkunftsgebiet des Schädlings eingeführt. Dies erfordert umfangreiche Voruntersuchungen und Genehmigungsverfahren, um mögliche negative Auswirkungen auf das Ökosystem auszuschließen [s196]. Ein praktisches Beispiel hierfür ist die Einführung spezialisierter Parasitoidwespen zur Bekämpfung von Schadschmetterlingen in Obstplantagen.

Die augmentative biologische Kontrolle basiert auf der gezielten Freisetzung massenproduzierter Nützlinge. Diese Methode wird besonders erfolgreich in Gewächshäusern eingesetzt [s194]. Gärtner können beispielsweise Raubmilben gegen Spinnmilben oder Schlupfwespen gegen Weiße Fliegen einsetzen. Die Ausbringung erfolgt dabei meist in regelmäßigen Abständen, da sich die Nützlingspopulationen nicht dauerhaft etablieren. Besonders nachhaltig ist die konservierende biologische Kontrolle, die darauf abzielt, die natürlich vorkommenden Nützlinge zu fördern [s197]. Dies kann durch die gezielte Gestaltung der Agrarlandschaft erreicht werden. Landwirte können beispielsweise Blühstreifen anlegen oder Hecken pflanzen, die als Lebensraum und Nahrungsquelle für nützliche Insekten dienen. Studien haben gezeigt, dass Hecken die Schädlingsbekämpfung bis zu 100 Meter in die angrenzenden Felder

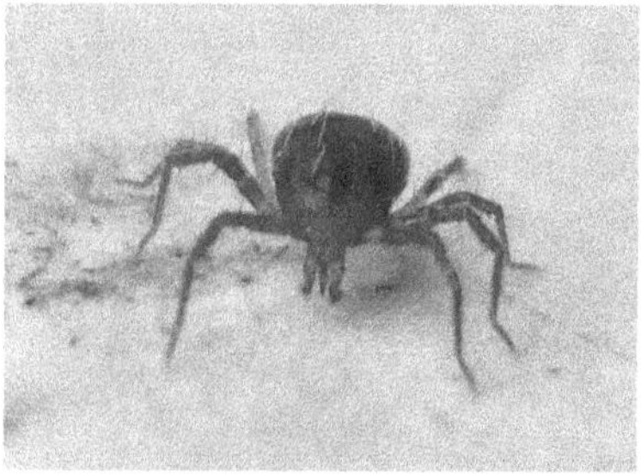

Raubmilben [i38]

Schlupfwespen [i39]

hinein positiv beeinflussen können [s198]. Eine besondere Rolle spielen Laufkäfer als natürliche Schädlingsbekämpfer. Durch die gezielte Bewirtschaftung von Entwässerungsgräben, etwa durch das Einbringen von Stroh, kann ihre Populationsdichte erhöht werden [s199]. Diese Käfer fressen sowohl tierische als auch pflanzliche Schädlinge und tragen so zur natürlichen Schädlingskontrolle bei. Für eine erfolgreiche biologische Schädlingsbekämpfung ist es wichtig, den Pestizideinsatz zu reduzieren, da die meisten Nützlinge sehr empfindlich auf diese Chemikalien reagieren [s194]. Stattdessen sollte ein integrierter Ansatz verfolgt werden, der verschiedene Kontrollmethoden kombiniert [s200]. Dies kann beispielsweise durch die Wahl resistenter Pflanzensorten, mechanische Bekämpfung wie Handjäten oder den Einsatz von Mulch ergänzt werden. Die Landschaftsstruktur spielt eine entscheidende Rolle für den Erfolg der biologischen Schädlingsbekämpfung. Natürliche Lebensräume können sowohl Schädlinge als auch deren natürliche Feinde beherbergen [s201]. Dabei ist die Heterogenität der Landschaft von besonderer Bedeutung. Landwirte sollten daher bei der Gestaltung ihrer Flächen auf eine vielfältige Strukturierung achten und beispielsweise Feldraine, Hecken und Blühstreifen integrieren. Die wirtschaftlichste Strategie ist jedoch die Prävention [s200]. Eine frühe Erkennung von Schädlingsproblemen und schnelles Handeln sind wesentlich effektiver als die Bekämpfung bereits etablierter Populationen. Regelmäßige Kontrollen der Kulturen und die Dokumentation von Schädlingsaufkommen helfen dabei, rechtzeitig geeignete Maßnahmen einzuleiten. Landnutzungsänderungen können die natürliche Schädlingskontrolle erheblich beeinträchtigen [s202]. Die Intensivierung der Landwirtschaft führt oft zu einer Homogenisierung der Landschaft und zum Verlust wichtiger Lebensräume für Nützlinge. Um diesem Trend entgegenzuwirken, sollten Landwirte bewusst Strukturelemente erhalten und neue schaffen, die die biologische Vielfalt fördern.

augmentativ
Von lateinisch 'augmentare' (vermehren) - bezeichnet die künstliche Verstärkung oder Anreicherung eines natürlichen Prozesses

Parasitoid
Ein Organismus, der sich von einem Wirt ernährt und ihn dabei zwangsläufig tötet - im Unterschied zu einem Parasiten, der seinen Wirt meist am Leben lässt

Pathogen
Krankheitserreger wie Bakterien, Viren oder Pilze, die bei anderen Organismen Krankheiten auslösen können

3. 2. 3. Abfallverwertung

Die Abfallverwertung durch Insekten und andere Organismen ist ein faszinierender und für das Ökosystem unverzichtbarer Prozess. Detritivoren, also Lebewesen die sich von totem organischem Material ernähren, spielen dabei eine Schlüsselrolle [s203]. Sie sorgen dafür, dass organische Abfälle zersetzt und die darin enthaltenen Nährstoffe wieder in den natürlichen Kreislauf zurückgeführt werden. Besonders in aquatischen Ökosystemen leisten Detritivoren einen wichtigen Beitrag zur Gesunderhaltung der Gewässer. Sie bauen beispielsweise Falllaub ab, das sonst die Gewässer übermäßig belasten würde [s203]. Gerade in tropischen Regionen ist eine hohe Diversität dieser Organismen entscheidend für das ökologische Gleichgewicht. Gewässerökologen empfehlen daher, Uferbereiche naturnah zu gestalten und den Eintrag von Schadstoffen zu minimieren, um diese wichtigen Organismen zu schützen. An Land sind es vor allem Insekten, die als "Recycling-Spezialisten" fungieren. Dungkäfer beispielsweise sind wahre Meister der Abfallverwertung. Sie vergraben Tierkot im Boden, was nicht nur die Ausbreitung von Parasiten verhindert, sondern auch die Bodenfruchtbarkeit erhöht [s204]. Landwirte können diese natürliche Dienstleistung unterstützen, indem sie auf ihren Weideflächen auf den Einsatz von Entwurmungsmitteln verzichten, die auch den nützlichen Dungkäfern schaden können.

Ameisen [i40]

Termiten und Ameisen sind weitere wichtige Akteure im natürlichen Recyclingprozess. Termiten verfügen über spezielle symbiotische Mikroorganismen in ihrem Verdauungstrakt, die es ihnen ermöglichen, selbst hartes Holz zu zersetzen [s205]. Ameisen hingegen fungieren als regelrechte Transporteure, indem sie organisches Material zu ihren Nestern bringen und dort verarbeiten. In Gärten und Parks sollte man daher nicht jedes Totholz entfernen, sondern gezielt einige Bereiche als natürliche Recyclingzonen belassen. In urbanen Gebieten können Detritivoren sogar zur Brandprävention beitragen, indem sie trockenes Pflanzenmaterial abbauen [s206]. Allerdings muss dabei beachtet werden, dass eingeschleppte, nicht-heimische Arten das empfindliche Gleichgewicht stören können. Stadtplaner und Grünflächenmanager sollten daher bei der Gestaltung urbaner Grünflächen auf die Förderung einheimischer Arten setzen. Eine besondere Rolle im Abbauprozess spielen auch Pilze, die vor allem in Waldökosystemen unverzichtbar sind. Sie recyceln nicht nur Kohlenstoff und Mineralien, sondern tragen auch zur physikalischen Bodenstruktur bei [s207]. Forstwirte können diese natürlichen Prozesse unterstützen, indem sie einen gewissen Anteil an Totholz im Wald belassen. Die Forschung zeigt, dass eine höhere Dichte an Detritivoren zu einer verbesserten Pflanzenbiomasse und einer Reduzierung des Unkrautwachstums führt [s208]. Landwirte und Gärtner können dies nutzen, indem sie durch gezielte Maßnahmen wie Mulchen oder den Verzicht auf tiefes Pflügen die Lebensbedingungen für diese nützlichen Organismen verbessern. Allerdings stehen diese wichtigen "Recycling-Spezialisten" zunehmend unter Druck. Umweltstressoren wie Pestizide, Urbanisierung und Klimawandel gefährden ihre Populationen [s203]. Dies kann zu einer Verlangsamung der Zersetzungsprozesse führen und damit das gesamte Ökosystem beeinträchtigen. Umso wichtiger ist es, Schutzmaßnahmen zu ergreifen und das Bewusstsein für die Bedeutung dieser oft unterschätzten Organismen zu schärfen. Ein innovativer Ansatz ist die Nutzung von Insekten in der modernen Abfallwirtschaft. Insbesondere Fliegenlarven können organische Abfälle in wertvolle Produkte umwandeln [s205]. Diese Form des "Biorecyclings" könnte in Zukunft eine wichtigere Rolle spielen, um Abfallprobleme nachhaltig zu lösen.

Glossar

Detritivore

Organismen, die sich auf die Zersetzung von totem organischem Material spezialisiert haben. Sie wandeln komplexe organische Verbindungen in einfachere Stoffe um und sind damit wichtige Glieder im Nährstoffkreislauf der Natur.

3. 2. 4. Nahrungsressource

Insekten spielen eine zentrale Rolle für die globale Nahrungsmittelversorgung - sowohl indirekt durch ihre Bestäubungsleistung als auch direkt als Nahrungsquelle. Etwa 35% der weltweiten Nahrungsmittelproduktion hängen von der Bestäubung durch Insekten ab [s209]. Der ökonomische Wert dieser Bestäubungsleistung wird global auf etwa 518 Milliarden Euro pro Jahr geschätzt [s209]. Besonders interessant ist die direkte Nutzung von Insekten als Nahrungsquelle. Weltweit werden 2.205 verschiedene Insektenarten in 128 Ländern als Nahrung genutzt, wobei der Schwerpunkt in Asien liegt [s210]. Diese erstaunliche Vielfalt essbarer Insekten bietet großes Potenzial für eine nachhaltige Ernährung: Insekten zeichnen sich durch eine geringe Umweltbelastung, effiziente Nahrungsumwandlung, schnelles Wachstum und hohe Nährwerte aus [s211]. Wer beispielsweise Mehlwürmer züchtet, kann mit wenig Aufwand und Platz eine hochwertige Proteinquelle produzieren. Der Insektenkonsum ist stark kulturell geprägt und hängt von verschiedenen Faktoren wie Landnutzung, geografischer Verteilung der Arten sowie dem Einkommensniveau ab [s210]. In vielen Regionen gehören Insekten traditionell zur Ernährung - ein Beispiel sind die in Thailand beliebten frittierten Heuschrecken. Für die Zukunft wird Insekten eine wachsende Bedeutung in nachhaltigen Ernährungssystemen zugeschrieben [s211]. Allerdings ist diese wichtige Nahrungsressource zunehmend gefährdet. Der beobachtete Rückgang von Insektenpopulationen, besonders in den gemäßigten Breiten, gibt Anlass zur Sorge [s212]. Als Hauptursachen gelten die Intensivierung der Landwirtschaft, Urbanisierung, übermäßiger Pestizideinsatz und der Klimawandel [s212]. Um die Nahrungssicherheit zu gewährleisten, sind daher dringend Schutzmaßnahmen erforderlich.

Bestäubung [i41]

Wildbienen [i42]

Die funktionale Vielfalt in landwirtschaftlichen Systemen spielt eine Schlüsselrolle für sichere und nahrhafte Lebensmittel [s213]. Beispielsweise benötigen Wildbienen verschiedene Blütenressourcen mit spezifischen Nährwerten [s213]. Landwirte können dies unterstützen, indem sie Blühstreifen anlegen und auf eine vielfältige Fruchtfolge achten.

Biodiversität [i43]

Der Zusammenhang zwischen Biodiversität und Ökosystemdienstleistungen ist komplex [s214]. Die genetische Vielfalt der Insekten bietet auch Potenzial für andere Bereiche, etwa die Entwicklung von Medikamenten [s214]. Um diese wertvollen Ressourcen zu erhalten, sind evidenzbasierte Naturschutzmaßnahmen unerlässlich [s209]. Für die praktische Umsetzung bedeutet dies: Landwirte sollten pestizidfreie Refugien schaffen und die Strukturvielfalt in der Agrarlandschaft erhöhen. Verbraucher können durch den Kauf regionaler, biologisch erzeugter Produkte zum Insektenschutz beitragen. Auch die Integration von Insektenzucht in bestehende Landwirtschaftssysteme bietet vielversprechende Möglichkeiten für eine nachhaltige Proteinproduktion. Die

Forschung untersucht derzeit, wie durch geschickte Bewirtschaftung der Pflanzenvielfalt und mehrjährige Kulturen die Insektenvielfalt gefördert werden kann [s215]. Dies ist besonders wichtig, da der geschätzte jährliche Wert der von Insekten erbrachten Ökosystemdienstleistungen bei mindestens 70 Milliarden Dollar liegt [s215].

Glossar

Fruchtfolge
Zeitlich geplanter Wechsel von verschiedenen Nutzpflanzen auf einem Feld, der die Bodenqualität verbessert und Schädlinge reduziert

Refugien
Geschützte Rückzugsgebiete für Tiere und Pflanzen, die als Überlebensräume dienen und von wo aus eine Wiederbesiedlung anderer Gebiete möglich ist

Zusammenfassung - 3. 2. Ökosystemdienstleistungen

- Bodenbildung wird maßgeblich durch Mikroorganismen gesteuert, die als "Architekten der Böden" fungieren
- Die Geschwindigkeit der Zersetzungsprozesse ist in kühleren und feuchteren Regionen höher
- Bioturbation durch Bodentiere hat große Bedeutung für die Archäologie und kann Funde sowohl schützen als auch deren Interpretation erschweren
- Biologische Bodenkrusten aus Mikroorganismen, Moosen und Flechten sind essentiell für Erosionsschutz
- Bei der klassischen biologischen Schädlingsbekämpfung werden natürliche Feinde aus dem Herkunftsgebiet des Schädlings eingeführt
- Hecken können die Schädlingsbekämpfung bis zu 100 Meter in angrenzende Felder positiv beeinflussen
- Die gezielte Bewirtschaftung von Entwässerungsgräben mit Stroh erhöht die Populationsdichte von Laufkäfern
- Weltweit werden 2.205 verschiedene Insektenarten in 128 Ländern als Nahrung genutzt
- Der ökonomische Wert der Bestäubungsleistung wird global auf etwa 518 Milliarden Euro pro Jahr geschätzt
- Termiten verfügen über spezielle symbiotische Mikroorganismen die Holzzersetzung ermöglichen
- Detritivoren in urbanen Gebieten tragen zur Brandprävention durch Abbau von trockenem Pflanzenmaterial bei
- Eine höhere Dichte an Detritivoren führt nachweislich zu verbesserter Pflanzenbiomasse und reduziertem Unkrautwachstum

3. 3. Kulturelle Bedeutung

Die kulturelle Bedeutung von Insekten offenbart sich in nahezu allen Bereichen menschlichen Schaffens und Wirkens. Doch wie haben diese kleinen Lebewesen es geschafft, einen derart prägenden Einfluss auf Kunst, Medizin und technische Innovationen zu entwickeln? Was können wir aus jahrtausendealten Traditionen der Insektennutzung lernen? Und welche Rolle spielen Insekten in den Mythen und Geschichten verschiedener Kulturen? Von der traditionellen Heilkunst indigener Völker bis zur modernen Bionik, von religiösen Symbolen bis zu künstlerischen Inspirationsquellen - die Wechselbeziehungen zwischen Mensch und Insekt sind vielfältig und oft überraschend. Während einige dieser kulturellen Praktiken und Kenntnisse zu verschwinden drohen, entstehen gleichzeitig neue Forschungsfelder, die das alte Wissen mit modernen wissenschaftlichen Erkenntnissen verbinden. Die folgenden Abschnitte beleuchten diese facettenreiche Beziehung zwischen Mensch und Insekt - eine Beziehung, die uns nicht nur die Vergangenheit besser verstehen lässt, sondern auch wegweisende Perspektiven für die Zukunft eröffnet.

> *„Insekten sind fest in kulturellen Praktiken verankert und spielen eine wichtige Rolle in Mythen, traditionellen Liedern und Zeremonien, wobei besonders Honigbienen und bestimmte Insektenlarven als kulturelle Schlüsselarten angesehen werden."*

3. 3. 1. Traditionelle Nutzung

Die traditionelle Nutzung von Insekten ist tief in den Kulturen weltweit verwurzelt und zeigt sich in verschiedensten Lebensbereichen - von der Ernährung über die Medizin bis hin zur Wettervorhersage. Besonders bemerkenswert ist dabei die Vielfalt der Anwendungen, die über Generationen weitergegeben wurde und wird.

In der traditionellen Medizin spielen Insekten eine bedeutende Rolle bei der Behandlung verschiedener Krankheiten [s216]. Die Verwendung variiert dabei je nach Region und kulturellem Kontext der Heiler. Ein faszinierendes Beispiel ist die Nutzung von Termitenhügeln in afrikanischen und asiatischen Kulturen: Der mineralreiche Lehm wird dort für die Haarpflege verwendet, oft in Kombination mit speziellen Kräutern, um die Durchblutung der Kopfhaut zu fördern und das Haarwachstum zu unterstützen [s217]. Wer heute diese traditionelle Methode anwenden möchte, sollte den Lehm zunächst fein sieben und mit Wasser zu einer cremigen Paste verarbeiten.

Termitenhügel [i44]

Die Bedeutung von Insekten in der traditionellen Ernährung ist besonders in Afrika ausgeprägt, wo sie sowohl als Delikatesse als auch als wichtige Proteinquelle dienen [s218]. Die Awajún-Gemeinschaft beispielsweise nutzt mindestens zwölf verschiedene Insektenarten in ihrer traditionellen Küche. Die Zubereitung erfolgt hauptsächlich durch Rösten, was den Geschmack intensiviert und die Haltbarkeit verlängert [s219]. Für die optimale Zubereitung werden die Insekten zunächst gewaschen und dann bei mittlerer Hitze geröstet, bis sie eine goldbraune Färbung erreichen. Besonders bemerkenswert ist die Rolle von Insekten in der traditionellen Wettervorhersage. Die Afar-Pastoralisten haben ein ausgeklügeltes System entwickelt, das auf der Beobachtung von Insektenverhalten basiert [s220]. Sie nutzen einen traditionellen Regenkalender mit sieben Perioden und beobachten dabei genau die Verhaltensänderungen verschiedener Insektenarten. Diese Methode ermöglicht es ihnen, wichtige Entscheidungen für ihre Lebensführung zu treffen. Wer diese traditionelle Methode der

Wettervorhersage verstehen möchte, sollte besonders auf Veränderungen im Flugverhalten von Insekten und deren Nestbauaktivitäten achten.

In indigenen Gesellschaften sind Insekten zudem fest in kulturellen Praktiken verankert. Sie spielen eine wichtige Rolle in Mythen, traditionellen Liedern und Zeremonien [s221]. Besonders Honigbienen und bestimmte Insektenlarven werden als kulturelle Schlüsselarten angesehen. Diese Wertschätzung spiegelt sich in elaborierten Erntetechniken und Verarbeitungsmethoden wider. Um beispielsweise Honig nachhaltig zu ernten, haben viele indigene Völker spezielle Techniken entwickelt, die das Überleben der Bienenvölker sicherstellen. Die Weitergabe dieses traditionellen Wissens erfolgt meist mündlich von Generation zu Generation [s217]. Diese Überlieferung ist von unschätzbarem Wert für die Erhaltung des kulturellen Erbes und die nachhaltige Nutzung natürlicher Ressourcen. Allerdings ist in einigen Regionen, wie beispielsweise in KwaZulu-Natal, ein Rückgang der traditionellen Insektennutzung zu beobachten, was teilweise auf westliche Einflüsse und die abnehmende Verfügbarkeit von Insekten zurückzuführen ist [s218]. Die Dokumentation und Bewahrung dieses traditionellen Wissens ist daher von großer Bedeutung. Moderne Wissenschaftler arbeiten zunehmend mit traditionellen Gemeinschaften zusammen, um dieses Wissen zu erfassen und für künftige Generationen zu bewahren. Dabei werden auch neue Anwendungsmöglichkeiten erforscht, die auf traditionellen Praktiken basieren und diese mit modernen Erkenntnissen verbinden.

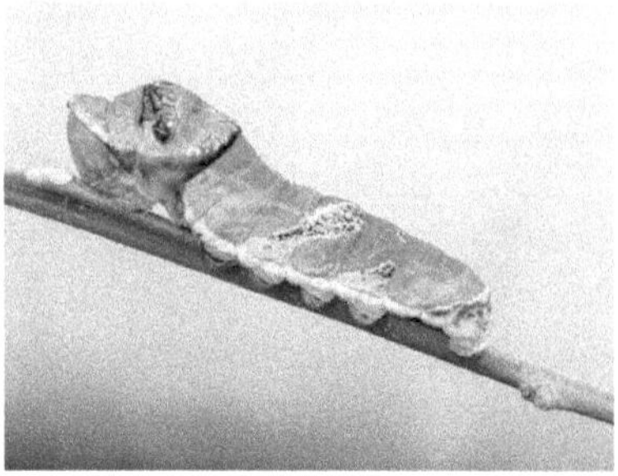

Insektenlarven [i45]

3. 3. 2. Mythologie

In nahezu allen Kulturen der Welt spielen Insekten eine bedeutende Rolle in der Mythologie und religiösen Überlieferung. Diese kleinen Lebewesen wurden oft mit tiefgründigen symbolischen Bedeutungen aufgeladen und in spirituelle Weltbilder integriert [s222]. Besonders faszinierend ist dabei, wie unterschiedliche Kulturen ähnliche Insektenarten mit teils übereinstimmenden, teils völlig gegensätzlichen Bedeutungen versahen. Im alten Ägypten nahm der Skarabäus eine herausragende Position ein. Der Mistkäfer wurde als irdische Manifestation des Sonnengottes Ra verehrt. Man glaubte, dass ein gigantischer Dungkäfer die Sonne täglich über den Himmelsbogen rolle - ähnlich wie der Käfer seine Mistkugel vor sich her schiebt [s223]. Diese Symbolik war so bedeutsam, dass Skarabäen als Schutzamulette in Gräbern platziert wurden [s224]. Auch heute noch können wir von dieser Tradition lernen: Bei wichtigen Lebensentscheidungen kann es hilfreich sein, sich wie der beharrliche Skarabäus Schritt für Schritt vorwärts zu bewegen. Die Zikade nimmt in der chinesischen Mythologie einen besonderen Platz ein. Sie symbolisiert Wiedergeburt und Unsterblichkeit, da sie ihre Nymphenhaut ablegt und gewissermaßen zu neuem Leben erwacht [s225]. Diese Symbolik wurde so weit getragen, dass man Verstorbenen Jadezikaden auf die Zunge legte, um ihre ewige Unsterblichkeit zu gewährleisten [s226]. Die Zikade galt als besonders rein, da man glaubte, sie ernähre sich ausschließlich von Tau [s226].

Die Gottesanbeterin wurde in verschiedenen Kulturen mit spiritueller Bedeutung aufgeladen. In Ägypten wurde sie mit übernatürlichen Kräften in Verbindung gebracht und sollte Seelen ins Jenseits geleiten [s227]. In der griechisch-römischen Tradition symbolisierte sie Meditation und innere Ruhe. In China steht sie bis heute für Mut, Achtsamkeit und Geduld - Eigenschaften, die sogar Eingang in eine spezielle Kampfkunst fanden [s227]. Diese Symbolik können wir in unseren Alltag integrieren: Vor wichtigen Entscheidungen innezuhalten und wie eine Gottesanbeterin geduldig den richtigen Moment abzuwarten.

Gottesanbeterin [i46]

Bienen genossen in vielen Kulturen besondere Verehrung. Im alten Griechenland waren sie der Göttin Artemis heilig [s228]. Im Hinduismus symbolisieren sie die Liebe, während sie im alten Ägypten für Sexualität und Fruchtbarkeit standen [s222]. Eine besonders poetische Vorstellung war der ägyptische Glaube, Bienen seien aus den Tränen des Sonnengottes Ra entstanden [s228]. Schmetterlinge gelten kulturübergreifend als Symbol der Transformation und Auferstehung [s222]. Ihre vollständige Metamorphose von der Raupe zum geflügelten Insekt inspirierte zahlreiche spirituelle Deutungen. In der japanischen Kultur werden Libellen mit Licht und Freude assoziiert und gelten bei nordamerikanischen Ureinwohnern als Verbindung zu den Seelen Verstorbener [s224]. Ameisen wurden besonders in der chinesischen Tradition hochgeschätzt. Sie galten als Vorbilder für Patriotismus, Tugend und gesellschaftliche Ordnung [s222]. Ihre kollektive Lebensweise und unermüdliche Arbeit inspirierten moralische Lehren, die auch heute noch relevant sind: Wie die Ameisen können wir durch Zusammenarbeit und Ausdauer große Ziele erreichen. Die mythologische Bedeutung von Insekten findet sich auch in der Kunst indigener Völker des amerikanischen Südwestens wieder. Hier wurden Insekten und Insektenmenschen häufig in religiösen Zeremonien dargestellt [s229]. Bei den Hopi beispielsweise spielten zwei Zikaden, die maahu, eine wichtige Rolle als spirituelle Führer und Heiler [s225]. Diese reichhaltige Insektensymbolik zeigt, wie aufmerksam unsere Vorfahren die Natur beobachteten und welche tiefen Erkenntnisse sie daraus für ihr Weltverständnis ableiteten. Auch heute können wir von dieser Perspektive lernen und die kleinen Wunder der Insektenwelt mit neuen Augen sehen.

Glossar

maahu
Traditionelle Bezeichnung in der Hopi-Sprache für heilige Zikadenwesen, die auch in anderen Pueblo-Kulturen eine wichtige spirituelle Rolle spielen.

Nymphenhaut
Die äußere Hülle einer Insektenlarve, die während der Entwicklung abgestreift wird. Sie besteht hauptsächlich aus Chitin und Proteinen.

Skarabäus
Eine Käferart aus der Familie der Blatthornkäfer, die in der Wissenschaft als Scarabaeus sacer bekannt ist. Der Name leitet sich vom altägyptischen Wort 'kheper' ab.

3. 3. 3. Kunst und Literatur

Insekten haben die Kunst und Literatur über Jahrtausende hinweg maßgeblich beeinflusst und inspirieren Künstler bis heute zu bemerkenswerten Werken. In der bildenden Kunst finden sich Insektendarstellungen bereits in frühen Höhlenmalereien und entwickelten sich zu komplexen Symbolträgern in verschiedenen Kunstepochen [s230]. Besonders eindrucksvoll zeigt sich dies in der ägyptischen Kunst, wo der Skarabäus nicht nur als religiöses Symbol, sondern auch als wiederkehrendes künstlerisches Motiv in Wandmalereien, Schmuck und Skulpturen auftaucht.

Die Vielseitigkeit der künstlerischen Interpretation von Insekten spiegelt sich in unterschiedlichsten Medien wider. Von filigranen Textilarbeiten über aufwendige Keramiken bis hin zu modernen Installationen - Insekten inspirieren Künstler zu immer neuen Ausdrucksformen [s230]. Wer selbst künstlerisch tätig ist, kann sich von der geometrischen Perfektion eines Bienenwabenmusters oder der faszinierenden Symmetrie von Schmetterlingsflügeln inspirieren lassen.

Bienenwabenmuster [i47]

In der Musik haben Insektenklänge ebenfalls ihre Spuren hinterlassen. Komponisten aller Epochen ließen sich von den rhythmischen Geräuschen der Zikaden oder dem Summen der Bienen zu musikalischen Werken inspirieren [s230]. Ein bekanntes Beispiel ist Rimsky-Korsakows "Hummelflug", der die hektische Bewegung des Insekts virtuos in Töne übersetzt. Musikinteressierte können heute mit modernen Aufnahmegeräten selbst Insektengeräusche aufzeichnen und in eigene Kompositionen einbauen.

Hummelflug [i48]

Die Philatelie und Numismatik greifen häufig auf Insektenmotive zurück [s230]. Briefmarken und Münzen zeigen detailgetreue Abbildungen verschiedener Arten und tragen so zur Verbreitung des Wissens über diese faszinierenden Lebewesen bei. Sammler schätzen besonders die künstlerische Qualität dieser Miniaturkunstwerke.

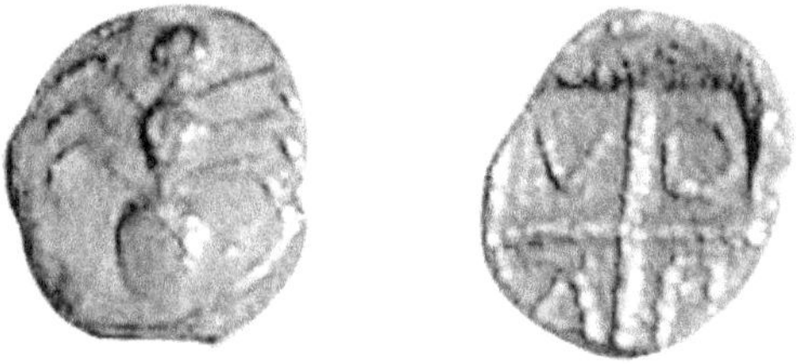

Numismatik [i49]

In Ausstellungen werden die vielfältigen Darstellungen von Insekten in der Kunst systematisch präsentiert. Dabei zeigt sich eine besondere Vorliebe für bestimmte Arten wie Käfer, Heuschrecken, Schmetterlinge und Bienen [s231]. Diese Ausstellungen bieten Besuchern die Möglichkeit, die künstlerische Entwicklung der Insektendarstellung im Laufe der Geschichte nachzuvollziehen. Traditionelle Schnitzkunst nutzt Insektenmotive oft, um mythologische Geschichten zu erzählen und kulturelle Werte zu vermitteln [s232]. Diese Kunstwerke sind nicht nur ästhetisch wertvoll, sondern dienen auch als wichtige Dokumente kultureller Überlieferung. Handwerker, die sich heute mit traditioneller Schnitzkunst beschäftigen, können aus diesen historischen Vorbildern lernen und die Techniken in ihre eigene Arbeit integrieren. Die Darstellung von Insekten in der Literatur reicht von wissenschaftlichen Beschreibungen bis zu poetischen Metaphern. Schriftsteller aller Epochen haben die symbolische Kraft der Insekten genutzt, um tiefgründige Geschichten zu erzählen. Die Metamorphose des Schmetterlings beispielsweise dient oft als literarisches Bild für persönliche Transformation und Entwicklung. Auch in der zeitgenössischen Kunst spielen Insekten eine wichtige Rolle. Künstler nutzen

Heuschrecke [i50]

moderne Technologien wie 3D-Druck oder digitale Animation, um neue Perspektiven auf die Insektenwelt zu eröffnen. Diese Verbindung von Natur und Technologie eröffnet spannende Möglichkeiten für innovative Kunstprojekte. Die künstlerische Auseinandersetzung mit Insekten trägt wesentlich zu unserem Verständnis und unserer Wertschätzung dieser Lebewesen bei. Sie hilft uns, ihre Bedeutung für Ökosysteme und Biodiversität besser zu verstehen und regt zur Reflexion über unser Verhältnis zur Natur an.

Glossar

Numismatik
: Die wissenschaftliche Beschäftigung mit Geld und seiner Geschichte, insbesondere das Sammeln und Erforschen von Münzen und Medaillen

Philatelie
: Die Briefmarkenkunde als Sammel- und Forschungsgebiet, das sich mit Postwertzeichen, deren Geschichte, Herstellung und Besonderheiten beschäftigt

3. 3. 4. Bioinspiration

Die faszinierende Welt der Insekten inspiriert seit jeher Wissenschaftler, Ingenieure und Designer zu innovativen Lösungen. Diese als Bioinspiration oder Biomimikry bezeichnete Herangehensweise nutzt die über Millionen von Jahren optimierten Strategien der Natur, um menschliche Herausforderungen zu bewältigen. Besonders in der Modeindustrie zeigt sich der starke Einfluss der Insektenwelt. Designer lassen sich von den strukturellen Eigenschaften der Insekten inspirieren - von schillernden Schmetterlingsflügeln bis hin zu den robusten Exoskeletten der Käfer. Diese natürlichen Vorbilder führen zu innovativen Textilien und Materialien, die sowohl funktional als auch ästhetisch überzeugen. Wer selbst in der Modebranche tätig ist, kann durch genaue Naturbeobachtung neue Inspirationsquellen erschließen. Dabei lohnt sich besonders der Blick durchs Mikroskop, um die faszinierenden Oberflächenstrukturen der Insekten zu studieren. Die Architektur profitiert ebenfalls von den ausgeklügelten Konstruktionen der Insektenwelt. Termitenhügel mit ihrer erstaunlichen Klimatisierung dienen als Vorbild für energieeffiziente Gebäude. Die hexagonale Struktur von Bienenwaben inspiriert Architekten zu stabilen und materialeffizienten Bauweisen. Planer können diese Prinzipien nutzen, indem sie beispielsweise Wabenstrukturen in Leichtbauweise für Dächer oder Wände einsetzen. Auch in der Entwicklung neuer Materialien spielen Insekten eine wichtige Rolle. Die wasserabweisenden Eigenschaften von Schmetterlingsflügeln führten zur Entwicklung selbstreinigender Oberflächen. Die extreme Haftkraft der Geckofüße inspirierte die Entwicklung neuartiger Klebstoffe. Ingenieure und Materialwissenschaftler können diese biologischen Prinzipien systematisch analysieren und in technische Lösungen übersetzen. Die Bewegungsmuster von Insekten beeinflussen die Robotik maßgeblich. Die agile Fortbewegung von Ameisen über unebenes Gelände oder die präzise Flugsteuerung von Libellen liefern wichtige Erkenntnisse für die Entwicklung von Robotern. Entwickler können diese natürlichen Bewegungsmuster studieren und in ihre Konstruktionen einbeziehen. In der Produktentwicklung führt die Beobachtung von Insektenverhalten zu überraschenden Innovationen. Die Schwarmorganisation von Bienen inspiriert beispielsweise Logistiksysteme und Verkehrssteuerung. Unternehmen können diese biologischen Organisationsprinzipien nutzen, um ihre Prozesse zu optimieren. Die kulturelle Bedeutung der Bioinspiration geht jedoch über rein technische

Aspekte hinaus. Sie fördert ein tieferes Verständnis für die Komplexität und Schönheit der Natur und kann zu einem nachhaltigeren Umgang mit unserer Umwelt beitragen. Designer und Künstler können durch die bewusste Integration von Naturelementen nicht nur ästhetisch ansprechende, sondern auch umweltfreundliche Produkte schaffen. Die Bioinspiration durch Insekten zeigt eindrucksvoll, wie wertvoll die Beobachtung und der Schutz der natürlichen Vielfalt für technologischen und kulturellen Fortschritt ist. Sie ermutigt uns, die Natur als Lehrmeisterin zu begreifen und ihre Prinzipien respektvoll und kreativ zu nutzen.

Glossar

Bioinspiration

Ein kreativ-wissenschaftlicher Prozess, bei dem natürliche Phänomene als Ausgangspunkt für neue Erfindungen und Lösungen dienen. Im Unterschied zur Biomimikry werden die Naturprinzipien hier freier interpretiert und nicht unbedingt direkt kopiert.

Biomimikry

Ein wissenschaftlicher Ansatz, bei dem Strukturen und Prozesse aus der Natur systematisch untersucht und in technische Anwendungen übertragen werden. Der Begriff setzt sich aus den griechischen Wörtern 'bios' (Leben) und 'mimesis' (Nachahmung) zusammen.

Zusammenfassung - 3. 3. Kulturelle Bedeutung

- Termitenhügel-Lehm wird in Afrika und Asien traditionell für die Haarpflege verwendet
- Die Awajún-Gemeinschaft nutzt mindestens zwölf verschiedene Insektenarten in ihrer traditionellen Küche
- Die Afar-Pastoralisten entwickelten einen Regenkalender basierend auf Insektenverhalten
- In KwaZulu-Natal ist ein Rückgang der traditionellen Insektennutzung zu beobachten
- Der Skarabäus galt im alten Ägypten als irdische Manifestation des Sonnengottes Ra
- In China wurden Verstorbenen Jadezikaden auf die Zunge gelegt für Unsterblichkeit
- Die Gottesanbeterin inspirierte in China eine spezielle Kampfkunst
- Im alten Ägypten glaubte man, Bienen seien aus den Tränen des Sonnengottes Ra entstanden
- Bei den Hopi spielten zwei Zikaden (maahu) eine wichtige Rolle als spirituelle Führer
- Rimsky-Korsakow übersetzte die Bewegung einer Hummel virtuos in Musik
- Die hexagonale Struktur von Bienenwaben inspiriert energieeffiziente Bauweisen
- Schmetterlingsflügel führten zur Entwicklung selbstreinigender Oberflächen
- Schwarmverhalten von Bienen wird für moderne Logistiksysteme und Verkehrssteuerung adaptiert

Rückblick - 3. Artenschutz und Bedeutung

- Die Rote Liste verzeichnet über 46.300 vom Aussterben bedrohte Arten, was 28% aller bewerteten Arten entspricht.
- Bei europäischen holzbewohnenden Käfern sind 11% gefährdet und für 28% fehlen ausreichende Daten.
- Ein Fünftel der wandernden Arten ist vom Aussterben bedroht, 44% zeigen abnehmende Populationen.
- In den letzten 25 Jahren sind die Insektenpopulationen um bis zu 75% geschrumpft.
- Weltweit wurden bereits 85% der Feuchtgebiete durch menschliche Aktivitäten zerstört.
- Auf Hawaii gingen 90% der Trockenlebensräume und 61% der mesischen Lebensräume verloren.
- Die Bestäubungsleistung von Insekten hat einen globalen ökonomischen Wert von 518 Milliarden Euro pro Jahr.
- Weltweit werden 2.205 verschiedene Insektenarten in 128 Ländern als Nahrung genutzt.
- Die Afar-Pastoralisten nutzen einen traditionellen Regenkalender mit sieben Perioden basierend auf Insektenverhalten.
- In der chinesischen Mythologie symbolisiert die Zikade Wiedergeburt und Unsterblichkeit.
- Verstorbenen wurden Jadezikaden auf die Zunge gelegt, um ewige Unsterblichkeit zu gewährleisten.
- Die Gottesanbeterin wurde in Ägypten als Seelenführerin ins Jenseits verehrt.
- Der ägyptische Glaube besagt, dass Bienen aus den Tränen des Sonnengottes Ra entstanden.
- Die systematische Erforschung der faszinierenden Insektenwelt erfordert präzise Methoden und Werkzeuge - mehr dazu im nächsten Kapitel zur praktischen Entomologie.

4. Praktische Entomologie

Die praktische Entomologie verbindet wissenschaftliche Präzision mit handwerklichem Geschick. Wie lassen sich Insekten systematisch erfassen und bestimmen? Welche Rolle spielen moderne Analysemethoden neben klassischen Techniken? Und welche Bedeutung hat die artgerechte Haltung für die erfolgreiche Zucht? Von der gezielten Probennahme im Feld über die genetische Analyse bis zur dauerhaften Präparation - die methodischen Ansätze sind vielfältig und ergänzen sich gegenseitig. Dabei ermöglicht erst das Zusammenspiel verschiedener Techniken eine zuverlässige Artbestimmung und erfolgreiche Zucht. Besonders die Integration moderner Verfahren wie DNA-Barcoding eröffnet neue Perspektiven für die Insektenforschung. Die folgenden Abschnitte geben einen detaillierten Einblick in bewährte und innovative Methoden der praktischen Entomologie. Sie zeigen, wie sich theoretisches Wissen und praktische Fertigkeiten optimal verbinden lassen.

4. 1. Beobachtungsmethoden

Die systematische Beobachtung von Insekten bildet das Fundament für unser Verständnis ihrer Lebensweise, Verbreitung und ökologischen Bedeutung. Wie lassen sich Insekten am besten im Feld und Labor untersuchen, ohne ihre natürlichen Verhaltensweisen zu stark zu beeinflussen? Welche Methoden eignen sich für welche Fragestellungen und wie können die gewonnenen Daten optimal dokumentiert werden? Die moderne Entomologie nutzt ein breites Spektrum an Beobachtungstechniken - von klassischen Fangmethoden über fotografische Dokumentation bis hin zu digitaler Verhaltensanalyse und systematischer Populationserfassung. Die Wahl der richtigen Methode entscheidet dabei oft über den Erfolg einer Untersuchung und die Qualität der gewonnenen Erkenntnisse. Die folgenden Abschnitte stellen die wichtigsten Beobachtungsmethoden vor und zeigen, wie sie effektiv in der Praxis eingesetzt werden können. Dabei wird deutlich, dass oft erst die Kombination verschiedener Ansätze ein vollständiges Bild der untersuchten Insektenarten ermöglicht.

> *„Die fotografische Erfassung hat sich als wichtige nicht-invasive Methode zur Insektenbestimmung etabliert und ermöglicht eine schonende Dokumentation der Arten, ohne diese direkt handhaben zu müssen.“*

4. 1. 1. Fangtechniken

Die Wahl der richtigen Fangtechnik ist entscheidend für eine erfolgreiche Insektenbestimmung. Grundsätzlich unterscheidet man drei Hauptkategorien: die aktive menschliche Sammlung, die aktive Ausrichtung von Proben und die passive Sammlung bzw. Konzentration [s233]. Bei der aktiven menschlichen Sammlung werden Insekten direkt aus ihrer Umgebung entnommen. Eine häufig verwendete Methode ist das Sweep-Netting, bei dem der Sammler mit einem Kescher systematisch durch die Vegetation streift. Dabei sollte man sich langsam bewegen und verschiedene Vegetationsschichten berücksichtigen, um ein möglichst breites Spektrum an Arten zu erfassen [s234]. Für Wasserinsekten eignet sich das Kick-Netting: Das Netz wird gegen den Gewässergrund gehalten, während man den Untergrund aufwirbelt, sodass die Organismen in das Netz gespült werden [s234].

Die aktive Ausrichtung nutzt verschiedene Reize, um Insekten gezielt anzulocken. Lichtfallen sind dabei besonders effektiv für nachtaktive Arten. Hierbei kommen häufig aktinische Lampen zum Einsatz, die über einem weißen Tuch oder einer Auffangvorrichtung platziert werden [s235]. Für tagaktive Insekten haben sich farbige Fallen bewährt, insbesondere gelbe Klebekarten, die zusätzlich mit einer klebrigen Oberfläche versehen sind [s236]. Allerdings erschwert die Klebefalle oft die spätere Identifikation, da die Insekten dabei häufig beschädigt werden. Bei der passiven Sammlung werden Fallen so in der Umgebung platziert, dass sich Insekten durch ihre natürliche Bewegung darin sammeln. Bodenfallen (Pitfall Traps) sind hierfür ein klassisches Beispiel: In den Boden eingelassene Becher fangen vor allem bodenbewohnende und nachtaktive Arten [s234]. Für die systematische Erfassung von Schädlingen in landwirtschaftlichen Kulturen haben sich verschiedene Stichprobenmethoden etabliert. Die Präsenz-Absenz-Methode dokumentiert lediglich das Vorhandensein bestimmter Arten, während das feste Zufallsstichprobenverfahren mit einem 3x3-Raster eine detailliertere Analyse ermöglicht [s237]. Für die Konservierung der gefangenen Exemplare stehen

Klebekarten [i51]

verschiedene Methoden zur Verfügung. Das Pinning eignet sich für größere, robuste Insekten, während kleinere oder empfindlichere Arten besser mittels Point- oder Card-Mounting fixiert werden. Dabei ist es wichtig, säurefreies Papier zu verwenden und den Klebstoff so sparsam aufzutragen, dass wichtige morphologische Merkmale sichtbar bleiben [s238]. Alternativ können Exemplare auch in Alkohol konserviert werden, wobei die richtige Ethanolkonzentration entscheidend ist, um Schrumpfung zu vermeiden [s238]. Für ein effektives Monitoring sollte die Probenahme mindestens wöchentlich, bei warmer Witterung sogar zweimal pro Woche erfolgen [s239]. Die Begehung des Untersuchungsgebiets erfolgt dabei idealerweise in systematischen Mustern wie 'W', 'U' oder 'Z', je nach Feldform [s239]. Zur Dokumentation empfiehlt sich ein standardisiertes Matrixformat, das später leicht in digitale Systeme übertragen werden kann. Praktische Tipps für Einsteiger: Beginnen Sie mit einfachen Methoden wie dem Sweep-Netting in überschaubaren Gebieten. Dokumentieren Sie neben den Fängen auch Wetter, Tageszeit und Vegetationsstruktur. Verwenden Sie verschiedene Fangmethoden parallel, um ein vollständigeres Bild der Insektenfauna zu erhalten. Bei der Verwendung von Fallen achten Sie auf regelmäßige Kontrollen, um die gefangenen Tiere zeitnah zu bergen und unnötiges Leiden zu vermeiden.

Card-Mounting
Eine Konservierungsmethode, bei der das Insekt auf eine rechteckige Kartonplatte geklebt wird, ursprünglich entwickelt für die Aufbewahrung von Käfern

Kick-Netting
Eine Unterwasser-Sammelmethode, die ursprünglich zur Erfassung von Bachforellen entwickelt wurde und sich später als effektiv für Wasserinsekten erwies

Pitfall Traps
Eine Fallentechnik, die ursprünglich von Entomologen in den 1920er Jahren entwickelt wurde und sich besonders für die Erfassung von Laufkäfern und Ameisen eignet

Sweep-Netting
Eine Sammeltechnik mit einem speziellen Fangnetz, bei der die Bewegung des Netzes einem Pendel ähnelt und in einem Winkel von etwa 45 Grad ausgeführt wird

4. 1. 2. Fotografische Erfassung

Die fotografische Erfassung hat sich als wichtige nicht-invasive Methode zur Insektenbestimmung etabliert. Sie ermöglicht eine schonende Dokumentation der Arten, ohne diese direkt handhaben zu müssen [s240]. Dies macht sie besonders wertvoll für den Naturschutz und für Citizen-Science-Projekte.

Abdomen [i52]

Für aussagekräftige Aufnahmen ist eine systematische Vorgehensweise entscheidend. Von jedem Insekt sollten mehrere Perspektiven fotografiert werden: Eine Dorsalansicht (von oben) zeigt wichtige Merkmale wie Thorax und Abdomen, während Frontal- und Seitenaufnahmen zusätzliche Bestimmungsmerkmale dokumentieren [s240]. Bei der praktischen Umsetzung empfiehlt es sich, zunächst eine Übersichtsaufnahme zu machen und sich dann schrittweise den Details zu widmen. Beispielsweise sollte man bei einem Schmetterling erst die Flügeloberseite, dann die Unterseite und schließlich charakteristische Merkmale wie Fühler oder Beinstrukturen fotografieren. Die technische Ausrüstung spielt eine wichtige Rolle. Digitalkameras mit Makrofunktion oder spezielle Makroobjektive ermöglichen detailreiche Nahaufnahmen [s241]. Für optimale Ergebnisse sollte man auf ausreichende Beleuchtung achten und gegebenenfalls einen Diffusor verwenden, um harte Schatten zu vermeiden. Bei beweglichen Insekten kann eine höhere ISO-Einstellung und eine kurze Verschlusszeit hilfreich sein, um Bewegungsunschärfe zu minimieren. Die Dokumentation der Aufnahmen ist ebenso wichtig wie die Fotos selbst. Moderne Biodiversitäts-Apps erleichtern die systematische Erfassung, indem sie automatisch Metadaten wie GPS-Koordinaten, Datum und Uhrzeit speichern [s242]. Diese digitalen Werkzeuge ermöglichen es auch, die Fotos direkt mit Experten zu teilen, die bei der Artbestimmung unterstützen können. Ein praktischer Tipp ist das Anlegen einer eigenen digitalen Systematik, bei der die Bilder nach Datum, Standort und vermuteter Art sortiert werden. Für ein wissenschaftlich verwertbares Inventar sollten neben den Fotos auch zusätzliche Informationen erfasst werden: Genaue Standortbeschreibungen, Zugangshinweise zum Fundort,

Beobachtername sowie Notizen zur umgebenden Vegetation und zu Wetterbedinungen [s243]. Diese Kontextinformationen sind oft entscheidend für die spätere Auswertung und Interpretation der Beobachtungen. Bei der Verwendung von temporären Behältern zur Fotografie sollte auf klare, reflexionsarme Materialien geachtet werden [s240]. Ein praktischer Ansatz ist die Verwendung durchsichtiger Beobachtungsdosen mit matter Oberfläche. Diese ermöglichen es, auch sehr bewegliche Insekten zu fotografieren, ohne sie zu gefährden. Trotz der Vorteile der fotografischen Erfassung gibt es auch Einschränkungen. Nicht alle taxonomischen Merkmale lassen sich fotografisch eindeutig dokumentieren, und die Qualität der Daten kann durch technische Limitierungen oder mangelnde fotografische Expertise beeinträchtigt werden [s242]. Um diesem Problem zu begegnen, ist es ratsam, sich mit den spezifischen Bestimmungsmerkmalen der zu dokumentierenden Arten vertraut zu machen und die Fototechnik entsprechend anzupassen. Die gesammelten Daten können einen wertvollen Beitrag zur Biodiversitätsforschung leisten, wobei die Qualitätssicherung eine wichtige Rolle spielt. Viele Citizen-Science-Plattformen haben daher Verifizierungsprozesse implementiert, bei denen Experten die hochgeladenen Beobachtungen überprüfen [s242]. Für Einsteiger empfiehlt es sich, zunächst mit häufigen und gut erkennbaren Arten zu beginnen und die eigenen Bestimmungen durch erfahrene Beobachter prüfen zu lassen.

Glossar

Abdomen
Der Hinterleib eines Insekts, der wichtige Organe wie Verdauungs- und Fortpflanzungsorgane enthält

Citizen-Science
Ein wissenschaftlicher Ansatz, bei dem Bürger aktiv in die Forschung einbezogen werden und durch ihre Beobachtungen und Datensammlungen zur Wissenschaft beitragen

Diffusor
Ein fotografisches Hilfsmittel, das hartes Licht streut und weicher macht, wodurch Details besser erkennbar werden

Dorsalansicht
Die Betrachtung eines Organismus von der Rückenseite her, was bei Insekten besonders wichtig ist, da dort oft charakteristische Merkmale zu finden sind

Metadaten
Zusätzliche Informationen zu digitalen Daten, die deren Eigenschaften und Entstehungskontext beschreiben und für wissenschaftliche Auswertungen wichtig sind

Thorax
Der mittlere Körperabschnitt eines Insekts, an dem Beine und Flügel ansetzen und der die wichtigste Muskulatur enthält

4. 1. 3. Verhaltensbeobachtung

Die systematische Verhaltensbeobachtung von Insekten erfordert sowohl im Feld als auch im Labor eine strukturierte Herangehensweise [s244]. Dabei ist es wichtig, das natürliche Verhalten der Tiere möglichst unbeeinflusst zu dokumentieren und gleichzeitig aussagekräftige Daten zu sammeln.

Verhaltensbeobachtung [i53]

Für eine erfolgreiche Verhaltensbeobachtung sollte man zunächst einen klaren Beobachtungsplan erstellen. Dies beinhaltet die Festlegung spezifischer Verhaltensaspekte, die untersucht werden sollen, sowie die Definition messbarer Parameter. Beispielsweise kann man bei der Beobachtung von Bienen deren Sammelverhalten dokumentieren: Wie lange verweilt eine Biene an einer Blüte? Welche Blütenarten werden bevorzugt? In welchem Radius um den Stock wird gesammelt? Die Dokumentation erfolgt idealerweise mittels standardisierter Protokolle, in denen neben dem beobachteten Verhalten auch Umweltfaktoren wie Temperatur, Luftfeuchtigkeit und Tageszeit festgehalten werden [s245]. Ein praktischer Ansatz ist die Verwendung vorgedruckter Formulare mit Zeitachsen, in denen verschiedene Verhaltenskategorien durch einfache Symbole markiert werden können. Dies ermöglicht eine effiziente Erfassung auch bei schnellen Verhaltensabfolgen. Für detaillierte Analysen haben sich videogestützte Beobachtungen bewährt. Moderne Softwarelösungen ermöglichen die präzise Auswertung von Bewegungsmustern und Verhaltenssequenzen [s246]. Bei der praktischen Umsetzung sollte die Kamera so positioniert werden, dass sie das Beobachtungsareal optimal erfasst, ohne die Insekten zu stören. Ein Stativ mit ausreichender Höhe und die Verwendung von Teleobjektiven können dabei hilfreich sein. Die Markierung einzelner Individuen kann für Langzeitbeobachtungen notwendig sein. Studien haben gezeigt, dass bestimmte Markierungstechniken das natürliche Verhalten nicht beeinträchtigen [s246]. Dabei sollten die Markierungen klein und leicht sein, um die Bewegungsfähigkeit nicht einzuschränken. Für die praktische Anwendung eignen sich beispielsweise kleine Farbpunkte oder nummerierte Plättchen, die mit speziellen Insektenklebern befestigt werden. Bei Verhaltensexperimenten ist die Kontrolle der Umweltbedingungen entscheidend [s245]. In Laborstudien lassen sich Parameter wie Temperatur, Licht und Luftfeuchtigkeit gezielt steuern. Ein praktischer Tipp ist die Einrichtung einer Akklimatisierungsphase vor Beginn der eigentlichen Beobachtungen, damit sich die Insekten an die Umgebung gewöhnen können. Die Interpretation der Beobachtungen erfordert ein grundlegendes Verständnis der Insektenbiologie [s244]. Dabei ist es wichtig, zwischen normalen Verhaltensweisen und Stressreaktionen unterscheiden zu können. Beispielsweise kann hektisches Umherlaufen bei vielen Arten ein Zeichen von Stress sein, während systematisches Abschreiten eines Areals oft normales Erkundungsverhalten darstellt. Für die wissenschaftliche Auswertung empfiehlt sich die Entwicklung klarer Hypothesen, die durch die Beobachtungen überprüft werden können [s245]. Die gesammelten Daten sollten systematisch aufbereitet und statistisch ausgewertet werden. Moderne Analysesoftware kann dabei helfen, Verhaltensmuster zu erkennen und zu quantifizieren. Die Verhaltensbeobachtung ist auch ein wichtiges Werkzeug für die Entwicklung von Schutzmaßnahmen und das Management von Schädlingen [s244]. Durch das Verständnis natürlicher Verhaltensweisen können gezielte Maßnahmen entwickelt werden, die sowohl im Naturschutz als auch in der Schädlingsbekämpfung Anwendung finden.

Sammelverhalten [i54]

4. 1. 4. Populationserfassung

Die systematische Erfassung von Insektenpopulationen ist ein wichtiger Baustein für das Verständnis ihrer Verbreitung, Häufigkeit und Dynamik. Je nach Forschungsziel und Zielorganismus stehen verschiedene Methoden zur Verfügung, die sich in ihrer Genauigkeit, ihrem Aufwand und ihrer Invasivität unterscheiden [s247]. Eine grundlegende Methode ist die Präsenz-Absenz-Erfassung, bei der lediglich das Vorhandensein einer Art in einem definierten Gebiet dokumentiert wird. Diese Methode eignet sich besonders für erste Bestandsaufnahmen oder großflächige Kartierungen [s248]. In der Praxis wird dabei das Untersuchungsgebiet systematisch abgegangen, wobei ein vorgegebenes Muster wie Zickzack oder M-Form eingehalten werden sollte, um eine repräsentative Abdeckung zu gewährleisten [s249]. Für quantitative Populationsschätzungen haben sich verschiedene standardisierte Methoden etabliert. Bei Schmetterlingen beispielsweise werden häufig Transektzählungen und Flächen-Zeit-Zählungen eingesetzt [s250]. Bei der Transektzählung wird eine festgelegte Strecke in gleichmäßigem Tempo abgegangen und alle Sichtungen werden protokolliert. Die Flächen-Zeit-Zählung ermöglicht dagegen eine umfassendere Erfassung der Artenvielfalt, da ein definiertes Areal intensiver untersucht werden kann. Für soziale Insekten wie Ameisen gibt es spezielle Erfassungsmethoden. Die Zählung aktiver Nester in definierten Untersuchungsflächen liefert wichtige Informationen über die Koloniedichte. Als aktiv gilt ein Nest dabei, wenn bei leichter Störung mindestens ein Dutzend Arbeiterinnen erscheinen [s251]. Ergänzend können Futterstationen eingerichtet werden, um die Aktivität und relative Häufigkeit der Kolonien zu dokumentieren. Moderne Technologien erweitern die klassischen Erfassungsmethoden zunehmend. Automatisierte Kamerafallen ermöglichen eine kontinuierliche Überwachung mit minimaler Störung der Insekten. Diese Systeme bestehen aus einer Falle mit integrierter Kamera, Datenübertragungsmodul und Stromversorgung [s252]. Die Bildverarbeitungssoftware kann Insekten automatisch identifizieren und zählen, was besonders bei längerfristigen Monitoring-Projekten den Arbeitsaufwand erheblich reduziert. Für wissenschaftlich fundierte Populationsschätzungen wird häufig die Capture-Recapture-Methode eingesetzt [s253]. Dabei wird eine bekannte Anzahl von Insekten gefangen, markiert und wieder freigelassen. Aus dem Verhältnis markierter zu unmarkierten Tieren in nachfolgenden Fängen lässt sich die Gesamtpopulation statistisch schätzen.

Invasivität [i55]

Scouting [i56]

Im Agrarbereich ist das systematische "Scouting" von besonderer Bedeutung. Dabei werden regelmäßige Bestandsaufnahmen durchgeführt, um Schädlingspopulationen und potenzielle Schäden zu erfassen [s249]. Die Anzahl der Probenahmepunkte und die Intensität der Untersuchung richten sich nach der räumlichen Verteilung der Zielarten und der Größe des Untersuchungsgebiets. Bei der Wahl der Erfassungsmethode müssen verschiedene Faktoren berücksichtigt werden: die benötigten Datentypen, der räumliche und zeitliche Umfang der Untersuchung, die Biologie der Zielarten sowie praktische Aspekte wie Geländebeschaffenheit und verfügbare Ressourcen [s248]. Für ein umfassendes Monitoring empfiehlt sich oft die Kombination mehrerer Methoden, um die jeweiligen Stärken zu nutzen und Schwächen auszugleichen. Die erhobenen Daten sollten systematisch dokumentiert werden, wobei moderne Computerprogramme die Erfassung und Analyse erheblich erleichtern [s247]. Neben den reinen Zähldaten sind auch Begleitinformationen wie Wetterbedingungen, Habitatstruktur und besondere Vorkommnisse zu protokollieren, da diese für die spätere Interpretation der Ergebnisse wichtig sein können.

Capture-Recapture
Eine wissenschaftliche Methode zur Populationsschätzung, bei der die Wiederfangrate markierter Tiere mathematisch ausgewertet wird, um Rückschlüsse auf die Gesamtpopulation zu ziehen.

Invasivität
Das Ausmaß des störenden Eingriffs einer Untersuchungsmethode in das natürliche Verhalten oder die Lebensbedingungen der zu untersuchenden Organismen.

Präsenz-Absenz-Erfassung
Eine grundlegende Methode der Bestandsaufnahme, die nur zwischen Anwesenheit und Abwesenheit einer Art unterscheidet, ohne Mengenangaben zu erfassen.

Scouting
Eine systematische Überwachungsmethode, die ursprünglich aus dem militärischen Bereich stammt und für die Früherkennung von Problemen in Nutzpflanzenbeständen adaptiert wurde.

Zusammenfassung - 4. 1. Beobachtungsmethoden

- Sweep-Netting erfordert langsame Bewegungen durch verschiedene Vegetationsschichten für ein breites Artenspektrum
- Kick-Netting nutzt aufgewirbelten Gewässergrund, um Wasserinsekten ins Netz zu spülen
- Aktinische Lampen über weißen Tüchern sind effektiv für nachtaktive Arten
- Pitfall Traps eignen sich besonders für bodenbewohnende und nachtaktive Arten
- Card-Mounting mit säurefreiem Papier verhindert Beschädigung wichtiger morphologischer Merkmale
- Die richtige Ethanolkonzentration ist entscheidend bei Alkoholkonservierung zur Vermeidung von Schrumpfung
- Systematische Begehungsmuster wie W, U oder Z optimieren die Felduntersuchung
- Dorsalansicht dokumentiert wichtige Merkmale wie Thorax und Abdomen
- Diffusoren verhindern harte Schatten bei der Makrofotografie
- Moderne Biodiversitäts-Apps speichern automatisch Metadaten wie GPS-Koordinaten
- Matte Beobachtungsdosen reduzieren Reflexionen bei der Fotografie beweglicher Insekten
- Standardisierte Protokolle erfassen Umweltfaktoren wie Temperatur und Luftfeuchtigkeit
- Markierungstechniken für Langzeitbeobachtungen müssen das natürliche Verhalten nicht beeinträchtigen
- Capture-Recapture ermöglicht statistische Populationsschätzungen durch Wiederfang markierter Individuen
- Systematisches Scouting ist essentiell für die Erfassung von Schädlingspopulationen im Agrarbereich

4. 2. Haltung und Zucht

Die Haltung und Zucht von Insekten erfordert fundiertes Wissen über die spezifischen Bedürfnisse der jeweiligen Arten sowie ein systematisches Vorgehen bei der praktischen Umsetzung. Wie lässt sich ein optimales Lebensumfeld für die verschiedenen Entwicklungsstadien schaffen? Welche Parameter sind für eine erfolgreiche Zucht entscheidend? Die Komplexität der Insektenhaltung zeigt sich in der Vielzahl der zu berücksichtigenden Faktoren: Von der Gestaltung artgerechter Terrarien über die präzise Klimaführung bis hin zum durchdachten Ernährungsmanagement müssen alle Aspekte aufeinander abgestimmt werden. Dabei spielen sowohl die räumlichen Gegebenheiten als auch technische Einrichtungen zur Steuerung von Temperatur, Luftfeuchtigkeit und Beleuchtung eine zentrale Rolle. Die folgenden Abschnitte vermitteln praktische Kenntnisse und wissenschaftlich fundierte Methoden, die für eine erfolgreiche Insektenhaltung und -zucht unerlässlich sind.

„Die Futterverwertung bei Insekten ist bemerkenswert effizient, was den Flächenbedarf für die Futterproduktion im Vergleich zur konventionellen Tierhaltung deutlich reduziert.“

4. 2. 1. Terrarienbau

Der Bau eines artgerechten Terrariums ist fundamental für die erfolgreiche Haltung von Insekten. Ein durchdachtes Konzept berücksichtigt dabei sowohl die Bedürfnisse der Tiere als auch praktische Aspekte der Pflege [s254]. Beginnen Sie mit der Wahl eines geeigneten Grundgehäuses. Je nach Insektenart eignen sich verschiedene Behältnisse: Für Raupen beispielsweise sind dicht schließende Glasbehälter oder umgebaute Aquarien ideal, die keine Fluchtmöglichkeiten bieten [s255]. Bei der Haltung von Grashüpfern haben sich große Netzschmetterlingskäfige bewährt, die ausreichend Luftzirkulation gewährleisten [s256].

Der Aufbau erfolgt schichtweise von unten nach oben. Als Basis wird eine Drainageschicht eingebracht, die überschüssiges Wasser aufnimmt und Staunässe verhindert [s257]. Darüber kommt das Substrat - eine ausgewogene Mischung verschiedener Materialien ist hier der Schlüssel zum Erfolg. Bewährt hat sich eine Kombination aus:
- Reptilienerde als Basis
- Kokosfaser für gute Drainage
- Sphagnum-Moos zur Feuchtigkeitsregulierung
- Orchideenrinde für Struktur

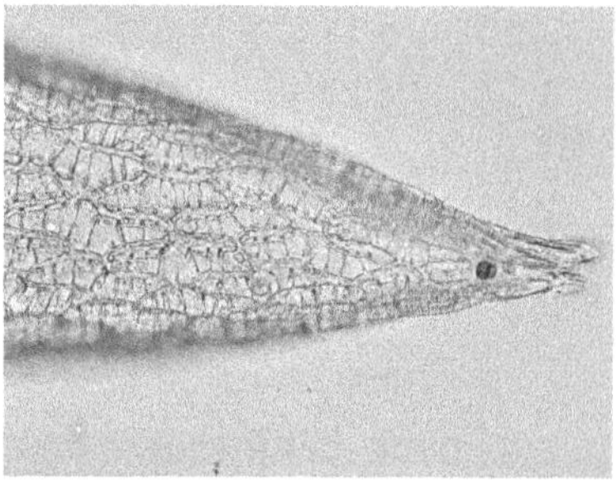

Sphagnum [i57]

Diese Mischung bietet optimale Bedingungen für ein bioaktives System [s257].

Bevor das Substrat eingebracht wird, sollten Sie die Grundstruktur (Hardscape) platzieren [s258]. Dazu gehören beispielsweise:
- Versteckmöglichkeiten aus Kork oder Wurzeln
- Klettermöglichkeiten
- Steine oder andere dekorative Elemente

bioaktives [i58]

Diese Elemente müssen stabil verankert werden, da sie später nicht mehr verschoben werden können.

Die Bepflanzung spielt eine zentrale Rolle. Wählen Sie robuste, schattentolerante Arten wie Efeututen oder Bromelien [s257]. Wichtig ist dabei:
- Die Pflanzen müssen das Gewicht der Insekten tragen können
- Sie sollten nicht giftig sein
- Der Pflanzenwuchs muss kontrollierbar bleiben

Ein praktischer Tipp: Lassen Sie zwischen den Pflanzen ausreichend Freiraum für deren Wachstum und die Bewegung der Insekten.

Die technische Ausstattung umfasst:
- Beleuchtung (idealerweise Vollspektrum-LED)
- Temperaturregelung (z.B. durch Heizbänder)
- Feuchtigkeitsmanagement

Installieren Sie ein Thermometer und Hygrometer zur Überwachung [s254]. Bei Grashüpfern beispielsweise sollte die Beleuchtung täglich acht Stunden eingeschaltet sein [s256].

Für ein bioaktives Setup empfiehlt es sich, das Terrarium vor dem Einsetzen der Tiere einige Monate "einlaufen" zu lassen [s257]. In dieser Zeit etabliert sich ein stabiles Mikroklima. Beobachten Sie in dieser Phase:
- Pflanzenwachstum
- Feuchtigkeitsverteilung
- Schimmelbildung
- Stabilität der Einrichtung

Die Wartung eines fertigen Terrariums erfordert regelmäßige Kontrollen:
- Beschneiden überwuchernder Pflanzen
- Entfernen welker Pflanzenteile
- Kontrolle der technischen Einrichtungen
- Nachfüllen von Substrat bei Bedarf [s254]

Bei der Haltung von Raupen ist besonders auf die Luftzirkulation zu achten - junge Raupen benötigen weniger, ältere mehr Luftaustausch [s255]. Ein praktischer Tipp: Installieren Sie verschiedene Belüftungsmöglichkeiten, die Sie nach Bedarf öffnen oder verschließen können. Vermeiden Sie stehendes Wasser im Terrarium, besonders bei der Haltung von Grashüpfern, da Nymphen darin ertrinken können [s256]. Stattdessen bieten Sie Feuchtigkeit über Sprühnebel oder feuchtes Substrat an.

Glossar

bioaktiv
Ein sich selbst regulierendes Terrariensystem, in dem Mikroorganismen, Kleinstlebewesen und Pflanzen einen natürlichen Kreislauf bilden

Drainage
System zur kontrollierten Wasserableitung, das verhindert, dass sich Wasser im Bodengrund staut und Fäulnis entsteht

Hardscape
Grundlegende, unbelebte Gestaltungselemente in einem Terrarium, die das Grundgerüst der Einrichtung bilden und nicht mehr verändert werden können

Hygrometer
Messgerät zur Bestimmung der relativen Luftfeuchtigkeit in einem geschlossenen System

Sphagnum
Eine spezielle Torfmoosart, die das 20-fache ihres Eigengewichts an Wasser speichern kann und natürliche antibakterielle Eigenschaften besitzt

4. 2. 2. Klimaführung

Die Klimaführung ist ein zentraler Aspekt der erfolgreichen Insektenzucht und erfordert präzise Kontrolle verschiedener Umweltparameter. Moderne Zuchtsysteme ermöglichen eine exakte Steuerung der Umgebungsbedingungen, was für die optimale Entwicklung der Insekten unerlässlich ist [s259]. Temperaturmanagement spielt eine Schlüsselrolle. Verschiedene Insektenarten zeigen unterschiedliche Temperaturtoleranzen, wobei einige Stämme besser mit höheren Temperaturen zurechtkommen als andere [s260]. Bei der Schwarzsoldatenfliege beispielsweise ist die Temperaturkontrolle besonders kritisch für den Reproduktionserfolg [s261]. Ein praktischer Ansatz ist die Einrichtung von Temperaturzonen: Schaffen Sie verschiedene Bereiche mit unterschiedlichen Temperaturen, sodass die Insekten selbst ihren optimalen Bereich wählen können. Die Luftfeuchtigkeit muss ebenfalls sorgfältig reguliert werden. Moderne Insektenzuchtkammern verfügen über präzise Feuchtigkeitsregelung [s259]. Ein bewährter Praxistipp ist die Installation mehrerer hygrometer in verschiedenen Bereichen der Zuchtkammer, um Feuchtigkeitsgradienten zu erkennen und bei Bedarf gegenzusteuern. Besonders in größeren Anlagen empfiehlt sich der Einsatz automatisierter Befeuchtungssysteme mit programmierbaren Zeitschaltuhren.

Die Beleuchtung ist ein weiterer kritischer Faktor. Professionelle Zuchtkammern bieten Möglichkeiten zur Kontrolle von Lichtintensität und -dauer [s262]. Dabei sollte man beachten:
- Tageslichtlampen mit verschiedenen Spektren verwenden
- Dämmerungsphasen einplanen
- Photoperioden an die natürlichen Lebensrhythmen der Arten anpassen

Die Luftzirkulation verdient besondere Aufmerksamkeit. Ein ausgeklügeltes Belüftungssystem verhindert die Entstehung von Stagnationszonen und sorgt für gleichmäßige Verteilung von Temperatur und Luftfeuchtigkeit [s259]. Praktische Umsetzung:
- Installation von regelbaren Ventilatoren
- Strategische Platzierung von Luftein- und -auslässen
- Regelmäßige Reinigung der Lüftungseinrichtungen

Für die Zuchtkonistenz ist ein stabiles Mikroklima essentiell [s263]. Erreicht wird dies durch:
- Kontinuierliche Überwachung aller Parameter
- Sofortige Reaktion auf Abweichungen
- Regelmäßige Wartung der Klimatechnik

Bei größeren Zuchtanlagen empfiehlt sich die Einrichtung verschiedener Klimazonen [s264]:
- Separate Bereiche für verschiedene Entwicklungsstadien
- Quarantänebereiche für neue Zuchtgruppen
- Isolierte Bereiche für die Eiablage

Die Biosicherheit spielt eine wichtige Rolle bei der Klimaführung [s263]. Praktische Maßnahmen umfassen:
- Regelmäßige Desinfektion der Lüftungssysteme
- Verwendung von Luftfiltern
- Kontrolle der Luftströme zwischen verschiedenen Bereichen

Moderne Inkubatoren bieten zusätzliche Vorteile [s262]:
- Schnelle Anpassung an veränderte Anforderungen
- Präzise Steuerungsmöglichkeiten
- Hohe Zuverlässigkeit
- Einfache Wartung

Für die langfristige Zuchtoptimierung ist die Dokumentation aller Klimaparameter wichtig. Führen Sie detaillierte Aufzeichnungen über:
- Temperaturverläufe
- Luftfeuchtigkeitsschwankungen
- Beleuchtungszeiten
- Aufgetretene Probleme und deren Lösungen

Die genetische Gesundheit der Kolonie hängt stark von optimalen Klimabedingungen ab [s263]. Achten Sie besonders auf:
- Vermeidung von Extremwerten
- Gleichmäßige Verteilung der Umweltbedingungen
- Regelmäßige Überprüfung der Zuchtparameter

Ein professionelles Monitoring-System sollte installiert werden, das Alarme bei kritischen Abweichungen auslöst. Dies ermöglicht schnelles Eingreifen bei Störungen und sichert die Stabilität der Zucht.

4. 2. 3. Ernährungsmanagement

Das Ernährungsmanagement in der Insektenzucht erfordert ein durchdachtes und systematisches Vorgehen, das sowohl die artspezifischen Bedürfnisse als auch wirtschaftliche Aspekte berücksichtigt. Eine optimale Ernährung ist fundamental für gesunde Kolonien und maximale Produktivität [s265].

Bei der Futterwahl sollte auf industriell standardisierte Futtermittel zurückgegriffen werden, die eine ausgewogene Nährstoffzusammensetzung garantieren. Dies hat sich besonders bei der Zucht von Gryllus bimaculatus (Zweifleck-Grille) bewährt, wo standardisiertes Grillenfutter eine langfristig erfolgreiche Kolonieerhaltung ermöglicht [s266]. Ein praktischer Tipp für Züchter: Führen Sie ein Futterprotokoll, das Menge, Art und Zeitpunkt der Fütterung dokumentiert.

Gryllus bimaculatus [i59]

Die Futterverwertung bei Insekten ist bemerkenswert effizient, was den Flächenbedarf für die Futterproduktion im Vergleich zur konventionellen Tierhaltung deutlich reduziert [s265]. Um diese Effizienz zu maximieren, sollten folgende Aspekte beachtet werden:
- Anpassung der Futtermenge an Entwicklungsstadium und Populationsgröße
- Regelmäßige Kontrolle und Entfernung von nicht verzehrtem Futter
- Verwendung von Futterautomaten zur gleichmäßigen Verteilung

Ein wichtiger Aspekt des Ernährungsmanagements ist die Hygiene. Die Entfernung von Futterresten und Ausscheidungen sollte mindestens zweimal wöchentlich erfolgen, um den Entwicklungszyklus unerwünschter Organismen zu unterbrechen [s267]. Ein bewährter Praxistipp: Installieren Sie ein Reinigungsprotokoll mit festen Zeitplänen und dokumentieren Sie durchgeführte Maßnahmen. Moderne Forschungseinrichtungen arbeiten an der Optimierung von Insektenfutter für verschiedene Nutzungsszenarien. Das Zentrum für Umweltverträglichkeit durch Insektenzucht entwickelt beispielsweise innovative Methoden zur Nutzung von Insekten als Futtermittel in der Nutztierhaltung [s268]. Dabei wird besonderes

Augenmerk auf die Qualitätssicherung gelegt.

Die Nährstoffzusammensetzung variiert je nach Insektenart und Entwicklungsphase erheblich. Viele Arten weisen hohe Gehalte an Proteinen, Fetten, Vitaminen und Mineralien auf [s265]. Für die Optimierung der Zucht empfiehlt sich:
- Regelmäßige Analyse der Nährstoffzusammensetzung des Futters
- Anpassung der Rationen an verschiedene Entwicklungsstadien
- Supplementierung mit spezifischen Nährstoffen bei Bedarf

Ein nachhaltiger Ansatz im Ernährungsmanagement berücksichtigt auch ökologische Aspekte. Die Integration von Fruchtwechseln und der Einsatz organischer Produkte können die ökologische Balance in Zuchtsystemen verbessern [s269]. Ein praktischer Ansatz ist die Etablierung eines geschlossenen Nährstoffkreislaufs, bei dem Ausscheidungen und Futterreste kompostiert und wiederverwertet werden. Die Forschung konzentriert sich zunehmend auf die Optimierung industriell relevanter Insektenmerkmale zur Effizienzsteigerung und Qualitätssicherung [s268]. Züchter sollten sich regelmäßig über neue Entwicklungen informieren und ihre Fütterungsprotokolle entsprechend anpassen.

Für eine erfolgreiche Zucht ist auch die Überwachung der Futteraufnahme essentiell. Implementieren Sie ein Monitoring-System, das folgende Aspekte umfasst:
- Tägliche Kontrolle der Futteraufnahme
- Dokumentation von Verhaltensänderungen
- Regelmäßige Gewichtskontrollen von Stichproben

Die Entwicklung von Standardarbeitsanweisungen zur Qualitätssicherung wird mit dem Wachstum der Insektenlandwirtschaft immer wichtiger [s268]. Ein systematischer Ansatz sollte folgende Elemente beinhalten:
- Klare Verantwortlichkeiten für das Fütterungsmanagement
- Standardisierte Prozesse für Futterzubereitung und -verteilung
- Regelmäßige Schulungen des Personals

4. 2. 4. Zuchtmethoden

Die erfolgreiche Insektenzucht basiert auf verschiedenen spezialisierten Methoden, die je nach Zielsetzung und Art angepasst werden. Eine besonders effektive Methode ist das Wachs-Ovipositionssystem, das eine kontrollierte Eiablage ermöglicht. Dabei werden spezielle Käfige mit Aluminiumrahmen und transparenten Paneelen verwendet, die durch besondere Netze sowohl Belüftung als auch gezielte Eiablage ermöglichen [s270]. Ein wichtiger Aspekt moderner Zuchtmethoden ist die biologische Kontrolle, die auf drei Hauptsäulen basiert: Erstens die Erhaltung bestehender natürlicher Feinde, zweitens die Einführung neuer natürlicher Gegenspieler und drittens die Massenaufzucht mit periodischer Freisetzung. Für die praktische Umsetzung bedeutet dies, den Pestizideinsatz zu minimieren und das natürliche Gleichgewicht zu fördern [s271]. Die Sterile Insektentechnik (SIT) hat sich als besonders effektive Methode zur Populationskontrolle etabliert. In speziellen Einrichtungen werden männliche Insekten massenhaft gezüchtet und sterilisiert, bevor sie freigesetzt werden [s272]. Ein konkretes Beispiel zeigt den Erfolg dieser Methode: In einem Pilotprojekt wurden wöchentlich etwa 400.000 sterile Männchen freigesetzt, was zu einer deutlichen Reduktion der Zielpopulation führte [s273]. Für die praktische Durchführung der SIT sind hochspezialisierte Zuchteinrichtungen erforderlich, die für die Produktion von Millionen steriler Insekten pro Woche ausgelegt sind. Ein bemerkenswertes Beispiel ist ein nationales Programm, bei dem wöchentlich über 15 Millionen sterile Männchen freigesetzt wurden [s274]. Dies führte zur erfolgreichen Etablierung schädlingsfreier Gebiete. Die Entwicklung genetischer Geschlechtsstämme hat die Effizienz der Zuchtmethoden deutlich verbessert. Dabei spielen temperaturabhängige Gene eine wichtige Rolle als selektierbare Marker [s273]. Ein praktischer Vorteil dieser Methode ist die Möglichkeit, weibliche Insekten bereits während der Aufzuchtphase zu eliminieren, was die Kosteneffizienz erheblich steigert [s274]. Für Schmetterlingsarten wurden spezifische Zuchtmethoden entwickelt [s275], die besondere Anforderungen an die Umgebungsbedingungen und Futterpflanzen berücksichtigen. Ein praktischer Tipp für Züchter ist die Einrichtung verschiedener Mikrohabitate innerhalb der Zuchtanlage, um den unterschiedlichen Entwicklungsstadien gerecht zu werden. Die Integration verschiedener Kontrollmethoden in ein umfassendes Managementsystem hat sich als besonders erfolgreich erwiesen. Dabei werden biologische Kontrolle, SIT und konventionelle Zuchtmethoden kombiniert, um optimale Ergebnisse zu erzielen. Für die praktische Umsetzung empfiehlt sich die Entwicklung eines detaillierten Zuchtprotokolls, das alle relevanten Parameter und Maßnahmen dokumentiert. Ein wichtiger Aspekt bei allen Zuchtmethoden ist die Qualitätskontrolle. Regelmäßige Überprüfungen der Populationsgesundheit, genetischen Vielfalt und Reproduktionsraten sind essentiell. Praktische Empfehlung: Führen Sie ein standardisiertes Monitoring-System ein, das diese Parameter erfasst und auswertet. Die Quarantänemaßnahmen spielen bei der Einführung neuer natürlicher Feinde eine zentrale Rolle [s271]. Etablieren Sie separate Quarantänebereiche und entwickeln Sie klare Protokolle für die Einführung neuer Organismen in bestehende Zuchtsysteme.

Zusammenfassung - 4. 2. Haltung und Zucht

- Wachs-Ovipositionssysteme mit Aluminiumrahmen ermöglichen eine präzise kontrollierte Eiablage
- Die Sterile Insektentechnik (SIT) erreicht Freisetzungsraten von 15 Millionen sterilen Männchen pro Woche
- Temperaturabhängige Gene dienen als selektierbare Marker bei der Entwicklung genetischer Geschlechtsstämme
- Bioaktive Terrarien benötigen mehrere Monate Einlaufzeit für ein stabiles Mikroklima
- Eine Drainageschicht aus Kokosfaser und Sphagnum-Moos verhindert Staunässe
- Separate Klimazonen für verschiedene Entwicklungsstadien optimieren die Zuchtbedingungen
- Automatisierte Befeuchtungssysteme mit programmierbaren Zeitschaltuhren regulieren die Luftfeuchtigkeit
- Die Integration von Fruchtwechseln verbessert die ökologische Balance in Zuchtsystemen
- Standardisierte Futtermittel garantieren eine ausgewogene Nährstoffzusammensetzung bei Gryllus bimaculatus
- Quarantänemaßnahmen sind essentiell bei der Einführung neuer natürlicher Feinde
- Die biologische Kontrolle basiert auf drei Säulen: Erhaltung bestehender Feinde, Einführung neuer Gegenspieler und periodische Massenfreisetzung
- Verschiedene Mikrohabitate innerhalb der Zuchtanlage unterstützen unterschiedliche Entwicklungsstadien

4. 3. Bestimmungstechniken

Wie lassen sich Insekten zuverlässig bestimmen und welche Methoden stehen dafür zur Verfügung? Diese Frage beschäftigt Entomologen seit Jahrhunderten und gewinnt angesichts des fortschreitenden Artensterbens weiter an Bedeutung. Die sichere Identifikation von Insekten erfordert systematische Herangehensweisen und verschiedene sich ergänzende Techniken - von der klassischen morphologischen Untersuchung bis hin zu modernen genetischen Analysen. Während früher hauptsächlich äußere Merkmale zur Artbestimmung herangezogen wurden, ermöglichen heute molekularbiologische Methoden auch die Unterscheidung morphologisch kaum differenzierbarer Arten. Doch welche Vor- und Nachteile bieten die verschiedenen Bestimmungstechniken? Wie lassen sie sich optimal kombinieren? Die folgenden Abschnitte geben einen detaillierten Einblick in die wichtigsten Bestimmungsmethoden der praktischen Entomologie und zeigen, wie sich auch schwierige Arten sicher identifizieren lassen.

„Die morphologische Bestimmung von Insekten basiert auf der genauen Untersuchung ihrer äußeren Merkmale und ist seit Jahrhunderten die Grundlage der Insektenklassifikation - mit dieser Methode wurden bereits über eine Million Insektenarten identifiziert.“

4. 3. 1. Morphologische Merkmale

Die morphologische Bestimmung von Insekten basiert auf der genauen Untersuchung ihrer äußeren Merkmale und ist seit Jahrhunderten die Grundlage der Insektenklassifikation. Mit dieser Methode wurden bereits über eine Million Insektenarten identifiziert [s276]. Besonders bei der Bestimmung von Schädlingen ist die morphologische Identifikation von großer Bedeutung, da hier eine schnelle und präzise Artbestimmung oft unerlässlich ist.

Bei der morphologischen Untersuchung werden verschiedene Körpermerkmale systematisch analysiert. Dazu gehören die Form und Struktur von Antennen, Mundwerkzeugen, Beinen (insbesondere der Tarsen), Flügeln sowie ventralen Merkmalen [s277]. Interessanterweise sind Größe und Farbe der Exemplare meist weniger aussagekräftig für die Bestimmung, solange man nicht bereits mit den charakteristischen morphologischen Merkmalen der jeweiligen Familie vertraut ist.

Antennen [i60]

Für eine präzise Bestimmung ist die Verwendung eines Stereomikroskops oft unerlässlich [s278]. Bei der Untersuchung sollte man systematisch vorgehen und zunächst die grundlegenden Merkmale wie die Position der hinteren Coxalhöhlen betrachten, die beispielsweise bei Käfern wichtig für die Unterscheidung der Unterordnungen ist [s277]. Moderne Technologien wie die Rasterelektronenmikroskopie ermöglichen dabei hochauflösende Aufnahmen taxonomisch relevanter Merkmale [s279].

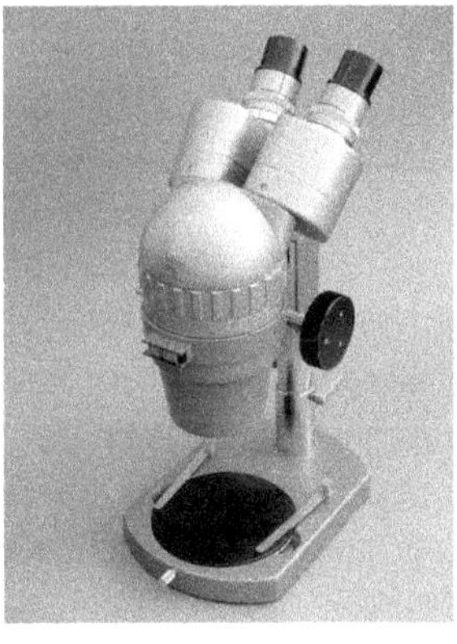

Stereomikroskop [i61]

Die morphologische Bestimmung kann jedoch auch ihre Tücken haben. Bei Mücken beispielsweise sind wichtige Merkmale wie Schuppen und Borsten

sehr empfindlich und können durch unsachgemäße Handhabung beschädigt werden [s280]. Zudem sind viele taxonomische Schlüssel auf adulte Weibchen und späte Larvenstadien beschränkt, da bestimmte Merkmale in frühen Entwicklungsstadien noch nicht ausgeprägt sind. Besonders herausfordernd wird die morphologische Bestimmung bei sehr ähnlichen Arten. Ein Beispiel sind die Wanzenarten Eurygaster integriceps, E. maura und E. testudinaria, die sich morphologisch kaum unterscheiden lassen [s281]. In solchen Fällen werden zunehmend molekulare Methoden wie DNA-Barcoding als ergänzende Bestimmungstechniken eingesetzt [s282]. Bei der praktischen Durchführung einer morphologischen Bestimmung empfiehlt es sich, systematisch vorzugehen: 1. Zunächst sollte das Exemplar vorsichtig unter dem Stereomikroskop positioniert werden
2. Wichtige Merkmale wie Scutellum, Antennen, Flügelmembran und Pronotum werden der Reihe nach untersucht 3. Die Beobachtungen werden mit taxonomischen Schlüsseln verglichen 4. Bei Unsicherheiten können zusätzlich morphometrische Messungen durchgeführt werden [s279] Interessant ist auch die Rolle morphologischer Merkmale bei der Evolution sozialer Insekten. Studien haben gezeigt, dass bestimmte taxonomisch eingeschränkte Gene (TRGs) mit der Entwicklung spezifischer morphologischer Merkmale in Zusammenhang stehen, besonders bei der Arbeiterkaste [s283].

Pronotum [i63]

Trotz der Herausforderungen bleibt die morphologische Bestimmung eine kostengünstige und weithin zugängliche Methode [s276]. Sie erfordert zwar Erfahrung und Geduld, bietet aber den Vorteil, dass sie ohne spezielle Laborausstattung durchgeführt werden kann. Für eine noch genauere Bestimmung wird heute oft eine Kombination aus morphologischen und molekularen Methoden empfohlen [s278], besonders bei schwierig zu unterscheidenden Arten oder beschädigten Exemplaren.

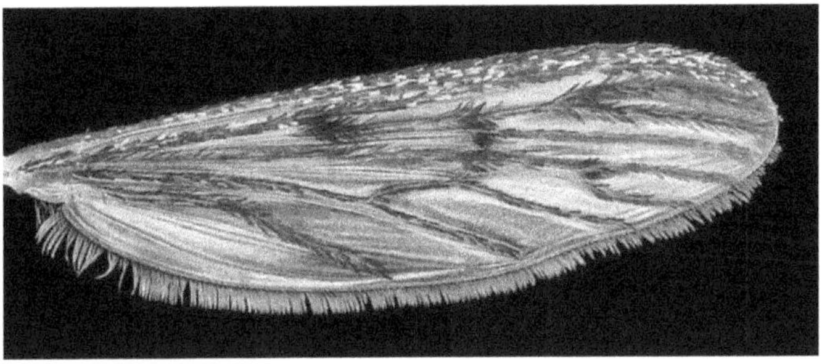

Flügelmembran [i62]

Glossar

Coxalhöhle
Vertiefungen im Körper des Insekts, in denen die Hüftgelenke (Coxae) der Beine eingelenkt sind

Pronotum
Die obere Platte des ersten Brustsegments bei Insekten, die oft charakteristische Formen und Strukturen aufweist

Scutellum
Ein dreieckiger oder schildförmiger Teil des Rückenpanzers bei Insekten, der sich zwischen den Flügelansätzen befindet

Stereomikroskop
Ein optisches Instrument mit zwei Okularen, das ein dreidimensionales Bild des betrachteten Objekts erzeugt und Vergrößerungen zwischen 6- und 50-fach ermöglicht

4. 3. 2. Genetische Analysen

Genetische Analysen haben sich zu einem unverzichtbaren Werkzeug in der modernen Insektenbestimmung entwickelt. Sie ergänzen traditionelle morphologische Methoden und ermöglichen besonders bei schwer unterscheidbaren oder kryptischen Arten eine präzise Identifikation [s284]. Die DNA-Barcoding-Technik, die auf der Analyse spezifischer Genabschnitte basiert, hat sich dabei als Standardmethode etabliert.

Ein zentraler Marker ist das mitochondriale Cytochrom c Oxidase Untereinheit 1 (COI) Gen, das sich durch seine hohe Variabilität zwischen Arten auszeichnet [s285]. Bei der praktischen Durchführung beginnt man mit der DNA-Extraktion aus dem Insektengewebe. Interessanterweise kann bereits ein Viertel eines 1-mm-Fragments eines Beins oder Körperteils für eine erfolgreiche Analyse ausreichen [s286]. Um den Verlust von DNA während der Extraktion zu minimieren, der bis zu 70% betragen kann, wurde ein direktes PCR-Protokoll entwickelt, das nur eine zweiminütige Probenvorbereitung in PBS-Puffer erfordert [s286]. Neben COI werden auch andere genetische Marker verwendet. Die Gene COII und Cytb haben sich als vielversprechende Alternativen erwiesen [s287]. COII zeigt dabei eine besonders hohe Erfolgsquote bei der Artidentifikation (96,9% bei 'best match'), während Cytb sich aufgrund seiner hohen Sequenzdiversität besonders gut für populationsgenetische Studien eignet [s287]. Ein innovativer Ansatz ist die Verwendung von 'Tag-Barcodes', bei denen artspezifische Tags an das Standard-DNA-Barcoding angehängt werden, um die Unterscheidung zwischen verschiedenen Arten zu verbessern [s287]. Die Qualität der genetischen Analyse hängt stark von der Probenkonservierung ab. Studien

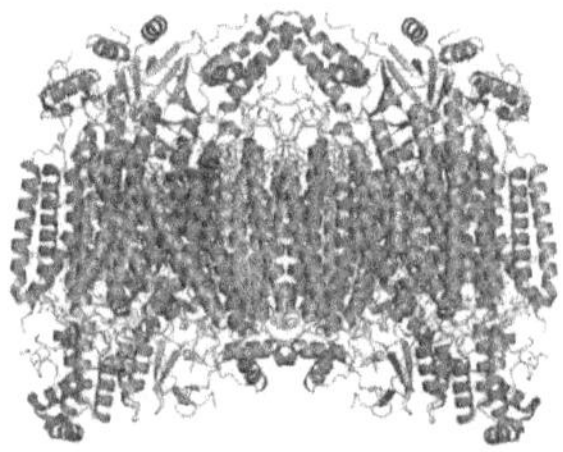

Cytochrom c Oxidase Untereinheit 1 [i64]

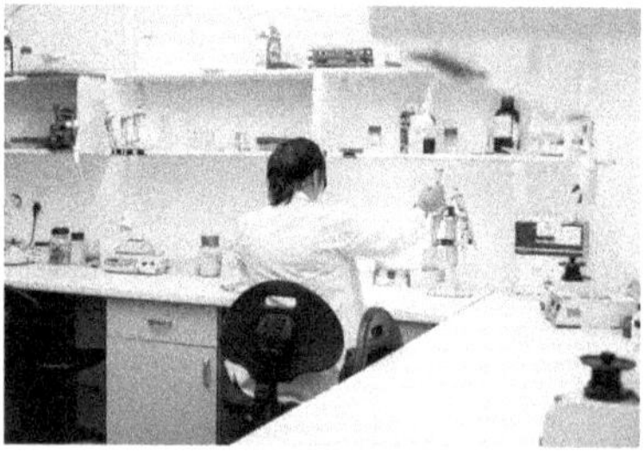

PCR [i65]

zeigen unterschiedliche Erfolgsquoten: 100% für ofengetrocknete, 98,6% für ethanolkonservierte Proben, aber nur 30% für Museumsproben [s286]. Bei der praktischen Arbeit sollte man daher besonders auf die korrekte Konservierung der Proben achten. Ein faszinierendes Beispiel für die Leistungsfähigkeit genetischer Analysen liefert eine Studie an aphidassozierten Ameisenarten. Die Untersuchung von 301 Proben zeigte genetische Distanzen zwischen Arten von bis zu 31,7%, was die hohe Auflösungskraft der Methode demonstriert [s288]. Dabei wurden auch mögliche kryptische Arten entdeckt, die morphologisch nicht unterscheidbar waren. Neue Entwicklungen umfassen die Identifizierung universeller DNA-Barcodes in den divergenten Regionen D5, D6 und D8 des 28S rDNA-Gens [s289]. Jede Region hat dabei spezifische Vorteile: D5 zeigt die geringste innerartliche Variation, D6 den größten DNA-Barcoding-Gap und D8 die höchste Sequenzierungserfolgsrate [s289]. Für die praktische Anwendung empfiehlt sich ein systematisches Vorgehen: 1. Sorgfältige Probennahme und Konservierung 2. DNA-Extraktion unter standardisierten Bedingungen 3. PCR-Amplifikation der gewählten Marker 4. Sequenzierung und bioinformatische Analyse 5. Abgleich mit Referenzdatenbanken Trotz ihrer Leistungsfähigkeit sollten genetische Analysen nicht isoliert betrachtet werden. Eine Integration mit morphologischen, biogeografischen und verhaltensbiologischen Daten liefert das vollständigste Bild [s284]. Besonders bei Naturschutz- und Monitoring-Programmen hat sich eine Kombination aus DNA-Metabarcoding und in vivo Bestimmung bewährt [s290]. Die Entwicklung neuer Technologien wie Metabolomics verspricht zusätzliche Einblicke, erfordert aber entsprechendes Fachwissen für die Interpretation [s284]. Für die Zukunft zeichnet sich ab, dass genetische Analysen noch präziser und kostengünstiger werden, was ihre Bedeutung für die Insektenbestimmung weiter steigern wird.

Glossar

DNA-Barcoding
Eine molekularbiologische Methode zur Artbestimmung, bei der kurze, standardisierte DNA-Abschnitte als eindeutige Erkennungsmerkmale genutzt werden - vergleichbar mit einem Strichcode im Supermarkt

kryptisch
Arten, die äußerlich kaum oder gar nicht unterscheidbar sind, obwohl sie verschiedenen biologischen Arten angehören

Metabolomics
Wissenschaftliche Untersuchung aller Stoffwechselprodukte in einem Organismus, die Rückschlüsse auf biologische Prozesse und Artmerkmale ermöglicht

PBS-Puffer
Eine salzhaltige Pufferlösung, die den pH-Wert stabilisiert und die Zellen während der Laboranalyse vor dem Platzen schützt

PCR
Polymerase-Kettenreaktion - ein Verfahren zur Vervielfältigung von DNA-Abschnitten im Labor, wodurch aus kleinsten DNA-Mengen ausreichend Material für Analysen gewonnen werden kann

4. 3. 3. Bestimmungsschlüssel

Bestimmungsschlüssel sind systematische Werkzeuge zur schrittweisen Identifikation von Insekten anhand ihrer morphologischen Merkmale [s291]. Sie funktionieren nach dem Prinzip der dichotomen (zweiwegigen) Entscheidungen, wobei der Benutzer in jedem Schritt zwischen zwei alternativen Merkmalsausprägungen wählen muss [s292]. Die Struktur eines Bestimmungsschlüssels basiert auf sogenannten Couplets - Paaren von sich gegenseitig ausschließenden Aussagen, die üblicherweise mit Zahlen und Buchstaben (1a/1b oder 1/1') gekennzeichnet sind [s291]. Bei der Verwendung beginnt man beim ersten Couplet und folgt dann, je nach beobachteten Merkmalen, den Verweisen zu den nächsten Entscheidungsschritten. Ein praktisches Beispiel: Beim ersten Couplet könnte die Entscheidung zwischen "Insekt mit Flügeln" und "Insekt ohne Flügel" stehen. Hat das zu bestimmende Insekt Flügel, folgt man der entsprechenden Nummer zum nächsten relevanten Couplet.

Besonders wichtig für die erfolgreiche Anwendung ist das systematische Vorgehen. Man sollte:
- Das Exemplar sorgfältig unter ausreichender Beleuchtung untersuchen
- Die Merkmale genau mit beiden Beschreibungen im Couplet vergleichen
- Bei Unsicherheit beide Wege verfolgen und später verifizieren
- Die Nummern in Klammern nutzen, um bei Sackgassen zum vorherigen Schritt zurückzukehren [s293]

Interessanterweise können einige Insektenordnungen mehrfach im selben Schlüssel auftauchen [s293]. Dies liegt daran, dass manche Arten in verschiedenen Erscheinungsformen auftreten können - beispielsweise mit und ohne Flügel. Bei der Entwicklung von Bestimmungsschlüsseln wird dies berücksichtigt, indem alternative Wege zur selben Ordnung führen können.

Die Qualität eines Bestimmungsschlüssels hängt stark von der Auswahl der verwendeten Merkmale ab. Ein Beispiel aus der Praxis ist die Entwicklung eines Schlüssels für Schabenarten in Florida, bei dem spezifische Merkmale wie die Anzahl und Anordnung von Stacheln an den Oberschenkeln oder die Form der Flügel als Unterscheidungskriterien verwendet wurden [s294]. Wichtig zu wissen ist, dass nicht jedes Exemplar exakt mit den Beschreibungen übereinstimmen muss. In solchen Fällen wählt man die am besten passende Alternative [s295]. Manche Schlüssel markieren auch Gruppen mit einem Sternchen (*), die von einem durchschnittlichen Sammler wahrscheinlich nicht angetroffen werden [s295]. Dies hilft bei der Fokussierung auf die relevantesten Optionen. Für Anfänger empfiehlt sich folgende Vorgehensweise: 1. Zunächst einen Überblick über die grundlegenden Merkmale des Insekts verschaffen 2. Den Schlüssel von Anfang an systematisch durcharbeiten 3. Alle Entscheidungen notieren, um den Weg nachvollziehen zu können 4. Bei Unsicherheit beide Alternativen verfolgen und die Ergebnisse vergleichen 5. Die erreichte Bestimmung mit Referenzabbildungen oder -beschreibungen verifizieren Die Entwicklung von Bestimmungsschlüsseln ist ein fortlaufender Prozess, bei dem neue wissenschaftliche Erkenntnisse und taxonomische Revisionen berücksichtigt werden müssen. Moderne Schlüssel werden daher oft digital zur Verfügung gestellt, was eine schnellere Aktualisierung ermöglicht und interaktive Elemente wie Fotografien oder Zeichnungen einbinden kann.

Schabenarten [i66]

Couplet

Ein Begriff aus der biologischen Bestimmungslehre für ein Merkmalspaar, das sich gegenseitig ausschließt. Stammt vom französischen 'couple' (Paar) ab und wurde im 19. Jahrhundert in die Taxonomie eingeführt.

dichotom

Aus dem Griechischen stammender Begriff für 'zweigeteilt'. In der Biologie bezeichnet er eine Verzweigung in genau zwei Teile, wie bei einer Gabelung.

4. 3. 4. Präparationstechniken

Die fachgerechte Präparation von Insekten ist entscheidend für ihre wissenschaftliche Untersuchung und dauerhafte Aufbewahrung. Je nach Art und Größe des Insekts kommen dabei unterschiedliche Techniken zum Einsatz [s296]. Grundsätzlich beginnt die Präparation mit der schonenden Tötung der Tiere, wofür sich besonders das Einfrieren für 1-3 Stunden oder die Verwendung von Ethylacetat in speziellen Tötungsgefäßen eignet [s297]. Für die dauerhafte Konservierung haben sich verschiedene Methoden etabliert. Fluginsekten werden typischerweise getrocknet und auf Insektennadeln montiert, wobei die Flügel oft ausgebreitet werden [s296]. Dabei ist die Wahl der richtigen Nadelgröße wichtig - die Größen #2 oder #3 eignen sich für die meisten Anwendungen. Es sollten ausschließlich spezielle Insektennadeln verwendet werden, da normale Haushaltsnadeln rosten und die Präparate beschädigen können [s298].

Für die Präparation sehr kleiner Insekten, die nicht direkt genadelt werden können, wird die Doppelmontage angewandt. Dabei wird das Exemplar zunächst auf ein kleines Kartonstück geklebt, das dann seinerseits auf eine Standardnadel montiert wird [s296]. Bei dieser sogenannten "Pointing"-Technik wird das Insekt auf der rechten Seite auf einem dreieckigen Kartonstreifen fixiert [s298]. Die Wahl des Klebstoffs ist dabei entscheidend - Shellac-Gel hat sich als besonders geeignet erwiesen [s299]. Weichkörperige Insekten und Larven werden hingegen in Flüssigkeit konserviert. Dafür eignet sich besonders 70-prozentiger Isopropylalkohol oder ein gleichwertiges Mittel [s300]. Für die langfristige Aufbewahrung empfiehlt sich 100-prozentiger Ethanol, wobei einige Arten auch in 70-80-prozentiger Lösung besser erhalten bleiben [s301]. Für mikroskopische Präparate werden Standard-Objektträger von 75 x 25 mm verwendet. Die Präparation umfasst mehrere Schritte: Zunächst werden die Körperinhalte durch Erwärmen in 10-prozentiger Kaliumhydroxid-Lösung entfernt. Anschließend folgen das Entwachsen der

Shellac [i67]

cuticula, optional Bleichen oder Färben sowie die Dehydrierung vor der endgültigen Montage [s302]. Die fertigen Präparate müssen gründlich trocknen, was bei 35-45°C bis zu zwei Monate dauern kann. Besonders wichtig für die wissenschaftliche Nutzbarkeit ist die korrekte Etikettierung der Präparate. Die Etiketten sollten aus säurefreiem Papier bestehen und alle relevanten Informationen enthalten [s299]. Ein Pinning-Block hilft dabei, einheitliche Montagehöhen zu erreichen und ausreichend Platz für die Etiketten zu lassen [s298]. Bei der DNA-Extraktion muss besonders vorsichtig vorgegangen werden, da längere Inkubationszeiten zu verstärkten strukturellen Schäden führen können [s303]. Für die morphologische Untersuchung empfiehlt es sich daher, kürzere Inkubationszeiten zu wählen.

Praktische Tipps für die Präparation:
- Verwenden Sie mindestens zwei separate Tötungsgefäße: eines für Schmetterlinge und Motten, ein weiteres für Käfer und andere kleine Insekten
- Legen Sie zerknülltes Papier in die Tötungsgefäße, um Feuchtigkeit zu absorbieren
- Montieren Sie die Exemplare möglichst innerhalb weniger Stunden nach dem Fang, da sie sonst zu weich werden können [s297]
- Nutzen Sie spezielle Spannbretter für die korrekte Ausrichtung der Flügel während der Trocknung [s301]

Glossar

Shellac

Ein natürliches Harz, das von Lackschildläusen produziert wird und als säurefreier, langzeitstabiler Klebstoff für Insektenpräparate dient

Ethylacetat

Eine farblose, leicht flüchtige Flüssigkeit mit fruchtigem Geruch, die als schonendes Betäubungs- und Tötungsmittel für Insekten verwendet wird

Kaliumhydroxid

Eine stark alkalische Verbindung, die das Weichgewebe von Insekten auflöst, ohne die äußere Struktur zu beschädigen

Zusammenfassung - 4. 3. Bestimmungstechniken

- Die morphologische Bestimmung wurde zur Identifikation von über einer Million Insektenarten genutzt
- Größe und Farbe sind meist weniger aussagekräftig als strukturelle Merkmale
- Die Position der hinteren Coxalhöhlen ist bei Käfern wichtig für die Unterscheidung der Unterordnungen
- Bei Mücken sind taxonomisch wichtige Merkmale wie Schuppen und Borsten besonders empfindlich
- Die Wanzenarten Eurygaster integriceps, E. maura und E. testudinaria sind morphologisch kaum unterscheidbar
- Taxonomisch eingeschränkte Gene stehen mit der Entwicklung spezifischer Merkmale der Arbeiterkaste in Verbindung
- Das COI-Gen zeigt eine hohe Variabilität zwischen Arten und eignet sich besonders für DNA-Barcoding
- Ein Viertel eines 1mm-Fragments reicht oft für eine erfolgreiche DNA-Analyse
- COII zeigt eine Erfolgsquote von 96,9% bei der Artidentifikation
- Die DNA-Extraktionserfolgsrate liegt bei 100% für ofengetrocknete, aber nur 30% für Museumsproben
- Genetische Distanzen zwischen aphidassozierten Ameisenarten erreichen bis zu 31,7%
- Die D5-Region zeigt die geringste innerartliche Variation, D6 den größten DNA-Barcoding-Gap
- Bestimmungsschlüssel können dieselbe Insektenordnung mehrfach enthalten aufgrund verschiedener Erscheinungsformen
- Shellac-Gel hat sich als besonders geeignet für die Pointing-Technik erwiesen
- Die Trocknung mikroskopischer Präparate kann bei 35-45°C bis zu zwei Monate dauern

Rückblick - 4. Praktische Entomologie

- Die Wahl der richtigen Fangtechnik ist entscheidend - aktive menschliche Sammlung, aktive Ausrichtung von Proben und passive Sammlung haben jeweils spezifische Vor- und Nachteile.
- Sweep-Netting durch systematisches Streifen der Vegetation und Kick-Netting für Wasserinsekten sind bewährte aktive Sammelmethoden.
- Lichtfallen mit aktinischen Lampen eignen sich besonders für nachtaktive Arten, während gelbe Klebekarten tagaktive Insekten anlocken.
- Bodenfallen (Pitfall Traps) sammeln passiv vor allem bodenbewohnende und nachtaktive Arten.
- Die fotografische Erfassung hat sich als wichtige nicht-invasive Methode etabliert, die besonders für Citizen-Science-Projekte wertvoll ist.
- Moderne Biodiversitäts-Apps speichern automatisch wichtige Metadaten wie GPS-Koordinaten und ermöglichen die direkte Expertenvernetzung.
- Die Klimaführung in Zuchtsystemen erfordert präzise Kontrolle von Temperatur, Luftfeuchtigkeit und Photoperioden.
- Standardisierte Futtermittel mit ausgewogener Nährstoffzusammensetzung sind für erfolgreiche Kolonieerhaltung essentiell.
- Die Sterile Insektentechnik (SIT) hat sich als effektive Methode zur Populationskontrolle bewährt - in einem Pilotprojekt wurden wöchentlich 400.000 sterile Männchen freigesetzt.
- DNA-Barcoding ermöglicht die präzise Identifikation auch bei morphologisch schwer unterscheidbaren Arten.
- Bestimmungsschlüssel basieren auf dichotomen Entscheidungen und systematischen Couplets zur schrittweisen Artbestimmung.
- Für die dauerhafte Konservierung haben sich je nach Art Trocken-, Flüssig- oder mikroskopische Präparate bewährt.

- Die gewonnenen Erkenntnisse aus der praktischen Entomologie bilden die Grundlage für die angewandte Forschung - wie diese Methoden konkret in Landwirtschaft, Medizin und Naturschutz eingesetzt werden, zeigt das nächste Kapitel.

5. Angewandte Entomologie

Die angewandte Entomologie verbindet grundlegende Erkenntnisse der Insektenkunde mit praktischen Anwendungen in verschiedenen Bereichen unseres Lebens. Von der nachhaltigen Schädlingsbekämpfung in der Landwirtschaft über die Entwicklung neuer Medikamente bis hin zur forensischen Aufklärung von Verbrechen – Insekten spielen eine zentrale Rolle in der modernen Biotechnologie. Doch wie lässt sich das enorme Potenzial dieser faszinierenden Organismen optimal nutzen? Welche Herausforderungen gilt es bei der praktischen Anwendung zu meistern? Und welche neuen Möglichkeiten eröffnen sich durch aktuelle Forschung und technologische Entwicklungen? Die angewandte Entomologie steht heute an einem spannenden Wendepunkt: Während etablierte Methoden wie das integrierte Pflanzenschutzmanagement kontinuierlich optimiert werden, eröffnen innovative Ansätze wie die Entwicklung von Biokunststoffen aus Insektenproteinen völlig neue Perspektiven für eine nachhaltige Zukunft. Die folgenden Kapitel beleuchten die vielfältigen Anwendungsgebiete der Insektenkunde und zeigen auf, wie traditionelles Wissen und moderne Technologie zusammenwirken, um sowohl ökologische als auch ökonomische Herausforderungen zu bewältigen.

5. 1. Landwirtschaft

Die Rolle von Insekten in der Landwirtschaft ist facettenreich und oft widersprüchlich. Während einige Arten als Schädlinge erhebliche wirtschaftliche Schäden verursachen, sind andere als Bestäuber oder Nützlinge unverzichtbar für stabile Agrarökosysteme. Doch wie lässt sich dieses komplexe Zusammenspiel zum Vorteil einer nachhaltigen Landwirtschaft nutzen? Die moderne Landwirtschaft steht vor der Herausforderung, Ernährungssicherheit zu gewährleisten und gleichzeitig die biologische Vielfalt zu erhalten. Dabei spielen innovative Konzepte wie die integrierte Schädlingsbekämpfung eine zentrale Rolle. Aber welche Strategien haben sich als besonders effektiv erwiesen? Wie können Landwirte Bestäuber gezielt fördern und gleichzeitig Schädlinge kontrollieren? Die Antworten auf diese Fragen sind komplex und erfordern ein tiefes Verständnis der Insektenbiologie sowie moderner landwirtschaftlicher Praktiken. Die folgenden Abschnitte beleuchten die wichtigsten Aspekte des Insektenmanagements in der Landwirtschaft und zeigen praxiserprobte Lösungsansätze auf.

„Über hundert Kulturpflanzenarten sind auf die Bestäubung durch Insekten angewiesen.“

5. 1. 1. Schädlingsbekämpfung

Die integrierte Schädlingsbekämpfung (IPM) hat sich als nachhaltiger und effektiver Ansatz zur Kontrolle von Schädlingen in der Landwirtschaft etabliert [s304]. Anders als bei der traditionellen Schädlingsbekämpfung, die hauptsächlich auf synthetische Pestizide setzt [s305], verfolgt IPM einen ganzheitlichen Ansatz, der verschiedene Kontrollmethoden intelligent kombiniert. Der erste und entscheidende Schritt eines erfolgreichen IPM-Programms ist die präzise Identifikation der Schädlinge [s306]. Ein Beispiel aus der Praxis: Wenn Landwirte Fraßschäden an Kartoffelpflanzen beobachten, ist es essentiell zu unterscheiden, ob diese von Kartoffelkäfern oder anderen Insekten verursacht werden, da sich die Bekämpfungsstrategien grundlegend unterscheiden können. Die IPM-Strategie basiert auf vier Hauptsäulen [s304]: 1. Festlegung von Aktionsschwellen 2. Monitoring und Identifikation 3. Prävention 4. Kontrollmaßnahmen Bei der Überwachung (Monitoring) werden Kulturen regelmäßig auf Schädlingsbefall kontrolliert. Dabei hilft das sogenannte "scouting" - eine systematische Inspektion der Felder [s306]. Landwirte sollten beispielsweise wöchentlich ihre Felder in einem Zick-Zack-Muster ablaufen und Schädlingspopulationen dokumentieren.

Präventive Maßnahmen spielen eine zentrale Rolle [s307]. Dazu gehören:
- Fruchtfolge: Zum Beispiel sollte Raps nicht direkt nach Raps angebaut werden, um den Befall mit Rapserdflöhen zu minimieren
- Verwendung resistenter Sorten
- Angepasste Aussaattermine
- Förderung natürlicher Feinde durch Anlegen von Blühstreifen

Wenn Kontrollmaßnahmen notwendig werden, folgt IPM dem Grundsatz "so viel wie nötig, so wenig wie möglich" [s308]. Dabei werden zunächst umweltschonende Methoden eingesetzt:

Biologische Kontrolle:
- Einsatz von Schlupfwespen gegen Maiszünsler

- Förderung von Marienkäfern zur Blattlausbekämpfung
- Verwendung von Bacillus thuringiensis gegen Schmetterlingsraupen

Marienkäfer [i68]

Mechanische und physikalische Kontrollen [s305]:
- Installation von Insektennetzen
- Aufstellung von Pheromonfallen
- Manuelle Entfernung von befallenen Pflanzenteilen

Erst wenn diese Maßnahmen nicht ausreichen, kommen chemische Pflanzenschutzmittel zum Einsatz [s307]. Dabei ist besonders auf den Schutz von Bestäubern zu achten [s309]. Praktische Empfehlung: Pestizidanwendungen sollten möglichst in den Abendstunden erfolgen, wenn Bienen nicht mehr fliegen. Ein wichtiger Aspekt ist auch die wirtschaftliche Komponente [s310]. Durch die Festlegung von Aktionsschwellen wird verhindert, dass unnötige Behandlungen durchgeführt werden. Beispiel: Bei Getreideblattläusen liegt die Bekämpfungsschwelle bei etwa 20-30 Läusen pro Ähre. Die Dokumentation aller Maßnahmen ist essentiell für den langfristigen Erfolg [s306]. Landwirte sollten ein Feldtagebuch führen, in dem sie Schädlingsauftreten, durchgeführte Maßnahmen und deren Erfolg festhalten. Moderne IPM-Programme nutzen zunehmend digitale Hilfsmittel [s311]. Spezielle Apps und Online-Tools unterstützen bei der Schädlingsidentifikation und Prognose des Befallsrisikos. Diese können beispielsweise basierend auf Wetterdaten Warnungen vor erhöhtem Schädlingsdruck ausgeben. Die Umstellung auf IPM erfordert zwar zunächst mehr Wissen und Aufwand [s305], führt aber langfristig zu stabileren und nachhaltigeren Produktionssystemen. Wichtig ist dabei die kontinuierliche Weiterbildung der Landwirte und Berater [s309], um neue Erkenntnisse und Methoden in die Praxis zu integrieren.

5. 1. 2. Bestäubungsmanagement

Ein effektives Bestäubungsmanagement ist für die moderne Landwirtschaft von zentraler Bedeutung, da über hundert Kulturpflanzenarten auf die Bestäubung durch Insekten angewiesen sind [s312]. Die Kombination von gezielter Förderung wildlebender Bestäuber und dem Einsatz von Honigbienen ermöglicht dabei optimale Erträge.

Bestäubungsmanagement [i69]

Blühstreifen [i70]

Für ein erfolgreiches Bestäubungsmanagement ist die Schaffung und Erhaltung geeigneter Lebensräume essentiell. Experten empfehlen, dass 20-30 Prozent der umgebenden Landschaft als dauerhafte pollen- und nektarreiche Habitate zur Verfügung stehen sollten [s313]. In der Praxis bedeutet dies die Anlage von Blühstreifen und Wildblumenwiesen entlang der Feldränder. Diese sollten so gestaltet sein, dass sie eine kontinuierliche Blütenversorgung über die gesamte Vegetationsperiode gewährleisten, besonders wichtig sind dabei die frühen und späten Jahreszeiten [s313]. Die Zusammenarbeit zwischen verschiedenen Akteuren spielt eine Schlüsselrolle. Managed Pollinator Protection Plans (MP3s) haben sich als effektives Instrument etabliert, um Landwirte, Imker und andere Interessengruppen zu koordinieren [s314]. Ein praktisches Beispiel: Vor der Ausbringung von Pflanzenschutzmitteln informiert der Landwirt die lokalen

Imker, damit diese ihre Bienenvölker schützen können [s315].

Die Gestaltung bestäuberfreundlicher Landschaften erfordert durchdachte Planung. Landwirte sollten:
- Blühende Randstreifen mit heimischen Pflanzenarten anlegen
- Unbewirtschaftete Bereiche an Feldrändern belassen
- Nistmöglichkeiten für Wildbienen schaffen
- Wasserquellen bereitstellen [s315]

Wildbienen leisten einen bedeutenden Beitrag zur Bestäubung und tragen mindestens 15 Prozent zum Wert insektenbestäubter Kulturen bei [s313]. Ihre Effizienz übertrifft oft die der Honigbienen, da sie auch bei ungünstigeren Wetterbedingungen aktiv sind [s316]. Um ihre Populationen zu fördern, sollten Landwirte:
- Verschiedene Blühpflanzen anbieten
- Kahle Bodenstellen für bodennistende Arten belassen
- Totholz und Pflanzenstängel als Nistplätze erhalten

Die Integration des Bestäubungsmanagements in die landwirtschaftliche Praxis erfordert ein systematisches Monitoring der Bestäuberpopulationen [s317]. Moderne Technologien und Apps unterstützen dabei, die Entwicklung der Bestäubervielfalt zu dokumentieren und Maßnahmen entsprechend anzupassen.

Besondere Aufmerksamkeit verdient der Schutz der Bestäuber vor Pestiziden. Bewährte Praktiken umfassen:
- Vermeidung von Spritzungen während der Hauptflugzeiten
- Verwendung bestäuberfreundlicher Formulierungen
- Einhaltung von Abstandsauflagen zu blühenden Kulturen [s315]

Pestizide [i71]

Die Einrichtung von Demonstrationsgärten hat sich als wertvolles Bildungsinstrument erwiesen [s312]. Sie veranschaulichen die Bedeutung der Bestäuber für unser Nahrungssystem und dienen als Inspiration für die Gestaltung bestäuberfreundlicher Landschaften. Für den langfristigen Erfolg ist die kontinuierliche Forschung und Entwicklung unerlässlich [s318]. Aktuelle Schwerpunkte liegen auf der Identifizierung von Faktoren, die zum Rückgang der Bestäuber beitragen, und der Entwicklung verbesserter Schutzstrategien [s317]. Die Zusammenarbeit zwischen öffentlichen und privaten Partnern wird zunehmend wichtiger [s319]. Gemeinsame Initiativen zur Verbesserung der Bestäubergesundheit und zur Wiederherstellung von Lebensräumen tragen maßgeblich zum Erfolg bei.

5. 1. 3. Integrierter Pflanzenschutz

Der integrierte Pflanzenschutz (IPM) ist ein ganzheitlicher Ansatz, der weit über die Landwirtschaft hinausgeht und auch in Gärten, öffentlichen Grünanlagen und sogar am Arbeitsplatz angewendet werden kann [s320]. Diese Vielseitigkeit macht IPM zu einem besonders wertvollen Werkzeug für verschiedenste Anwendergruppen. Eine zentrale Herausforderung besteht darin, dass es keine einheitliche nationale Zertifizierung für IPM-Anbau gibt [s320]. Dies erschwert es Verbrauchern, entsprechende Produkte zu erkennen. Umso wichtiger ist es, dass Landwirte und andere Anwender die Grundprinzipien verstehen und konsequent umsetzen.

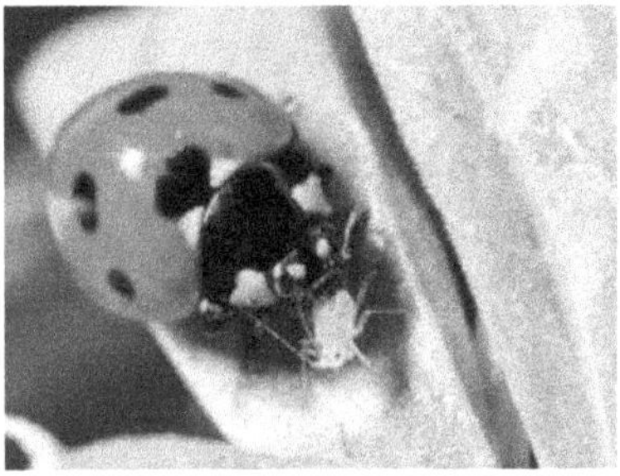

Nützlinge [i72]

Ein wesentlicher Aspekt des integrierten Pflanzenschutzes ist die Verwendung von mindestens drei nicht-chemischen Strategien [s321]. Dies könnte in der Praxis beispielsweise die Kombination aus mechanischer Unkrautbekämpfung, dem Einsatz von Nützlingen und der Wahl resistenter Sorten bedeuten. Bei der Planung dieser Maßnahmen müssen die spezifischen Standortbedingungen berücksichtigt werden, besonders im Hinblick auf den Gewässerschutz [s321]. Ein Beispiel: An Hanglagen sollten bevorzugt mechanische Verfahren eingesetzt werden, um das Risiko von Pestizidabschwemmungen zu minimieren. Der integrierte Pflanzenschutz spielt eine Schlüsselrolle beim Schutz der Nahrungsmittelversorgung und natürlicher Ressourcen [s322]. Dabei gilt es zu beachten, dass die überwiegende Mehrheit der Insekten nützlich ist und nur wenige Arten als Schädlinge auftreten. Diese können jedoch erhebliche Schäden verursachen, weshalb ein durchdachtes Management unerlässlich ist. Besondere Aufmerksamkeit erfordern exotische und invasive Arten [s323]. Um deren Ausbreitung zu verhindern, wurden verschiedene Quarantänemaßnahmen etabliert, beispielsweise für den Japanischen Käfer oder den Europäischen Maiszünsler [s322]. In der Praxis bedeutet dies für Landwirte eine besondere Wachsamkeit und Meldepflicht beim Auftreten dieser Schädlinge. Um die Umsetzung von IPM-Praktiken zu fördern, wurden spezielle Ressourcen für verschiedene

Zielgruppen entwickelt [s323]. Landschaftsprofis können sich beispielsweise durch Schulungen und Workshops weiterbilden. Auch für Schulen gibt es speziell aufbereitete Materialien, um das Verständnis für nachhaltigen Pflanzenschutz bereits früh zu fördern.

Ein praktischer Tipp für Landwirte ist die Erstellung eines detaillierten IPM-Plans für ihren Betrieb. Dieser sollte folgende Elemente enthalten:
- Eine Kartierung sensibler Bereiche wie Gewässer oder Biotope
- Eine Liste der wichtigsten Schädlinge und ihrer natürlichen Gegenspieler
- Ein Monitoring-Plan mit regelmäßigen Kontrollterminen
- Eine Dokumentation der verfügbaren nicht-chemischen Bekämpfungsoptionen
- Notfallpläne für den Fall von Quarantäneschädlingen

Die erfolgreiche Implementierung von IPM erfordert kontinuierliche Weiterbildung und Anpassung an neue Erkenntnisse. Landwirte sollten sich regelmäßig über aktuelle Entwicklungen informieren und den Austausch mit Beratern und Kollegen suchen. Die Dokumentation aller Maßnahmen und ihrer Wirksamkeit hilft dabei, das System stetig zu verbessern und an die spezifischen Bedingungen des Betriebs anzupassen.

Europäischer Maiszünsler [i73]

Japanischer Käfer [i74]

Glossar

Integrierter Pflanzenschutz
Ein modernes Konzept der Schädlingsbekämpfung, das biologische, biotechnische, pflanzenzüchterische sowie anbau- und kulturtechnische Maßnahmen kombiniert und chemische Pflanzenschutzmittel nur als letzte Option einsetzt.

Quarantänemaßnahmen
Vorsorgliche Isolations- und Kontrollmaßnahmen zur Verhinderung der Ein- und Verschleppung von gefährlichen Schadorganismen in bisher nicht befallene Gebiete.

5. 1. 4. Resistenzentwicklung

Die Entwicklung von Resistenzen gegen Pflanzenschutzmittel stellt eine der größten Herausforderungen in der modernen Landwirtschaft dar [s324]. Wenn Schädlinge unempfindlich gegen bestimmte Wirkstoffe werden, hat dies weitreichende Folgen für die Nahrungsmittelproduktion und den Umweltschutz. Resistenz entsteht durch einen evolutionären Prozess, bei dem Schädlingspopulationen auf intensiven Selektionsdruck reagieren [s324]. Dies geschieht besonders schnell bei Insekten, die sich durch kurze Generationszeiten und hohe Nachkommenzahlen auszeichnen [s325]. Die genetischen Mechanismen dahinter sind vielfältig und umfassen Mutationen, Genamplifikationen sowie Änderungen in der Genexpression [s326]. Ein anschauliches Beispiel für die Problematik ist die Entwicklung von Resistenzen bei Schädlingen in Bt-Baumwolle. Die anfänglich sehr effektive Technologie verlor durch übermäßigen Einsatz an Wirksamkeit, was zu einem verstärkten Auftreten sekundärer Schädlinge führte [s326]. Um solche Situationen zu vermeiden, ist ein durchdachtes Resistenzmanagement unerlässlich.

Praktische Strategien zur Verzögerung der Resistenzentwicklung umfassen:
- Rotation verschiedener Wirkstoffgruppen: Es sollten nicht mehr als zwei aufeinanderfolgende Anwendungen von Mitteln mit gleichem Wirkungsmechanismus erfolgen [s327]
- Vermeidung persistenter Pflanzenschutzmittel, da deren langanhaltende Rückstände mehrere Schädlingsgenerationen selektieren [s327]
- Integration nicht-chemischer Bekämpfungsmethoden wie biologische und kulturelle Kontrollen [s325]
- Regelmäßiges Monitoring der Wirksamkeit eingesetzter Mittel [s324]

Besonders wichtig ist das frühzeitige Erkennen sich entwickelnder Resistenzen. Landwirte sollten dokumentieren, wenn die übliche Aufwandmenge eines Mittels nicht mehr die erwartete Wirkung zeigt [s327]. In solchen Fällen ist eine Anpassung der Bekämpfungsstrategie erforderlich. Die Forschung zeigt, dass Resistenzen oft polygenetisch bedingt sind, also mehrere Gene daran beteiligt sind [s328]. Dies macht die Vorhersage und Bekämpfung besonders komplex. Erschwerend kommt hinzu, dass Kreuzresistenzen auftreten können, bei denen ein

Resistenzmechanismus gegen mehrere Wirkstoffgruppen schützt [s325].

Für eine nachhaltige Landwirtschaft ist es essentiell, das Resistenzmanagement bereits präventiv zu betreiben und nicht erst nach dem Auftreten von Problemen zu reagieren [s324]. Dies erfordert:
- Regelmäßige Schulungen und Weiterbildungen für Landwirte
- Entwicklung regionaler Resistenzmanagementpläne
- Enge Zusammenarbeit zwischen Forschung, Beratung und Praxis
- Kontinuierliche Überwachung der Resistenzsituation

Die wirtschaftlichen Folgen von Resistenzentwicklungen sind erheblich und umfassen erhöhte Managementkosten sowie potenzielle Ertragseinbußen [s324]. Umso wichtiger ist es, dass Landwirte die verfügbaren Werkzeuge des integrierten Pflanzenschutzes konsequent nutzen. Neue biotechnologische Ansätze, wie die Entwicklung modifizierter Toxine oder Fusionsproteine, bieten vielversprechende Möglichkeiten im Kampf gegen resistente Schädlinge [s326]. Auch die Freisetzung steriler Insekten hat sich als wirksame Methode zur Verzögerung der Resistenzentwicklung erwiesen [s326]. Die Zukunft des Resistenzmanagements liegt in einem ganzheitlichen Ansatz, der modernste wissenschaftliche Erkenntnisse mit praktischer Anwendbarkeit verbindet. Dabei müssen sowohl ökologische als auch ökonomische Aspekte berücksichtigt werden, um langfristig erfolgreiche Strategien zu entwickeln.

Glossar

Bt-Baumwolle
Eine gentechnisch veränderte Baumwollsorte, die das Gift des Bakteriums Bacillus thuringiensis produziert, um sich vor Schadinsekten zu schützen

Genamplifikation
Ein biologischer Vorgang, bei dem mehrere Kopien eines Gens entstehen, was zu einer verstärkten Produktion bestimmter Proteine führen kann

Kreuzresistenz
Eine Form der Widerstandsfähigkeit, bei der ein einzelner Abwehrmechanismus gegen verschiedene, oft chemisch ähnliche Wirkstoffe schützt

polygenetisch
Bezeichnet Eigenschaften, die durch das Zusammenwirken mehrerer Gene bestimmt werden, im Gegensatz zu Eigenschaften, die nur von einem Gen abhängen

Zusammenfassung - 5. 1. Landwirtschaft

- Die integrierte Schädlingsbekämpfung kombiniert systematische Feldinspektion im Zick-Zack-Muster mit präziser Dokumentation.
- Rapserdflöhe werden durch angepasste Fruchtfolge minimiert, indem Raps nicht direkt nach Raps angebaut wird.
- Schlupfwespen werden gezielt gegen Maiszünsler eingesetzt.
- Die Bekämpfungsschwelle bei Getreideblattläusen liegt bei 20-30 Läusen pro Ähre.
- Für optimale Bestäubung sollten 20-30% der Landschaft als dauerhafte pollen- und nektarreiche Habitate verfügbar sein.
- Wildbienen tragen mindestens 15% zum Wert insektenbestäubter Kulturen bei und arbeiten auch bei ungünstigeren Wetterbedingungen.
- Managed Pollinator Protection Plans koordinieren Landwirte und Imker bei Pflanzenschutzmaßnahmen.
- Der integrierte Pflanzenschutz erfordert mindestens drei nicht-chemische Strategien.
- Genamplifikationen und polygenetische Mechanismen sind zentrale Faktoren bei der Resistenzentwicklung.
- Kreuzresistenzen ermöglichen Schädlingen Schutz gegen mehrere Wirkstoffgruppen gleichzeitig.
- Die Freisetzung steriler Insekten verzögert nachweislich die Resistenzentwicklung.

5. 2. Medizinische Bedeutung

Die medizinische Bedeutung von Insekten ist vielschichtig und reicht weit über ihre Rolle als lästige Plagegeister hinaus. Wie beeinflussen diese kleinen Organismen unsere Gesundheit? Welche Mechanismen nutzen sie zur Übertragung von Krankheitserregern? Und welchen Beitrag können sie sogar zur Aufklärung von Verbrechen leisten? Von der Übertragung gefährlicher Krankheitserreger über die Auslösung schwerer allergischer Reaktionen bis hin zur forensischen Analyse - Insekten nehmen eine Schlüsselrolle in verschiedenen medizinischen Bereichen ein. Dabei stellen sie einerseits eine ernsthafte Bedrohung für die globale Gesundheit dar, andererseits bieten ihre biologischen Eigenschaften auch wertvolle Möglichkeiten für die moderne Medizin und Kriminalistik. Die zunehmende Globalisierung und der Klimawandel führen zu einer stetigen Veränderung der Verbreitungsgebiete vieler medizinisch relevanter Insektenarten. Das Verständnis ihrer Biologie und ihres Verhaltens wird damit immer wichtiger für den Schutz der öffentlichen Gesundheit.

„Die Stechmücke Aedes aegypti überträgt mehrere schwere Viruserkrankungen wie Dengue, Gelbfieber, Chikungunya und Zika.“

5. 2. 1. Krankheitsüberträger

Insekten spielen als Krankheitsüberträger (Vektoren) eine bedeutende Rolle für die globale Gesundheit. Sie übertragen Parasiten, Viren und Bakterien, die schwerwiegende Erkrankungen beim Menschen verursachen können [s329]. Besonders in tropischen und subtropischen Regionen stellen vektorübertragene Krankheiten eine erhebliche Gesundheitsbedrohung dar.

Die Stechmücke Aedes aegypti ist dabei einer der gefährlichsten Krankheitsüberträger. Sie überträgt gleich mehrere schwere Viruserkrankungen wie Dengue, Gelbfieber, Chikungunya und Zika [s330]. Vor allem in den Amerikas und Südostasien hat dieser Moskito bereits zu verheerenden Epidemien geführt. Auch in Europa wächst die Sorge vor einer Ausbreitung dieser Krankheiten durch importierte Fälle.

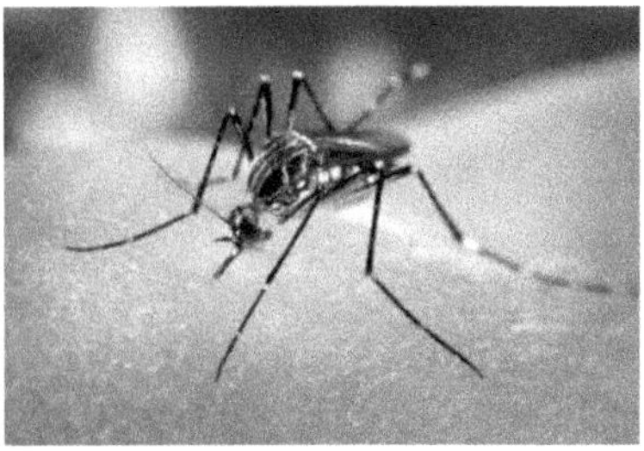

Aedes aegypti [i75]

Die Malaria, übertragen durch Anopheles-Mücken, ist eine der bedeutendsten parasitären Infektionskrankheiten weltweit [s329]. Um sich vor Mückenstichen zu schützen, empfiehlt sich das Tragen von langärmeliger, heller Kleidung sowie die Verwendung von Insektenschutzmitteln. In Risikogebieten sind zusätzlich Moskitonetze über dem Bett unerlässlich.

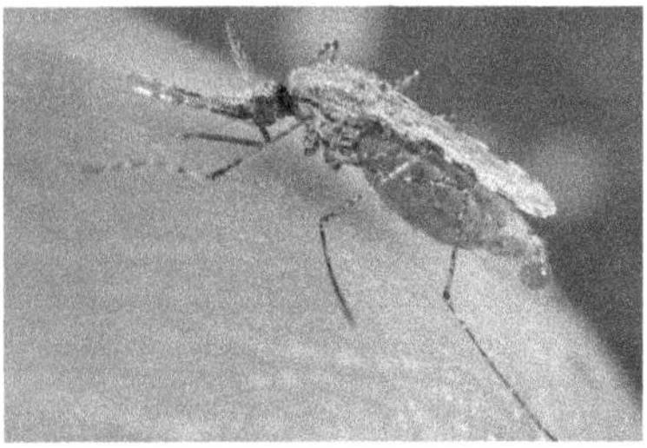

Anopheles [i76]

Ein weiteres schwerwiegendes Gesundheitsproblem stellt die Chagas-Krankheit dar, die durch Raubwanzen (Triatominen) übertragen wird. Etwa 12 Millionen Menschen in Amerika sind davon betroffen [s331]. Die Bekämpfung erfolgt hauptsächlich durch Insektizidbehandlungen in betroffenen Häusern. Moderne molekulare Methoden helfen dabei, die Vektorkontrolle zu optimieren. In Mexiko gestaltet sich die Überwachung aufgrund mangelnder Daten besonders herausfordernd [s332].

Triatominen [i77]

Flöhe sind ebenfalls bedeutende Krankheitsüberträger. Der Hausfloh, der orientalische Rattenfloh und der Katzenfloh können verschiedene Krankheitserreger übertragen [s333]. Historisch bedeutsam ist die Rolle des Rattenflohs bei der Übertragung der Pest. Auch heute noch ist der murine Typhus, eine durch Flöhe übertragene bakterielle Erkrankung, in manchen Regionen relevant.

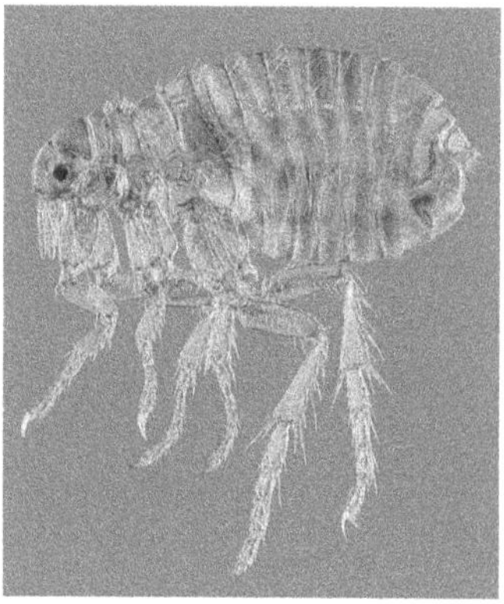

Hausfloh [i78]

Die Lyme-Borreliose, übertragen durch Zecken, ist besonders in gemäßigten Klimazonen verbreitet [s334]. Zum Schutz vor Zeckenbissen sollten geschlossene Schuhe und lange Kleidung getragen sowie Zeckensprays verwendet werden. Nach Aufenthalten im Freien ist eine gründliche Körperkontrolle wichtig. Die Verbreitung vektorübertragener Krankheiten wird durch verschiedene Faktoren beeinflusst, darunter demografische Entwicklungen,

Zecken [i79]

Umweltbedingungen und soziale Faktoren [s329]. Der Klimawandel könnte zur weiteren Ausbreitung dieser Krankheiten beitragen. Zur Bekämpfung dieser Krankheiten ist die genaue Identifikation der Überträger entscheidend [s335]. Moderne Technologien wie maschinelles Lernen erreichen dabei Genauigkeiten von über 95% bei der Artbestimmung und können die aufwendige manuelle Identifikation unterstützen. Besonders bei der Chagas-Krankheit ist eine frühzeitige Erkennung und Behandlung wichtig. Die Krankheit ist in der akuten Phase heilbar, während bei chronischen Infektionen nur noch eine Verlangsamung des Krankheitsverlaufs möglich ist [s336]. Präventionsstrategien umfassen neben der Vektorkontrolle auch Blutuntersuchungen vor Transfusionen sowie Aufklärungskampagnen. Die japanische Enzephalitis wird durch verschiedene Stechmückenarten der Gattung Culex übertragen [s337]. Genetische Untersuchungen haben gezeigt, dass einzelne Arten unterschiedliche Genpools aufweisen, was für die Entwicklung gezielter Bekämpfungsstrategien wichtig ist.

Glossar

Enzephalitis
Entzündung des Gehirns, die zu schweren neurologischen Symptomen führen kann und häufig durch Viren verursacht wird

Triatomine
Nachtaktive Raubwanzen, die sich von Blut ernähren und auch als 'Kissing Bugs' bekannt sind, da sie Menschen oft im Gesicht stechen

Vektor
Lebewesen, die als biologische Überträger von Krankheitserregern zwischen verschiedenen Wirten fungieren, ohne selbst zu erkranken

5. 2. 2. Hygieneschädlinge

Hygieneschädlinge stellen nicht nur durch die direkte Übertragung von Krankheitserregern eine Gefahr dar, sondern beeinträchtigen auch auf vielfältige andere Weise die menschliche Gesundheit. Besonders in Innenräumen können diese unerwünschten Mitbewohner zu erheblichen gesundheitlichen Problemen führen [s338].

Schaben gehören zu den problematischsten Hygieneschädlingen. Sie können nicht nur Lebensmittel kontaminieren, sondern ihre Ausscheidungen und Häutungsreste sind auch starke Allergieauslöser. Bei Menschen mit entsprechender Veranlagung können sie Asthmaanfälle und andere allergische Reaktionen hervorrufen [s339]. Um dies zu verhindern, ist eine konsequente Bekämpfung notwendig. Dabei sollte besonderes Augenmerk auf die Abdichtung von Ritzen und Spalten sowie die Beseitigung von Feuchtigkeitsquellen gelegt werden. Ein weiteres bedeutendes Problem stellen verschiedene Arten von Läusen dar. Körper-, Kopf- und Krabbenläuse verursachen nicht nur unangenehme Hautreizungen und Ausschläge, sondern können auch zu sekundären Infektionen führen [s339]. Bei einem Befall ist schnelles Handeln erforderlich. Die Behandlung sollte dabei immer das gesamte Umfeld einbeziehen, also auch Bettwäsche, Kleidung und andere möglicherweise kontaminierte Gegenstände.

Schaben [i80]

Bettwanzen haben in den letzten Jahren wieder stark zugenommen. Ihre Bisse können heftige allergische Reaktionen auslösen [s339]. Besonders problematisch ist, dass sie sich tagsüber in kleinsten Ritzen verstecken und nachts aktiv werden. Eine professionelle Bekämpfung ist hier meist unumgänglich, da die Tiere sehr widerstandsfähig sind und sich schnell vermehren können.

Bettwanzen [i81]

Flöhe stellen eine weitere bedeutende Gruppe der Hygieneschädlinge dar. Neben ihrer Rolle als Krankheitsüberträger können sie auch als Zwischenwirte für Bandwürmer fungieren [s340]. Ihre Bisse verursachen oft allergische Reaktionen und können zu erheblichen dermatologischen Problemen führen. Die weltweite Verbreitung wird dabei durch den zunehmenden Transport von Haus- und Nutztieren begünstigt [s340]. Ein oft unterschätzter Aspekt ist die psychische Belastung, die ein Befall mit Hygieneschädlingen verursachen kann. Betroffene leiden häufig unter Schlafstörungen, Angstzuständen und können sogar paranoide Verhaltensweisen entwickeln [s341]. Diese psychischen Auswirkungen können den Alltag erheblich beeinträchtigen und sollten bei der Behandlung berücksichtigt werden. Im institutionellen Bereich, wie beispielsweise in Krankenhäusern oder militärischen Einrichtungen, kommt der Kontrolle von Hygieneschädlingen besondere Bedeutung zu. Hier werden häufig registrierte antimikrobielle Pestizide eingesetzt, um die Ausbreitung von Krankheiten zu verhindern [s338]. Militärische Programme zur medizinischen Entomologie sind dabei besonders wichtig, um negative Auswirkungen auf Operationen zu vermeiden [s342]. Die Prävention spielt eine zentrale Rolle bei der Bekämpfung von Hygieneschädlingen. Regelmäßige Inspektionen, gute Hygiene und die umgehende Beseitigung von Befallsherden sind dabei essentiell. Besonders in Gemeinschaftseinrichtungen sollten standardisierte Überwachungs- und Präventionsprotokolle etabliert werden [s342]. Bei der Bekämpfung ist ein integrierter Ansatz wichtig, der sowohl chemische als auch nicht-chemische Methoden kombiniert. Dabei sollten immer auch mögliche Übertragungswege wie Schwangerschaft, Geburt oder Kontakt mit kontaminierten Materialien berücksichtigt werden [s343]. Eine erfolgreiche Kontrolle erfordert oft die Zusammenarbeit verschiedener Fachleute, von Schädlingsbekämpfern über Mediziner bis hin zu Hygienefachkräften.

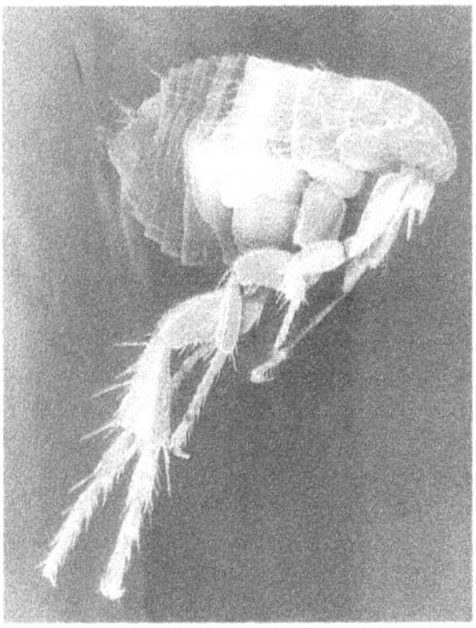

Flöhe [i82]

Glossar

Antimikrobiell
Eigenschaft von Substanzen, die das Wachstum von Mikroorganismen hemmen oder diese abtöten. Wird in verschiedenen Bereichen der Medizin und Hygiene eingesetzt.

Dermatologisch
Die Haut und ihre Erkrankungen betreffend. Bezieht sich auf den medizinischen Fachbereich, der sich mit der Diagnose und Behandlung von Hautkrankheiten beschäftigt.

Hygieneschädling
Tiere, die durch ihre Anwesenheit oder Aktivität die Gesundheit und Hygiene des Menschen gefährden können. Dazu gehören neben Insekten auch andere Gliederfüßer wie Milben oder Spinnen.

5. 2. 3. Allergene

Insekten können nicht nur als direkte Krankheitsüberträger gefährlich werden, sondern auch durch ihre allergieauslösenden Eigenschaften. Etwa 20% der Bevölkerung leiden an irgendeiner Form von Allergie, wobei diese Zahl tendenziell steigt [s344]. Besonders Insektenstiche stellen dabei eine ernst zu nehmende Gefahr dar, da sie für mehr als 10% aller anaphylaktischen Reaktionen verantwortlich sind [s345]. Die Symptome allergischer Reaktionen können sehr vielfältig sein und von mild bis lebensbedrohlich reichen. Sie umfassen unter anderem Bauchschmerzen, Asthma, Hautausschläge (atopische Dermatitis), Bindehautentzündungen, Durchfall und Erbrechen [s344]. Die schwerste Form einer allergischen Reaktion ist die Anaphylaxie, die innerhalb von Minuten oder Stunden nach dem Kontakt mit dem Allergen auftreten kann und sofortige medizinische Behandlung erfordert [s346]. Für Menschen mit bekannten Insektenallergien ist es besonders wichtig, vorbereitet zu sein. Sie sollten stets einen Allergiepass bei sich tragen und Notfallmedikamente wie einen Adrenalin-Autoinjektor griffbereit haben [s346]. Bei Aktivitäten im Freien empfiehlt es sich, lange, helle Kleidung zu tragen und stark parfümierte Kosmetika zu vermeiden, da diese Insekten anlocken können. Die Diagnose einer Insektenallergie erfolgt durch verschiedene Methoden. Der Hauttest gilt dabei als effektivste Methode, wobei zu beachten ist, dass sowohl falsch positive als auch falsch negative Ergebnisse auftreten können [s345]. Ergänzend werden oft spezifische IgE-Tests durchgeführt, die über 450 verschiedene Allergene nachweisen können [s344]. Die Interpretation dieser Testergebnisse muss jedoch immer im Zusammenhang mit der klinischen Vorgeschichte erfolgen, da positive Testergebnisse nicht zwangsläufig mit dem Auftreten von Symptomen korrelieren [s344]. Eine besonders wichtige Behandlungsoption für Menschen mit schweren Insektenallergien ist die Insektenimmuntherapie (Hyposensibilisierung). Diese hat sich als äußerst effektiv erwiesen und kann das Risiko einer Anaphylaxie bei erneutem Stich von 40-60% auf weniger als 5% senken [s345]. Die Therapie sollte besonders bei Personen in Erwägung gezogen werden, die beruflich oder in ihrer Freizeit häufig mit Insekten in Kontakt kommen. Besondere Aufmerksamkeit sollte Personen mit Mastzellerkrankungen gewidmet werden, da diese ein erhöhtes Risiko für schwere anaphylaktische Reaktionen nach Insektenstichen aufweisen [s345]. Bei diesen Patienten ist eine besonders sorgfältige allergologische Abklärung und gegebenenfalls eine präventive Therapie erforderlich. Die systematische Untersuchung von Allergien ist nicht nur für die individuelle Behandlung wichtig, sondern auch für die Entwicklung evidenzbasierter Behandlungsstrategien und die Gewährleistung der Patientensicherheit [s344]. Eine umfassende Anamnese bildet dabei die Grundlage für alle weiteren diagnostischen Schritte. Für Allergiker ist es essentiell, ein Bewusstsein für potenzielle Gefahrensituationen zu entwickeln und entsprechende Vorsichtsmaßnahmen zu treffen. Dies kann bedeuten, bestimmte Orte oder Aktivitäten zu meiden, die ein erhöhtes Risiko für Insektenkontakte bergen. Auch das Informieren von Angehörigen, Freunden und Kollegen über die Allergie und die notwendigen Notfallmaßnahmen ist wichtig.

Glossar

Anaphylaxie

Eine plötzliche, schwere allergische Reaktion des Immunsystems, die mehrere Organsysteme betrifft und unbehandelt lebensbedrohlich sein kann. Der Begriff stammt aus dem Griechischen und bedeutet 'ohne Schutz'.

Hyposensibilisierung

Ein medizinisches Verfahren zur schrittweisen Gewöhnung des Immunsystems an bestimmte Allergene durch regelmäßige, dosierte Gaben des allergieauslösenden Stoffes über einen längeren Zeitraum.

IgE

Immunglobulin E ist ein Antikörper des Immunsystems, der hauptsächlich bei allergischen Reaktionen und Parasitenabwehr eine Rolle spielt. Es wurde erst 1966 als letzter der fünf Antikörperklassen entdeckt.

Mastzelle

Spezielle Immunzellen im Gewebe, die bei Aktivierung Botenstoffe wie Histamin freisetzen. Der Name stammt von ihrer körnigen Struktur, die sie 'gemästet' erscheinen lässt.

5. 2. 4. Forensische Entomologie

Die forensische Entomologie nutzt das Wissen über Insekten und ihre Entwicklung, um wichtige Fragen in kriminalistischen Ermittlungen zu beantworten [s347]. Besonders bei der Bestimmung des Todeszeitpunkts spielt sie eine zentrale Rolle, da Insekten einen Leichnam in einem sehr vorhersehbaren Muster besiedeln [s348]. Nach 72 Stunden, wenn andere forensische Methoden an Genauigkeit verlieren, wird die entomologische Analyse besonders wertvoll [s347]. Forensische Entomologen verwenden zwei Hauptmethoden zur Bestimmung der vergangenen Zeit seit dem Tod: Die Analyse der Insektensukzession und die Altersbestimmung von Maden [s347]. Die Goldfliegenmade Lucilia sericata ist dabei von besonderer Bedeutung. Durch die Bestimmung ihres Entwicklungsstadiums lässt sich das postmortale Intervall (PMI) präzise einschätzen [s349]. Allerdings müssen dabei verschiedene Einflussfaktoren wie Temperatur berücksichtigt werden, da diese die Entwicklungsgeschwindigkeit der Maden stark beeinflussen [s347]. Ein faszinierender Aspekt der forensischen Entomologie ist ihre Fähigkeit, über den Todeszeitpunkt hinaus wichtige Erkenntnisse zu liefern. So können Insektenbeweise Aufschluss darüber geben, ob ein Leichnam nach dem Tod verlegt oder manipuliert wurde [s347]. In einem konkreten Fall konnte beispielsweise durch die Analyse der vorhandenen Insektenarten nachgewiesen werden, dass ein Körper zunächst in einem Waldgebiet lag und später an einen anderen Ort gebracht wurde. Die moderne forensische Entomologie profitiert erheblich von DNA-Techniken, die eine schnelle und zuverlässige Identifizierung der nekrophagen Insekten ermöglichen [s350]. Ein besonders innovativer Anwendungsbereich ist die toxikologische Untersuchung von Madengewebe. Da die Larven Drogen und Giftstoffe aus dem Leichengewebe aufnehmen und anreichern, können sie wichtige Hinweise auf Substanzen liefern, die das Opfer zu Lebzeiten konsumiert hat [s350]. Die sorgfältige Beweissicherung am Tatort ist für die forensische Entomologie von entscheidender Bedeutung [s347]. Dabei müssen nicht nur die Insekten selbst, sondern auch Umgebungsfaktoren wie Temperatur und Feuchtigkeit dokumentiert werden. Ein praktisches Beispiel: Bei einem Mordfall in einem Waldgebiet wurden systematisch Bodenproben um den Leichenfundort entnommen, um auch vergrabene Puparien zu finden, die Aufschluss über die frühesten Besiedler geben konnten. Die forensische Entomologie hat sich auch bei der Aufklärung von Unschuldsfällen bewährt

[s351]. In einem dokumentierten Fall konnte ein zu Unrecht beschuldigtes Paar entlastet werden, weil die Analyse der Insektenbesiedlung bewies, dass der Todeszeitpunkt nicht mit den Verdachtsmomenten übereinstimmte. Über die Untersuchung von Todesfällen hinaus findet die forensische Entomologie auch Anwendung bei der Aufklärung von Vernachlässigungsfällen bei lebenden Personen [s350]. Die Analyse von Insektenbefall bei Verletzungen oder in der Umgebung von pflegebedürftigen Menschen kann wichtige Hinweise auf mangelnde Fürsorge oder Misshandlung geben. Die Präzision der forensischen Entomologie ermöglicht es, postmortale Intervalle vom ersten Tag bis zu mehreren Wochen nach dem Tod zu bestimmen [s350]. Diese Zeitspanne macht sie zu einem unverzichtbaren Werkzeug in der modernen Kriminalistik, besonders wenn andere forensische Methoden an ihre Grenzen stoßen.

Glossar

forensische Entomologie
Wissenschaftszweig, der Insekten als Beweismittel in rechtlichen Fragen untersucht. Umfasst neben der Todeszeitbestimmung auch die Untersuchung von Drogentransporten, Lebensmittelhygiene und Wildereifällen.

nekrophag
Bezeichnet Lebewesen, die sich von toter organischer Substanz ernähren. Diese Ernährungsweise ist besonders bei bestimmten Insektenarten und deren Larven zu finden.

postmortales Intervall
Zeitspanne zwischen dem Eintritt des Todes und dem Auffinden einer Leiche. Die genaue Bestimmung ist für rechtliche und wissenschaftliche Zwecke von großer Bedeutung.

Puparium
Verhärtete letzte Larvenhaut bestimmter Insekten, die als schützende Hülle während der Verpuppung dient. Kann wichtige forensische Hinweise liefern.

Zusammenfassung - 5. 2. Medizinische Bedeutung

- Stechmücke Aedes aegypti überträgt gleichzeitig Dengue, Gelbfieber, Chikungunya und Zika
- Etwa 12 Millionen Menschen in Amerika sind von der durch Raubwanzen übertragenen Chagas-Krankheit betroffen
- Maschinelles Lernen erreicht über 95% Genauigkeit bei der Artbestimmung von Krankheitsüberträgern
- Schaben-Ausscheidungen und Häutungsreste sind starke Allergieauslöser und können Asthmaanfälle verursachen
- Flöhe fungieren als Zwischenwirte für Bandwürmer
- Insektenstiche sind für mehr als 10% aller anaphylaktischen Reaktionen verantwortlich
- Insektenimmuntherapie senkt das Anaphylaxie-Risiko bei erneutem Stich von 40-60% auf unter 5%
- Menschen mit Mastzellerkrankungen haben ein erhöhtes Risiko für schwere anaphylaktische Reaktionen nach Insektenstichen
- Nach 72 Stunden werden entomologische Analysen präziser als andere forensische Methoden zur Todeszeitbestimmung
- Madengewebe kann für toxikologische Untersuchungen genutzt werden, da Larven Drogen und Giftstoffe aus Leichengewebe anreichern

5. 3. Biotechnologie

Die Biotechnologie eröffnet faszinierende Möglichkeiten, das Potenzial von Insekten für verschiedene Anwendungsbereiche zu erschließen. Von der Entwicklung neuer Proteine über nachhaltige Materialien bis hin zu pharmazeutischen Wirkstoffen - die Vielfalt der Einsatzmöglichkeiten scheint nahezu grenzenlos. Doch welche konkreten Chancen bietet die Insektenbiotechnologie für die Lösung aktueller gesellschaftlicher Herausforderungen? Wie können Insektenproteine zur Entwicklung umweltfreundlicher Materialien beitragen? Und welche Rolle spielen gentechnische Methoden bei der Nutzung dieser natürlichen Ressourcen? Die systematische Erforschung und Nutzung von Insekten mittels biotechnologischer Methoden hat in den letzten Jahren bedeutende Fortschritte gemacht. Während einige Anwendungen bereits erfolgreich in der Praxis etabliert sind, stehen andere noch am Anfang ihrer Entwicklung. Die enge Verbindung von Grundlagenforschung und angewandter Wissenschaft ermöglicht dabei immer neue Erkenntnisse über das biotechnologische Potential dieser vielseitigen Organismen.

„Die Massenspektrometrie ermöglicht eine schnelle und kostengünstige Identifikation von Insekten, was durch die erfolgreiche automatisierte Bestimmung von 101 aus 108 untersuchten Insektenexemplaren belegt wurde."

5. 3. 1. Insektenproteine

Insektenproteine spielen eine fundamentale Rolle in verschiedenen biologischen Prozessen und gewinnen zunehmend an Bedeutung in der biotechnologischen Forschung und Anwendung. Die Vielfalt und Komplexität dieser Proteine eröffnet faszinierende Möglichkeiten für wissenschaftliche und praktische Nutzungen.

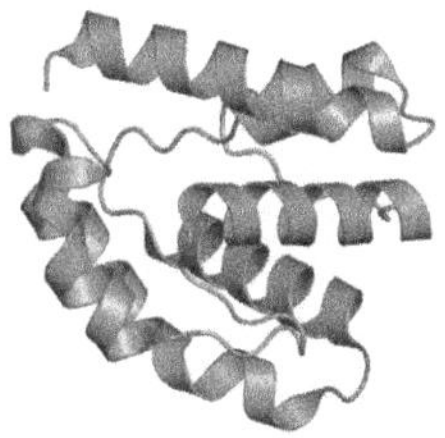

Geruchstransportproteine [i83]

Besonders interessant sind die Geruchstransportproteine (OBPs) und chemosensorischen Proteine (CSPs), die essentiell für die chemische Kommunikation zwischen Insekten sind [s352]. Diese Proteine ermöglichen es den Insekten, ihre Umgebung wahrzunehmen und auf chemische Reize zu reagieren. Durch moderne Analysemethoden konnten Wissenschaftler eine große Anzahl neuer OBPs und CSPs identifizieren, was unser Verständnis dieser komplexen Moleküle erheblich erweitert hat. Die Identifikation von Insektenproteinen hat sich durch moderne Technologien stark weiterentwickelt. Die Massenspektrometrie hat sich dabei als besonders effiziente Methode erwiesen [s353]. Mit Hilfe von Proteinprofilierung können Insekten schnell und kostengünstig identifiziert werden. Ein praktisches Beispiel hierfür ist die erfolgreiche automatisierte Identifikation von 101 aus 108 untersuchten Insektenexemplaren, was die hohe Zuverlässigkeit dieser Methode unterstreicht. Ein weiterer wichtiger Aspekt ist die DNA-Barcodierung, insbesondere durch das mitochondriale Gen Cytochrom c Oxidase I (COI) [s354]. Diese Methode hat sich als äußerst effektiv für die Artbestimmung erwiesen. In einer umfangreichen Studie mit 139 Wanzenarten wurde gezeigt, dass fast jede Art eine einzigartige COI-Barcodesequenz besitzt. Dies ermöglicht nicht nur die präzise Identifikation bekannter Arten, sondern auch die Entdeckung neuer, bisher unbekannter Spezies. Die biotechnologische Nutzung von Insektenproteinen eröffnet vielversprechende Perspektiven für verschiedene Anwendungsbereiche [s355]. In der Landwirtschaft können sie zur nachhaltigen Schädlingsbekämpfung eingesetzt werden. Ein praktisches Beispiel ist die Entwicklung spezifischer Proteinbiomarker, die zur gezielten Kontrolle von Schadinsekten verwendet werden können, ohne nützliche Insekten zu beeinträchtigen. Die evolutionären Beziehungen zwischen verschiedenen Insektenproteinen liefern wichtige Erkenntnisse über ihre Entwicklung und Funktion [s352]. Die Analyse der Cysteinmuster in OBPs und CSPs hat gezeigt, dass verschiedene Insektenordnungen unterschiedliche Motif-Muster aufweisen. Diese Erkenntnis ist besonders wertvoll für die Entwicklung artspezifischer Kontrollstrategien in der Landwirtschaft. Für die praktische Anwendung bedeutet dies, dass Wissenschaftler und Biotechnologen nun gezielter nach bestimmten Proteinfunktionen suchen können. Ein konkretes Beispiel ist die Entwicklung von Insektiziden, die auf spezifische Proteinstrukturen ausgerichtet sind. Dies ermöglicht eine umweltfreundlichere Schädlingsbekämpfung mit minimalen Auswirkungen auf Nicht-Zielorganismen. Die computergestützte Analyse von Insektenproteinen hat sich als äußerst wertvoll erwiesen [s352]. Eine entwickelte Pipeline zur Untersuchung von 752.841 Insekten-ESTs aus 54 Arten hat zur Identifizierung zahlreicher neuer OBPs und CSPs geführt. Die experimentelle Validierung durch RT-PCR bestätigte die Zuverlässigkeit dieser Methode, was sie zu einem wertvollen Werkzeug für die weitere Forschung macht. Die Erforschung von Insektenproteinen trägt auch zur Lösung globaler Herausforderungen bei [s355]. In der Lebensmittelproduktion können Insektenproteine als nachhaltige Proteinquelle dienen, in der Medizin können sie zur Entwicklung neuer Therapeutika beitragen, und in der Umwelttechnologie können sie für die Bioremediation eingesetzt werden.

Cytochrom c Oxidase I
Ein Enzym in den Mitochondrien, das als genetischer Marker verwendet wird. Es ist evolutionär sehr stabil und eignet sich daher besonders gut zur Artbestimmung.

Chemosensorische Proteine
Kleine, lösliche Proteine in der Lymphflüssigkeit von Insekten, die bei der Erkennung von Geschmacks- und Geruchsstoffen helfen.

Expressed Sequence Tags
Kurze DNA-Sequenzen, die aus aktiv genutzten Genen stammen und zur Identifizierung von Genen und deren Funktionen verwendet werden.

Geruchstransportproteine
Spezielle Proteine, die Duftstoffe im Insektenkörper transportieren und an Rezeptoren weiterleiten. Sie sind besonders in den Antennen konzentriert.

Reverse Transkriptase-Polymerase-Kettenreaktion
Eine Labormethode zur Vervielfältigung und Messung von RNA-Molekülen, die bei der Genexpressionsanalyse eingesetzt wird.

5. 3. 2. Biokunststoffe

Biokunststoffe gewinnen als nachhaltige Alternative zu konventionellen Kunststoffen zunehmend an Bedeutung, insbesondere im Kontext der Insektenbiotechnologie. Ein besonders vielversprechender Ansatz ist die Nutzung von Chitin, dem zweithäufigsten natürlichen Polymer der Erde [s356], das in großen Mengen in Insektenexoskeletten vorkommt [s357]. Innovative Forschungsarbeiten zeigen, wie Chitin aus Insektenüberresten, beispielsweise von Fliegen, gewonnen und zu hochwertigen Biokunststoffen verarbeitet werden kann [s358]. Durch die Umwandlung von Chitin in Chitosan entstehen dabei bemerkenswerte Materialien wie superabsorbierende Hydrogele, die das 47-fache ihres Eigengewichts an Wasser innerhalb einer Minute aufnehmen können [s358]. Diese Eigenschaft macht sie besonders interessant für Anwendungen in der Landwirtschaft, etwa als Wasserspeichermedium in trockenen Regionen. Die Herstellung von Biokunststoffen aus Insektenmaterial folgt dem Prinzip der Kreislaufwirtschaft. Die Produkte werden so konzipiert, dass sie nach ihrer Nutzung biologisch abbaubar sind [s359]. Dies unterscheidet sie fundamental von konventionellen Kunststoffen, die oft jahrhundertelang in der Umwelt verbleiben. Ein praktisches Beispiel ist die Entwicklung von essbaren Verpackungsfilmen aus Chitosan, die sich nach Gebrauch rückstandslos zersetzen [s357]. Die Biodegradation dieser Materialien erfolgt durch Mikroorganismen wie Bakterien und Pilze, die die Polymere in umweltverträgliche Endprodukte wie Wasser, Kohlendioxid und Methan umwandeln [s360]. Die Geschwindigkeit des Abbaus kann dabei durch verschiedene Faktoren wie Molekulargewicht und Materialmorphologie gesteuert werden, was eine gezielte Anpassung an verschiedene Anwendungszwecke ermöglicht. Ein besonderer Vorteil der chitinbasierten Biokunststoffe liegt in ihrer Vielseitigkeit. Forscher arbeiten daran, Chitin in Glucosamin-Monomere zu zerlegen, um daraus verschiedene Biokunststoffe wie Polycarbonate und Polyurethane herzustellen [s358]. Diese könnten künftig petrochemische Kunststoffe in vielen Anwendungen ersetzen und so zur Reduktion der Abhängigkeit von fossilen Rohstoffen beitragen [s361]. Die Eigenschaften dieser Biomaterialien lassen sich durch die Kombination mit natürlichen Fasern weiter optimieren [s360]. So entstehen beispielsweise faserverstärkte Verbundwerkstoffe mit verbesserten mechanischen Eigenschaften, die in der Verpackungsindustrie oder im Bausektor eingesetzt werden können. Ein wichtiger Aspekt bei der Entwicklung von Biokunststoffen ist die Nachhaltigkeit der Rohstoffgewinnung. Während traditionelle Chitosanquellen wie Schalentiere limitiert sind, bieten Insekten und Pilze eine nachhaltigere Alternative [s362]. Die biotechnologische Produktion durch Mikroorganismen könnte dabei helfen, den steigenden Bedarf zu decken. Für die praktische Anwendung bedeutet dies, dass Unternehmen und Verbraucher zunehmend Zugang zu umweltfreundlichen Verpackungslösungen erhalten. Die industrielle Kompostierung dieser Materialien hat sich als besonders effizient erwiesen [s361], was die Integration in bestehende Abfallverwertungssysteme erleichtert. Die Entwicklung von Biokunststoffen aus Insektenmaterial demonstriert eindrucksvoll, wie biotechnologische Innovation zur Lösung drängender Umweltprobleme beitragen kann. Durch die Kombination von Nachhaltigkeit, Funktionalität und biologischer Abbaubarkeit eröffnen sich neue Perspektiven für eine ressourcenschonende Kreislaufwirtschaft.

Glossar

Biodegradation
Natürlicher Zersetzungsprozess organischer Materialien durch lebende Organismen, der ohne schädliche Rückstände abläuft

Chitin
Ein natürliches Polysaccharid, das die Hauptkomponente des Außenskeletts von Insekten bildet und chemisch mit Zellulose verwandt ist

Chitosan
Ein durch chemische Behandlung aus Chitin gewonnenes Biopolymer, das sich durch seine antibakteriellen und wundheilungsfördernden Eigenschaften auszeichnet

Hydrogel
Dreidimensionale Netzwerke aus wasserliebenden Polymeren, die medizinisch auch als Wundauflagen und in der Kosmetik verwendet werden

Polymer
Großes Molekül aus vielen gleichartigen Einzelbausteinen, das die Grundlage für natürliche und künstliche Kunststoffe bildet

5. 3. 3. Pharmazeutische Wirkstoffe

Die Entwicklung pharmazeutischer Wirkstoffe aus Insekten erfordert umfangreiche Sicherheitsbewertungen und durchläuft mehrere Entwicklungsphasen, bevor sie für den Menschen eingesetzt werden können. Die präklinische Phase ist dabei von entscheidender Bedeutung für die Gewährleistung der Sicherheit und Wirksamkeit [s363]. Ein wesentlicher Aspekt der Entwicklung ist die sorgfältige Auswahl geeigneter Testorganismen. Dabei werden in der Regel mindestens zwei verschiedene Tierarten verwendet, bei denen der zu testende Wirkstoff pharmakologisch aktiv ist [s363]. Dies ermöglicht eine bessere Übertragbarkeit der Ergebnisse auf den Menschen. Beispielsweise könnte ein aus Insekten gewonnener entzündungshemmender Wirkstoff zunächst an Mäusen und Ratten getestet werden, bevor er in die klinische Phase übergeht. Die Sicherheitsbewertung erfolgt sowohl durch In-vitro- als auch durch In-vivo-Studien. In Zellkulturen werden zunächst grundlegende Eigenschaften wie Zytotoxizität und Wirkungsmechanismen untersucht. Anschließend folgen Tierversuche zur Bestimmung der Pharmakokinetik und möglicher Nebenwirkungen [s363]. Ein praktisches Beispiel ist die Entwicklung von antimikrobiellen Peptiden aus Insekten: Zunächst wird ihre Wirkung auf Bakterienkulturen getestet, bevor ihre Verträglichkeit in lebenden Organismen untersucht wird. Besondere Aufmerksamkeit gilt der Identifizierung einer sicheren Anfangsdosis und der Entwicklung geeigneter Dosissteigerungsschemata [s363]. Dies ist besonders wichtig bei biotechnologisch hergestellten Wirkstoffen aus Insekten, da diese komplexe Molekülstrukturen aufweisen können. Wissenschaftler ermitteln dabei systematisch die therapeutische Breite und dokumentieren mögliche Dosisabhängige Nebenwirkungen. Ein weiterer kritischer Aspekt ist die Untersuchung der Immunogenität der Wirkstoffe [s363]. Da Insektenproteine vom menschlichen Immunsystem als fremd erkannt werden können, muss ihre potenzielle Allergenität sorgfältig evaluiert werden. Dies geschieht durch wiederholte Dosisstudien, bei denen die Immunantwort genau überwacht wird. Praktische Konsequenz ist beispielsweise die Entwicklung spezieller Formulierungen, die die Immunogenität reduzieren. Die Identifizierung potenzieller Zielorgane für Toxizität und die Untersuchung der Reversibilität möglicher Schädigungen sind weitere zentrale Aspekte der Sicherheitsbewertung [s363]. Wissenschaftler führen dazu Langzeitstudien durch, bei denen Organfunktionen regelmäßig überprüft werden. Dies ermöglicht die Entwicklung gezielter Überwachungsstrategien für die spätere klinische Anwendung. Die gewonnenen Erkenntnisse fließen in die Entwicklung von Sicherheitsparametern für das klinische Monitoring ein [s363]. Diese umfassen beispielsweise regelmäßige Blutuntersuchungen, Organfunktionstests oder immunologische Marker. Ein konkretes Beispiel ist die Entwicklung spezifischer Biomarker, die eine frühzeitige Erkennung unerwünschter Wirkungen ermöglichen. Die Integration all dieser Aspekte ermöglicht die Entwicklung sicherer und wirksamer Arzneimittel aus Insektenproteinen. Der systematische Ansatz der präklinischen Sicherheitsbewertung stellt sicher, dass nur vielversprechende Kandidaten in die klinische Phase überführt werden. Dies reduziert nicht nur Risiken für Studienteilnehmer, sondern optimiert auch den Entwicklungsprozess hinsichtlich Zeit und Kosten.

Immunogenität
Die Fähigkeit einer Substanz, eine Immunantwort im Körper auszulösen, was bei Medikamenten oft unerwünscht ist

In-vitro
Experimente, die in einer kontrollierten Laborumgebung außerhalb eines lebenden Organismus durchgeführt werden, zum Beispiel in Reagenzgläsern oder Petrischalen

In-vivo
Untersuchungen, die im lebenden Organismus durchgeführt werden, um Reaktionen unter natürlichen Bedingungen zu beobachten

Pharmakokinetik
Beschreibt den zeitlichen Verlauf der Konzentration eines Wirkstoffs im Körper, einschließlich Aufnahme, Verteilung, Abbau und Ausscheidung

Zytotoxizität
Die Eigenschaft einer Substanz, Zellen zu schädigen oder abzutöten, was bei der Entwicklung von Medikamenten sorgfältig untersucht werden muss

5. 3. 4. Gentechnische Anwendungen

Die gentechnischen Anwendungen in der Insektenbiotechnologie haben in den letzten Jahrzehnten bemerkenswerte Fortschritte gemacht. Ein Paradebeispiel ist die Entwicklung und Nutzung von Baculoviren, die seit über 75 Jahren erfolgreich in der mikrobiologischen Schädlingsbekämpfung eingesetzt werden [s364]. Die präzise Identifizierung der verwendeten Virusstämme durch vollständige Genom-DNA-Sequenzierung hat dabei zu einer deutlich verbesserten Sicherheit und Effektivität beigetragen.

Eine der bedeutendsten Entwicklungen ist die Bt-Technologie, die es ermöglicht, Nutzpflanzen wie Baumwolle mit einer natürlichen Resistenz gegen Schadinsekten auszustatten [s365]. Durch die gentechnische Integration spezifischer Gene produzieren diese Pflanzen Cry-Proteine, die gezielt schädliche Raupen bekämpfen. Ein besonderer Vorteil dieser Technologie liegt in ihrer Umweltverträglichkeit: Die Cry-Proteine sind in allen Pflanzenteilen vorhanden und reduzieren den Bedarf an chemischen Insektiziden erheblich. Dies ist besonders wertvoll in Regionen, wo Schädlinge bereits Resistenzen gegen herkömmliche Pestizide entwickelt haben. Die Entwicklung gentechnisch veränderter Mikroorganismen (GMMOs) und Organismen (GMOs) erfordert sorgfältige Sicherheitsvorkehrungen und regulatorische Überwachung [s366]. Für den Transport und Import dieser Organismen sind spezielle Genehmigungen erforderlich, was die Bedeutung eines verantwortungsvollen Umgangs mit dieser Technologie unterstreicht. In der Praxis bedeutet dies, dass Forschungseinrichtungen und Unternehmen strenge Sicherheitsprotokolle einhalten müssen. Die Integration der Bt-Technologie in Nutzpflanzen erfolgt in einem mehrstufigen Prozess [s365]. Nach der gentechnischen Modifikation werden traditionelle Züchtungsmethoden angewandt, um wichtige agronomische Eigenschaften zu erhalten. Dies zeigt exemplarisch, wie moderne Biotechnologie und klassische Pflanzenzüchtung synergetisch zusammenwirken können. Landwirte, die Bt-Baumwolle anbauen, berichten von deutlich reduzierten Pestizidkosten und verbesserten

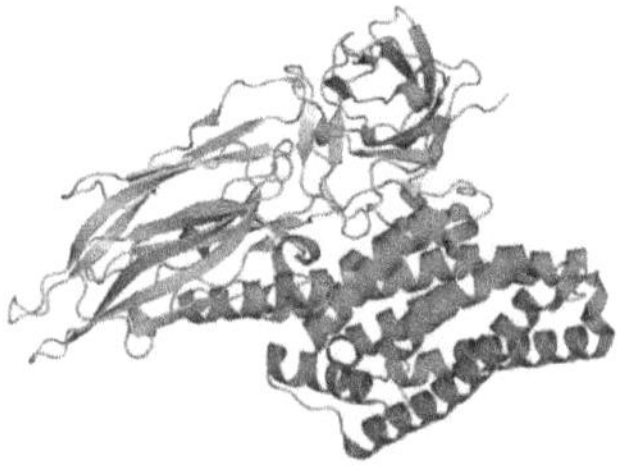

Cry-Proteine [i84]

Ernteerträgen. Die Sicherheitsbewertung gentechnisch veränderter Organismen ist von höchster Priorität. Umfangreiche Studien haben die Unbedenklichkeit von Bt-Proteinen für Menschen und Nicht-Zielorganismen bestätigt [s365]. Diese Erkenntnisse sind besonders wichtig für Landwirte und Verbraucher, die sich um mögliche Gesundheitsrisiken sorgen. Die Entwicklung von Baculovirus-basierten Biopestiziden demonstriert eindrucksvoll das Potenzial biologischer Schädlingsbekämpfung [s364]. Diese Viren sind hochspezifisch für bestimmte Schadinsekten und stellen keine Gefahr für andere Organismen dar. Für die praktische Anwendung bedeutet dies, dass Landwirte diese Mittel gezielt und mit gutem Gewissen einsetzen können. Die moderne Genomsequenzierung spielt eine Schlüsselrolle bei der Charakterisierung und Optimierung gentechnisch veränderter Organismen [s364]. Diese Technologie ermöglicht es Wissenschaftlern, die eingefügten Gene präzise zu lokalisieren und ihre Wirkung zu überwachen. Praktische Anwendungen umfassen die Entwicklung verbesserter Diagnosemethoden und die Optimierung von Produktionsprozessen. Die Zukunft der gentechnischen Anwendungen in der Insektenbiotechnologie verspricht weitere spannende Entwicklungen. Die Kombination verschiedener Technologien, wie beispielsweise die Integration von Baculovirus-Systemen in moderne Genome Editing-Verfahren, könnte zu noch effizienteren und umweltfreundlicheren Lösungen für die Landwirtschaft führen.

Glossar

Baculoviren
Natürlich vorkommende Viren, die ausschließlich Insekten befallen und sich durch eine stäbchenförmige Struktur auszeichnen. Sie werden in der Natur hauptsächlich durch Fraß übertragen.

Bt-Technologie
Basiert auf Genen des Bakteriums Bacillus thuringiensis, die für insektentoxische Proteine codieren. Die Technologie ermöglicht eine gezielte Schädlingsbekämpfung ohne Spritzungen.

Cry-Proteine
Kristalline Proteine, die von Bakterien produziert werden und im Darm bestimmter Insekten ihre toxische Wirkung entfalten. Sie binden an spezifische Rezeptoren der Darmwand.

GMMOs
Gentechnisch modifizierte Mikroorganismen, die durch gezielte Veränderung ihrer DNA neue Eigenschaften erhalten haben. Sie werden unter streng kontrollierten Laborbedingungen hergestellt.

GMOs
Gentechnisch modifizierte Organismen, bei denen das Erbgut durch technische Eingriffe gezielt verändert wurde. Die Veränderungen können von anderen Arten stammen.

Zusammenfassung - 5. 3. Biotechnologie

- Geruchstransportproteine (OBPs) und chemosensorische Proteine (CSPs) sind essentiell für die chemische Kommunikation zwischen Insekten.
- Die Massenspektrometrie ermöglichte die erfolgreiche automatisierte Identifikation von 101 aus 108 untersuchten Insektenexemplaren.
- DNA-Barcodierung durch das COI-Gen zeigte bei 139 Wanzenarten fast durchgehend einzigartige Sequenzen.
- Die Analyse der Cysteinmuster in OBPs und CSPs offenbarte unterschiedliche Motif-Muster zwischen Insektenordnungen.
- Eine entwickelte Pipeline zur Untersuchung von 752.841 Insekten-ESTs aus 54 Arten führte zur Identifizierung zahlreicher neuer OBPs und CSPs.
- Aus Insekten gewonnene Chitosan-Hydrogele können das 47-fache ihres Eigengewichts an Wasser innerhalb einer Minute aufnehmen.
- Chitin wird in Glucosamin-Monomere zerlegt, um daraus Biokunststoffe wie Polycarbonate und Polyurethane herzustellen.
- Die präklinische Sicherheitsbewertung von Insekten-Wirkstoffen erfordert mindestens zwei verschiedene pharmakologisch aktive Tierarten.
- Baculoviren werden seit über 75 Jahren erfolgreich in der mikrobiologischen Schädlingsbekämpfung eingesetzt.
- Die Bt-Technologie ermöglicht durch Integration spezifischer Gene die Produktion von Cry-Proteinen in Nutzpflanzen zur gezielten Schädlingsbekämpfung.

Rückblick - 5. Angewandte Entomologie

- Die integrierte Schädlingsbekämpfung basiert auf vier Hauptsäulen: Aktionsschwellen, Monitoring, Prävention und Kontrollmaßnahmen
- Beim Scouting werden Felder systematisch in Zick-Zack-Mustern inspiziert und Schädlingspopulationen dokumentiert
- Bei Getreideblattläusen liegt die Bekämpfungsschwelle bei 20-30 Läusen pro Ähre
- Bacillus thuringiensis produziert spezifische Giftstoffe gegen bestimmte Insektengruppen
- Die Stechmücke Aedes aegypti überträgt Dengue, Gelbfieber, Chikungunya und Zika
- Etwa 12 Millionen Menschen in Amerika sind von der durch Raubwanzen übertragenen Chagas-Krankheit betroffen
- Nach 72 Stunden wird die entomologische Analyse besonders wertvoll für die Bestimmung des Todeszeitpunkts
- Die Goldfliegenmade Lucilia sericata ermöglicht eine präzise Einschätzung des postmortalen Intervalls
- Geruchstransportproteine (OBPs) und chemosensorische Proteine (CSPs) sind essentiell für die chemische Kommunikation zwischen Insekten
- Chitosan-basierte Hydrogele können das 47-fache ihres Eigengewichts an Wasser innerhalb einer Minute aufnehmen
- Die Bt-Technologie hat den Bedarf an chemischen Insektiziden durch die Integration spezifischer Gene in Nutzpflanzen erheblich reduziert
- Baculoviren werden seit über 75 Jahren erfolgreich in der mikrobiologischen Schädlingsbekämpfung eingesetzt

Kostenlose Zusatzangebote in Planung

Wir freuen uns, Ihnen künftig ergänzende kostenlose Materialien zu diesem Buch anbieten zu können:

- Ein exklusives Bonuskapitel mit zusätzlichen Inhalten
- Eine kompakte Zusammenfassung des gesamten Buches im PDF-Format

Die Veröffentlichung dieser Materialien ist für Januar 2025 geplant.
Besuchen Sie gerne schon heute unsere Website. Sobald unser Newsletter-Service startet (voraussichtlich Januar 2025), können Sie sich dort für Updates registrieren und verpassen keine Neuigkeiten zu den kostenlosen Zusatzangeboten.

SaageBooks.com/de/insekten-bonus-NNG71P

Liebe Leserinnen, liebe Leser,

Ich fühle mich sehr geehrt, dass Sie sich die Zeit genommen haben, mein Buch von Anfang bis Ende zu lesen. Als Autor ist es mein größter Wunsch, Ihnen wertvolle Erkenntnisse und praktische Hilfestellungen mit auf den Weg zu geben. Ihr Vertrauen in meine Arbeit bedeutet mir sehr viel. Ich hoffe, die Lektüre war für Sie bereichernd. Sollten Sie Fragen oder Anregungen haben, können Sie mich gerne über unsere Website kontaktieren.

Wenn Ihnen dieses Buch gefallen hat, würde ich mich sehr über eine ehrliche Rezension freuen. Ihre Meinung ist mir wichtig und hilft anderen Lesern bei ihrer Entscheidung. Sie können Ihre ehrliche Bewertung ganz einfach auf der Verkaufsplattform hinterlassen, über die Sie das Buch erworben haben.
Vielen Dank für Ihre Unterstützung!

Artemis Saage

Saage Media GmbH

Quellen

Mein aufrichtiger Dank gilt allen Autorinnen und Autoren der zitierten wissenschaftlichen und nicht-wissenschaftlichen Quellen, den Betreibern der referenzierten Internetseiten sowie den Urheberinnen und Urhebern der verwendeten Bilder, Grafiken und Studien, deren wertvolle Arbeiten wesentlich zur Entstehung dieses Buches beigetragen haben.
Für weitere Informationen empfehle ich Ihnen, die verlinkten Quellen-Websites zu besuchen.

Alle Quellen wurden zuletzt aufgerufen am: 2025-01-02

[s1] - https://extension.entm.purdue.edu/401Book/default.php?page=insect_anatomy
Titel: Insect Anatomy **von:** Purdue University
Webseite: Purdue Extension Entomology

[s2] - https://www2.gwu.edu/~darwin/BiSc151/Ecdy/Ecdysozoa.html
Titel: Protostome Evolution **von:** George Washington University
Webseite: George Washington University

[s3] - https://viva.pressbooks.pub/introbio2/chapter/11-3-protostomes/
Titel: VCU BIOL 152: Introduction to Biological Sciences II **von:** Pressbooks
Webseite: viva.pressbooks.pub

[s4] - https://extension.entm.purdue.edu/401Book/default.php?page=insect_anatomy
Titel: Insect Anatomy **von:** Purdue University
Webseite: Purdue Extension Entomology

[s5] - https://www.slideshare.net/slideshow/insect-wing-their-modifications-and-wing-coupling-mechanism/243352926
Autor: Mr. Suresh R. Jambagi **Titel:** Insect Wing, Their Modifications and Wing Coupling Mechanism
von: University of Agricultural Sciences **Webseite:** SlideShare

[s6] - https://www.nature.com/articles/s41586-023-06606-3
Autor: Jeff Gau, James Lynch, Brett Aiello, Ethan Wold, Nick Gravish, Simon Sponberg **Titel:** Bridging two insect flight modes in evolution, physiology and robophysics
von: Nature **Erscheinungsdatum:** 04 October 2023
Webseite: nature.com **Publisher:** Nature

[s7] - https://pubmed.ncbi.nlm.nih.gov/21915894/
Autor: Seth Donoughe, James D Crall, Rachel A Merz, Stacey A Combes **Titel:** Resilin in dragonfly and damselfly wings and its i mplications for wing flexibility
Erscheinungsdatum: 2011-09-13 **Webseite:** PubMed
Publisher: Wiley-Liss, Inc.

[s8] - https://www.nature.com/articles/s41598-020-73481-7
Autor: Pyotr N. Petrov, Sergey E. Farisenkov, Alexey A. Polilov **Titel:** Miniaturization re-establishes symmetry in the wing folding patterns of featherwing beetles
Erscheinungsdatum: 2020-10-05 **Webseite:** Nature
Publisher: Scientific Reports

[s9] - https://genent.cals.ncsu.edu/bug-bytes/nervous-system/
Titel: Nervous System **von:** NC State University
Webseite: Genetics and Entomology

[s10] - https://link.springer.com/doi/10.1007/978-3-540-29678-2_2580
Autor: Paul A. Faure, Andrew C. Mason, Jayne E. Yack **Titel:** Invertebrate Ears and Hearing
von: Springer **Erscheinungsdatum:** 01 January 2024
Webseite: Encyclopedia of Neuroscience **Publisher:** Springer, Berlin, Heidelberg

[s11] - https://www.ncbi.nlm.nih.gov/books/NBK55975/
Autor: Menini A **Titel:** The Neurobiology of Olfaction
von: National Library of Medicine, National Institutes of Health **Erscheinungsdatum:** 2010
Webseite: NCBI Bookshelf **Publisher:** CRC PressTaylor Francis

[s12] - https://www.nature.com/articles/s41598-017-02132-1
Autor: Johannes Strau, Kathryn Lomas, Laurence H. Field **Titel:** The complex tibial organ of the New Zealand ground weta: sensory adaptations for vibrational signal detection
von: Nature Publishing Group **Erscheinungsdatum:** 2017-05-17
Webseite: Nature **Publisher:** Scientific Reports

[s13] - https://www.ars.usda.gov/arsuserfiles/5818/23-2019%20-%20Alba-Alejandre%20et%20al%20-%20Anatomical%20study%20of%20the%20coffee%20berry%20borer%20-%20Scientific%20Reports.pdf
Autor: Ignacio Alba-Alejandre, Javier Alba-Tercedor, Fernando E. Vega **Titel:** Anatomical study of the coffee berry borer (Hypothenemus hampei) using micro-computed tomography
von: United States Department of Agriculture, Agricultural Research Service **Erscheinungsdatum:** 2019
Webseite: Scientific Reports **Publisher:** Springer Nature

[s14] - https://www.ndsu.edu/pubweb/~rider/Pentatomoidea/Teaching%20Structure/Lecture%20Notes/Week%2011a%20Digestive%20System.pdf
Titel: Insect Morphology - Digestive System
von: North Dakota State University
Webseite: NDSU

[s15] - https://academic.oup.com/jinsectscience/article/19/4/3/5527870
Autor: Lizhen Dai, Baodong Yang, Jinzhong Wang, Zhiyong Zhang, Rui Yang, Tieqiang Zhang, Zhengguang Ren, Caili Lin
Titel: The Anatomy and Ultrastructure of the Digestive Tract and Salivary Glands of Hishimonus la mellatus (Hemiptera: Cicadellidae)
von: Beijing University of Agriculture, Beijing, China; Chinese Academy of Forestry, Beijing, China
Erscheinungsdatum: 03 July 2019
Webseite: Oxford Academic
Publisher: Entomological Society of America

[s16] - https://www.nature.com/articles/ismej2013134
Autor: Javier A Ceja-Navarro, Nhu H Nguyen, Ulas Karaoz, Stephanie R Gross, Donald J Herman, Gary L Andersen, Thomas D Bruns, Jennifer Pe tt-Ridge, Meredith Blackwell, Eoin L Brodie
Titel: Compartmentalized microbial composition, oxygen gradients and nitrogen fixation in the gut of Odontotaenius disjunctus
von: Nature Publishing Group
Erscheinungsdatum: 29 August 2013
Webseite: Nature
Publisher: The ISME Journal

[s17] - https://animalmicrobiome.biomedcentral.com/articles/10.1186/s42523-023-00261-9
Autor: Maurielle Eke, Kvin Tougeron, Alisa Hamidovic, Leonard S. Ngamo Tinkeu, Thierry Hance, Fra nois Renoz
Titel: Deciphering the functional diversity of the gut mi crobiota of the black soldier fly (Hermetia illuce ns): recent advances and future challenges
von: BMC
Erscheinungsdatum: 31 August 2023
Webseite: Animal Microbiome
Publisher: BMC

[s18] - https://animalmicrobiome.biomedcentral.com/articles/10.1186/s42523-021-00094-4
Autor: Connie A. Rojas, Santiago Ramírez-Barahona, Kay E. Holekamp, Kevin R. Theis
Titel: Host phylogeny and host ecology structure the mammalian gut microbiota at different taxonomic scales
von: BMC (BioMed Central)
Erscheinungsdatum: 2021-04-23
Webseite: Animal Microbiome
Publisher: BMC

[s19] - https://link.springer.com/article/10.1007/s00040-017-0572-9
Autor: R. H. Scheffrahn, T. Bourguignon, C. Bordereau, R. A. Hernandez-Aguilar, V. M. Oelze, P. D ieguez, J. Sobotník, A. Pascual-Garrido
Titel: White-gutted soldiers: simplification of the diges tive tube for a non-particulate diet in higher Old World termites (Isoptera: Termitidae)
von: University of Florida, Okinawa Institute of Science and Technology Graduate University, Un iversit de Bourgogne, University of Oslo, Max Planck Institute for Evolutionary Anthropology, Czech University of Life Sciences, University of Oxford
Erscheinungsdatum: 12 July 2017
Webseite: Springer
Publisher: Insectes Sociaux

[s20] - https://pmc.ncbi.nlm.nih.gov/articles/PMC1941816/
Autor: Alexander Kaiser, C Jaco Klok, John J Socha, Wah-Keat Lee, Michael C Quinlan, Jon F Harris on
Titel: Increase in tracheal investment with beetle size s upports hypothesis of oxygen limitation on insect gigantism
von: National Academy of Sciences of the USA
Erscheinungsdatum: 2007-07-31
Webseite: PMC
Publisher: National Academy of Sciences

[s21] - https://www.giand.it/diptera/morphology/larvae/respiratory_system/
Autor: Giancarlo Dessi
Titel: Morphology and anatomy of larvae: respiratory system
von: Giand
Webseite: giand.it

[s22] - https://home.sandiego.edu/~gmorse/2017SBIOL348/Website/Discussions/Disc_03_Harrisonetal2013.pdf
Autor: Jon F. Harrison, James S. Waters, Arianne J. Cease, John M. VandenBrooks, Viviane Callier, C. Jaco Klok, Kimberly Shaffer, John J. Socha
Titel: How Locusts Breathe
von: American Physiological Society
Erscheinungsdatum: January 9, 2013
Webseite: Physiology Online
Publisher: American Physiological Society

[s23] - https://www.nature.com/articles/s41598-019-54157-3
Autor: Javier Alba-Tercedor, Ignacio Alba-Alejandre, Fernando E. Vega
Titel: Revealing the respiratory system of the coffee ber ry borer (Hypothenemus hampei; Coleoptera: Curculionidae: Scolytinae) using micro-computed tomography
von: Nature Research
Erscheinungsdatum: 28 November 2019
Webseite: Nature
Publisher: Scientific Reports

[s24] - https://journals.biologists.com/jeb/article-pdf/226/10/jeb245712/2864633/jeb245712.pdf
Autor: Jon F. Harrison, Evan K. G. McKenzie, Stav Talal, John J. Socha, Mark W. Westneat, Philip G. D. Matthews
Titel: Air sacs are a key adaptive trait of the insect re spiratory system
Erscheinungsdatum: 2023
Webseite: Journal of Experimental Biology
Publisher: The Company of Biologists Ltd

[s25] - https://pubmed.ncbi.nlm.nih.gov/12543973/
Autor: Mark W Westneat, Oliver Betz, Richard W Blob, Kamel Fezzaa, W James Cooper, Wah-Keat Lee
Titel: Tracheal respiration in insects visualized with sy nchrotron x-ray imaging
von: Field Museum of Natural History
Erscheinungsdatum: 2003-01-24
Webseite: PubMed
Publisher: Science

[s26] - https://pubmed.ncbi.nlm.nih.gov/12361577/
Autor: Wim G M Damen, Theodora Saridaki, Michalis Averof
Titel: Diverse adaptations of an ancestral gill: a common evolutionary origin for wings, breathing organs, and spinnerets
Erscheinungsdatum: 2002-10-01
Webseite: PubMed
Publisher: Current Biology

[s27] - https://www.ndsu.edu/pubweb/~rider/Pentatomoidea/Teaching%20Structure/Lecture%20Notes/Week%2012a%20Respiratory%20System.pdf
Titel: Insect Morphology - Respiratory System
von: North Dakota State University
Webseite: NDSU

[s28] - https://pmc.ncbi.nlm.nih.gov/articles/PMC2884998/
Autor: Deniz F Erezyilmaz, Melody R Rynerson, James W Truman, Lynn M Riddiford
Titel: The role of the pupal determinant broad during embryonic development of a direct-developing insect
von: University of Washington
Erscheinungsdatum: 2010-01-30
Webseite: PMC
Publisher: Dev Genes Evol

[s29] - https://bmcbiol.biomedcentral.com/articles/10.1186/s12915-024-02029-2
Autor: Ya-Nan Lv, Mei Zeng, Zi-Yu Yan, Pei-Yan Zhang, Ning Ban, Dong-Wei Yuan, Sheng Li, Yun-Xia Luan, Yu Bai
Titel: Juvenile hormone signaling is indispensable for late embryogenesis in ametabolous and hemimetabolous insects
von: BMC Biology
Erscheinungsdatum: 11 October 2024
Webseite: BMC Biology

[s30] - https://elifesciences.org/articles/94410
Autor: Xavier Belles
Titel: Development: Investigating the origin of insect metamorphosis
von: eLife Sciences Publications, Ltd
Erscheinungsdatum: 2023-12-21
Webseite: eLife
Publisher: eLife Sciences Publications, Ltd

[s31] - https://pubmed.ncbi.nlm.nih.gov/29020923/
Autor: Guillem Ylla, Maria-Dolors Piulachs, Xavier Belles
Titel: Comparative analysis of miRNA expression during the development of insects of different metamorphosis modes and germ-band types
von: Institute of Evolutionary Biology, CSIC-Universitat Pompeu Fabra
Erscheinungsdatum: 2017-10-11
Webseite: BMC Genomics

[s32] - https://evodevojournal.biomedcentral.com/articles/10.1186/2041-9139-4-20
Autor: Alison K Lee, Christie C Sze, Elaine R Kim, Yuichiro Suzuki
Titel: Developmental coupling of larval and adult stages in a complex life cycle: insights from limb regeneration in the flour beetle, Tribolium castaneum
Erscheinungsdatum: 04 July 2013
Webseite: EvoDevo
Publisher: BioMed Central

[s33] - https://www.ncbi.nlm.nih.gov/pmc/articles/PMC8044252/
Autor: Subba Reddy Palli
Titel: Epigenetic regulation of post-embryonic development
von: University of Kentucky
Erscheinungsdatum: 2021-02
Webseite: NCBI
Publisher: Current Opinion in Insect Science

[s34] - https://www.nature.com/articles/s41598-022-22188-y
Autor: Alexandra M. Ozerova, Mikhail S. Gelfand
Titel: Recapitulation of the embryonic transcriptional program in holometabolous insect pupae
von: Nature Publishing Group
Erscheinungsdatum: 20 October 2022
Webseite: Nature
Publisher: Scientific Reports

[s35] - https://pubmed.ncbi.nlm.nih.gov/16087883/
Autor: Anjang Tan, Hiromasa Tanaka, Toshiki Tamura, Takahiro Shiotsuki
Titel: Precocious metamorphosis in transgenic silkworms overexpressing juvenile hormone esterase
von: National Institute of Agrobiological Sciences
Erscheinungsdatum: 2005-08-16
Webseite: PubMed
Publisher: Proceedings of the National Academy of Sciences of the United States of America

[s36] - https://academic.oup.com/icb/article-pdf/46/6/795/2085579/icl033.pdf
Autor: Deniz F. Erezyilmaz
Titel: Imperfect eggs and oviform nymphs: a history of ideas about the origins of insect metamorphosis
Erscheinungsdatum: August 24, 2006
Webseite: Oxford Academic
Publisher: Integrative and Comparative Biology

[s37] - https://pubmed.ncbi.nlm.nih.gov/10557280/
Autor: J S Chung, H Dircksen, S G Webster
Titel: A remarkable, precisely timed release of hyperglycemic hormone from endocrine cells in the gut is associated with ecdysis in the crab Carcinus maenas
Erscheinungsdatum: 1999-11-09
Webseite: PubMed
Publisher: Proceedings of the National Academy of Sciences of the United States of America

[s38] - https://extension.missouri.edu/media/wysiwyg/Extensiondata/Pro/4h/Docs/Projects/PlantsAnimals/Entomology/GettingtoKnowtheInsects.pdf
Autor: Erin Hodgson
Titel: Getting to Know the Insects
von: Iowa State University
Webseite: Missouri Extension

[s39] - https://www.fra.go.jp/home/kenkyushokai/book/bulletin/files/bull20_08.pdf
Autor: Anna KUBALLA, Abigail ELIZUR
Titel: Novel molecular approach to study moulting in crustaceans
von: Australian Fresh Research Development Corporation, Queensland Department of Primary Industries and Fisheries
Erscheinungsdatum: 2007
Webseite: Fra.gov.jp
Publisher: Bull. Fish. Res. Agen.

[s40] - https://genent.cals.ncsu.edu/bug-bytes/morphogenesis/
Titel: Morphogenesis
von: NC State University
Webseite: NCSU Department of Entomology

[s41] - https://www.britannica.com/science/ecdysis
Titel: Ecdysis
von: Encyclopaedia Britannica, Inc.
Webseite: Britannica

[s42] - https://roadsendnaturalist.com/2016/09/20/shedding-light-on-the-subject/
Autor: roadsendnaturalist
Titel: Shedding Light on the Subject
Erscheinungsdatum: September 20, 2016
Webseite: Roads End Naturalist

[s43] - https://www.vdacs.virginia.gov/pdf/bb-biology1.pdf
Autor: Dini M. Miller, Ph.D., Andrea Polanco
Titel: Bed Bug Biology and Behavior
von: Virginia Tech
Webseite: Virginia Department of Agriculture and Consumer Services

[s44] - https://bygl.osu.edu/node/2016
Autor: Ashley Kulhanek
Titel: Ghostly Insects? Lets get back to basics with insect molting.
von: The Ohio State University
Erscheinungsdatum: July 13, 2022
Webseite: BYGL (Buckeye Yard and Garden Line)
Publisher: Ohio State University Extension

[s45] - https://genent.cals.ncsu.edu/bug-bytes/holometabola/
Titel: Holometabola: The Endopterygote Group
von: North Carolina State University
Webseite: Genetics and Entomology at NC State University

[s46] - https://refubium.fu-berlin.de/handle/fub188/37193
Autor: Manthey, Christin
Titel: The evolution of complete metamorphosis in insects
Erscheinungsdatum: 2023-02-20
Webseite: Refubium - Repositorium der Freien Universitt Berlin

[s47] - https://bmcmicrobiol.biomedcentral.com/articles/10.1186/1471-2180-10-308
Autor: Sascha Stoll, Heike Feldhaar, Martin J Fraunholz, Roy Gross **Titel:** Bacteriocyte dynamics during development of a holometabolous insect, the carpenter ant Cam ponotus floridanus
von: BMC Microbiology **Erscheinungsdatum:** 01 December 2010
Webseite: BMC Microbiology **Publisher:** BioMed Central

[s48] - https://www.nature.com/articles/s41598-022-22188-y
Autor: Alexandra M. Ozerova, Mikhail S. Gelfand **Titel:** Recapitulation of the embryonic transcriptional program in holometabolous insect pupae
von: Nature Publishing Group **Erscheinungsdatum:** 20 October 2022
Webseite: Nature **Publisher:** Scientific Reports

[s49] - https://academic.oup.com/icb/article-pdf/46/6/795/2085579/icl033.pdf
Autor: Deniz F. Erezyilmaz **Titel:** Imperfect eggs and oviform nymphs: a history of ideas about the origins of insect metamorphosis
Erscheinungsdatum: August 24, 2006 **Webseite:** Oxford Academic
Publisher: Integrative and Comparative Biology

[s50] - https://www.britannica.com/science/hemimetabolous-metamorphosis
Titel: Hemimetabolous metamorphosis **von:** Encyclopaedia Britannica, Inc.
Webseite: Britannica

[s51] - https://www.slideshare.net/slideshow/comparative-study-of-life-history-strategies-in-hemimetabola-insects/265816396
Autor: M. Logeswaran **Titel:** Comparative study of life history strategies in HE MIMETABOLA INSECTS
Webseite: SlideShare

[s52] - https://u.osu.edu/eeob3320/category/uncategorized/
Autor: Courtney Schneider **Titel:** Hexapod Part 2
von: The Ohio State University **Erscheinungsdatum:** April 20, 2015
Webseite: u.osu.edu

[s53] - https://refubium.fu-berlin.de/handle/fub188/37193
Autor: Manthey, Christin **Titel:** The evolution of complete metamorphosis in insects
Erscheinungsdatum: 2023-02-20 **Webseite:** Refubium - Repositorium der Freien Universitt Berlin

[s54] - https://genent.cals.ncsu.edu/insect-identification/order-ephemeroptera/
Titel: Ephemeroptera **von:** NC State University
Webseite: NCSU Department of Entomology

[s55] - https://pubmed.ncbi.nlm.nih.gov/31438814/
Autor: Marek Jindra **Titel:** Where did the pupa come from? The timing of juvenile hormone signalling supports homology between stages of hemimetabolous and hol ometabolous insects
von: Biology Centre of the Czech Academy of Sciences, Institute of Entomology **Erscheinungsdatum:** 2019-10-14
Webseite: PubMed **Publisher:** Philos Trans R Soc Lond B Biol Sci

[s56] - https://www.lsuagcenter.com/~/media/system/5/5/6/4/55646c0ef9404ad2073c46b006e13b51/difference%20between%20complete%20and%20incomplete%20metamorphosispdf.pdf
Autor: Lakna Panawala **Titel:** Difference Between Complete and Incomplete Metamorphosis
von: Difference Between **Erscheinungsdatum:** October 13, 2017
Webseite: Pediaa

[s57] - https://entnemdept.ufl.edu/creatures/urban/flies/house_fly.htm
Autor: Hussein Sanchez-Arroyo and John L. Capinera **Titel:** House Fly (Musca domestica Linnaeus)
von: University of Florida **Erscheinungsdatum:** April 2017
Webseite: University of Florida Entomology and Nematology Department **Publisher:** University of Florida

[s58] - https://pubmed.ncbi.nlm.nih.gov/37114765/
Autor: Sílvia Chafino, Panagiotis Giannios, Jordi Casanova, David Martín, Xavier Franch-Marro **Titel:** Antagonistic role of the BTB-zinc finger transcrip tion factors Chinmo and Broad-Complex in the juvenilepupal transition and in growth control
von: Institut de Biologia Molecular de Barcelona (CSIC), Institute of Evolutionary Biology (IBE, CSIC-Universitat Pompeu Fabra), Barcelona Institute of Science and Technology, Institute for Research in Biomedicine, IRB Barcelona **Erscheinungsdatum:** 2023-04-28
Webseite: eLife **Publisher:** eLife Sciences Publications

[s59] - https://academic.oup.com/jinsectscience/article/23/6/10/7453458
Autor: Yakai Feng, Shiwen Wang, Fengqin Yang, Yanjie Shang, Fernand Jocelin Ngando, Jingjing Huang, Yadong Guo **Titel:** Molecular identification and functional analysis o f chitinase genes reveal their importance in the m etamorphosis of Sarcophaga peregrina (Diptera: Sarcophagidae)
von: Entomological Society of America **Erscheinungsdatum:** 28 November 2023
Webseite: Oxford Academic **Publisher:** Oxford University Press

[s60] - https://bmcdevbiol.biomedcentral.com/articles/10.1186/s12861-020-00227-z
Autor: Weiye Si, Qingjie Wang, Yu Li, Dujuan Dong **Titel:** Label-free quantitative proteomic analysis of inse ct larval and metamorphic molts
von: BMC Developmental Biology **Erscheinungsdatum:** 24 November 2020
Webseite: BMC Developmental Biology **Publisher:** BioMed Central

[s61] - https://biocontrol.entomology.cornell.edu/bio.php
Autor: Hoffmann, M.P. and Frodsham, A.C. **Titel:** Natural Enemies of Vegetable Insect Pests
von: Cornell University **Webseite:** biocontrol.entomology.cornell.edu
Publisher: Cooperative Extension, Cornell University

[s62] - https://catalog.tamu.edu/graduate/course-descriptions/ento/ento.pdf
Titel: ENTO - Entomology **von:** Texas AM University
Webseite: Texas AM University

[s63] - https://wardlab.wordpress.com/wp-content/uploads/2012/01/ward_2007c_zoootaxa.pdf
Autor: PHILIP S. WARD **Titel:** Phylogeny, classification, and species-level taxon omy of ants (Hymenoptera: Formicidae)
von: Magnolia Press **Erscheinungsdatum:** 21 Dec. 2007
Webseite: www.mapress.comzootaxa **Publisher:** Magnolia Press

[s64] - https://onlineentomology.ifas.ufl.edu/course/eny-6166-insect-classification/
Titel: ENY 6166 Insect Classification **von:** University of Florida, Institute of Food and Agric ultural Sciences
Webseite: Entomology and Nematology Online Programs

[s65] - https://www.mapress.com/zootaxa/2007f/zt01668p411.pdf
Autor: LAURENCE A. MOUND, DAVID C. MORRIS
Titel: The insect Order Thysanoptera: Classification versus Systematics
von: Magnolia Press
Erscheinungsdatum: 21 Dec. 2007
Webseite: www.mapress.comzootaxa
Publisher: Magnolia Press

[s66] - https://bmcecolevol.biomedcentral.com/articles/10.1186/s12862-015-0311-7
Autor: Jie Wu, Tommi Nyman, Dong-Chao Wang, George W Argus, Yong-Ping Yang, Jia-Hui Chen
Titel: Phylogeny of Salix subgenus Salix s.l. (Salicaceae): delimitation, biogeography, and reticulate evolution
von: BMC Ecology and Evolution
Erscheinungsdatum: 2015-03-04
Webseite: BMC Ecology and Evolution
Publisher: BioMed Central

[s67] - https://www.mapress.com/zt/article/view/zootaxa.4616.1.1
Autor: BENJAMIN B. NORMARK, AKIKO OKUSU, GEOFFREY E. MORSE, DANIEL A. PETERSON, TAKAO ITIOKA, SCOTT A. SCHNEIDER
Titel: Phylogeny and classification of armored scale insects (Hemiptera: Coccomorpha: Diaspididae)
von: University of Massachusetts, Amherst; University of San Diego; Kyoto University
Erscheinungsdatum: 2019-06-17
Webseite: Mapress
Publisher: Zootaxa

[s68] - https://www.amnh.org/content/download/418583/6047753/file/rggs-catalog-2023-2024.pdf
Autor: Richard Gilder Graduate School
Titel: Comparative Biology PhD Program Course Catalog
Erscheinungsdatum: Fall 2023 - Summer 2024
Webseite: American Museum of Natural History

[s69] - https://kids.britannica.com/students/article/biological-classification/611149
Autor: Encyclopaedia Britannica, Inc.
Titel: Biological Classification
Webseite: Britannica Kids

[s70] - https://forum.inaturalist.org/t/why-is-plant-taxonomy-so-complicated/3493
Autor: liesvanrompaey
Titel: Why is plant taxonomy so complicated?
von: iNaturalist
Erscheinungsdatum: 2019-05-21T17:25:00
Webseite: iNaturalist Community Forum

[s71] - https://pubmed.ncbi.nlm.nih.gov/16967577/
Autor: Joan Pons, Timothy G Barraclough, Jesus Gomez-Zurita, Anabela Cardoso, Daniel P Duran, Steaphan Hazell, Sophien Kamoun, William D Sumlin, Alfried P Vogler
Titel: Sequence-based species delimitation for the DNA taxonomy of undescribed insects
von: The Natural History Museum
Erscheinungsdatum: 2006-08
Webseite: PubMed
Publisher: Syst Biol

[s72] - https://imafungus.biomedcentral.com/articles/10.1186/s43008-020-00048-6
Autor: Marco Thines, Takayuki Aoki, Pedro W. Crous, Kevin D. Hyde, Robert Lcking, Elaine Malosso, Tom W. May, Andrew N. Miller, Scott A. Redhead, Andrey M. Yurkov, David L. Hawksworth
Titel: Setting scientific names at all taxonomic ranks in italics facilitates their quick recognition in scientific papers
von: International Commission on the Taxonomy of Fungi
Erscheinungsdatum: 17 November 2020
Webseite: IMA Fungus

[s73] - https://pmc.ncbi.nlm.nih.gov/articles/PMC22090/
Autor: John C Avise, Glenn C Johns
Titel: Proposal for a standardized temporal scheme of biological classification for extant species
Erscheinungsdatum: 1999-06-22
Webseite: National Center for Biotechnology Information
Publisher: National Academy of Sciences

[s74] - https://search.asu.edu/profile/1804402
Autor: Nico Franz
von: Arizona State University
Webseite: Arizona State University

[s75] - https://www.nature.com/articles/s41564-020-0709-x
Autor: International Committee on Taxonomy of Viruses Executive Committee
Titel: The new scope of virus taxonomy: partitioning the virosphere into 15 hierarchical ranks
Erscheinungsdatum: 27 April 2020
Webseite: Nature
Publisher: Nature Microbiology

[s76] - https://www.adelaide.edu.au/course-outlines/004078/1/sem-1/2021/
Titel: ENV BIOL 3011 - Evolution and Diversity of Insects III
von: University of Adelaide
Erscheinungsdatum: 2021
Webseite: University of Adelaide

[s77] - https://bmcecolevol.biomedcentral.com/articles/10.1186/s12862-015-0478-y
Autor: Sven Bradler, Nicolas Cliquennois, Thomas R. Buckley
Titel: Single origin of the Mascarene stick insects: ancient radiation on sunken islands?
von: BMC Ecology and Evolution
Erscheinungsdatum: 2015-09-16
Webseite: BMC Ecology and Evolution
Publisher: BMC

[s78] - https://bmcgenomics.biomedcentral.com/articles/10.1186/s12864-022-08298-x
Autor: Liu Nannan, Liu Huamiao, Ju Yan, Li Xingan, Li Yang, Wang Tianjiao, He Jinming, Niu Qingsheng, Xing Xiumei
Titel: Geometric morphology and population genomics provide insights into the adaptive evolution of Apis cerana in Changbai Mountain
von: BMC
Erscheinungsdatum: 19 January 2022
Webseite: BMC Genomics
Publisher: BioMed Central

[s79] - https://bmcgenomics.biomedcentral.com/articles/10.1186/s12864-023-09290-9
Autor: Yu-Tong Ji, Xiao-Juan Zhou, Qian Yang, Yuan-Biao Lu, Jun Wang, Jie-Xin Zou
Titel: Adaptive evolution characteristics of mitochondrial genomes in genus Aparapotamon (Brachyura, Potamidae) of freshwater crabs
von: BMC
Erscheinungsdatum: 2023-04-12
Webseite: BMC Genomics
Publisher: BioMed Central

[s80] - https://www.nature.com/articles/s41598-019-49211-z
Autor: Lu Jiang, Yuan Hua, Gui-Lin Hu, Bao-Zhen Hua
Titel: Habitat divergence shapes the morphological diversity of larval insects: insights from scorpionflies
von: Nature Publishing Group
Erscheinungsdatum: 03 September 2019
Webseite: Nature
Publisher: Scientific Reports

[s81] - https://bmcecolevol.biomedcentral.com/articles/10.1186/1471-2148-7-28
Autor: James Mallet, Margarita Beltrn, Walter Neukirchen, Mauricio Linares
Titel: Natural hybridization in heliconiine butterflies: the species boundary as a continuum
von: BMC Ecology and Evolution
Erscheinungsdatum: 23 February 2007
Webseite: BMC Ecology and Evolution
Publisher: BioMed Central

[s82] - https://bmcecolevol.biomedcentral.com/articles/10.1186/1471-2148-11-109
Autor: Vladimir A Lukhtanov, Vlad Dinca, Gerard Talavera, Roger Vila **Titel:** Unprecedented within-species chromosome number cline in the Wood White butterfly Leptidea sinapis and its significance for karyotype evolution and speciation
von: BMC Ecology and Evolution **Erscheinungsdatum:** 20 April 2011
Webseite: BMC Ecology and Evolution **Publisher:** BioMed Central

[s83] - https://www.nature.com/articles/s41598-023-34104-z
Autor: Leonardvs Platania, Iesvs Gomez-Zvrita **Titel:** Analysis of intrinsic evolutionary factors leading to microendemic distributions in New Caledonian leaf beetles
von: Nature Publishing Group **Erscheinungsdatum:** 2023-04-27
Webseite: nature.com **Publisher:** Scientific Reports

[s84] - https://academic.oup.com/gbe/article-pdf/5/2/439/17918115/evt009.pdf
Autor: Lothar Wissler, Juergen Gadau, Daniel F. Simola, Martin Helmkampf, Erich Bornberg-Bauer **Titel:** Mechanisms and Dynamics of Orphan Gene Emergence in Insect Genomes
Erscheinungsdatum: January 15, 2013 **Webseite:** Oxford Academic
Publisher: Oxford University Press

[s85] - https://imafungus.biomedcentral.com/articles/10.1186/s43008-021-00087-7
Autor: Danny Haelewaters, Maarten Lubbers, Andr De Kesel **Titel:** The haustorium as a driving force for speciation in thallus-forming Laboulbeniomycetes
von: BMC (BioMed Central) **Erscheinungsdatum:** 31 January 2022
Webseite: IMA Fungus **Publisher:** BMC (BioMed Central)

[s86] - https://www.nature.scot/scotlands-biodiversity/scottish-biodiversity-strategy-and-cop15/ecosystem-approach/ecosystem-services-natures-benefits
Titel: Ecosystem services - nature's benefits **von:** NatureScot
Erscheinungsdatum: 11072023 **Webseite:** NatureScot

[s87] - https://dlnr.hawaii.gov/forestry/files/2013/09/SWARS-Issue-6.pdf
Titel: Issue 6: Conservation of Native Biodiversity **von:** Hawaii Department of Land and Natural Resources (DLNR)
Webseite: Hawaii Department of Land and Natural Resources

[s88] - https://link.springer.com/article/10.1007/s10531-017-1453-2
Autor: Eckehard G. Brockerhoff, Luc Barbaro, Bastien Castagneyrol, David I. Forrester, Barry Gardiner, Jos Ramon Gonzalez-Olabarria, Phil O'B. Lyver, Nicolas Meurisse, Anne Oxbrough, Hisatomo Taki, Ian D. Thompson, Fons van der Plas, Herve Jactel **Titel:** Forest biodiversity, ecosystem functioning and the provision of ecosystem services
Erscheinungsdatum: 04 November 2017 **Webseite:** SpringerLink
Publisher: Springer

[s89] - https://www.adfg.alaska.gov/static/species/wildlife_action_plan/appendix4_terrestrial_invertebrates.pdf
Titel: Terrestrial Invertebrates Introduction **von:** Alaska Department of Fish and Game
Webseite: Alaska Department of Fish and Game

[s90] - https://nca2018.globalchange.gov/chapter/7/
Titel: Chapter 7: Ecosystems, Ecosystem Services, and Biodiversity **von:** U.S. Global Change Research Program
Webseite: Fourth National Climate Assessment

[s91] - https://19january2017snapshot.epa.gov/climate-impacts/climate-impacts-ecosystems
Autor: United States Environmental Protection Agency **Titel:** Climate Impacts on Ecosystems
Webseite: EPA

[s92] - https://www.eje.cz/artkey/eje-201504-0020_Responses_of_grassland_arthropods_to_various_biodiversity-friendly_management_practices_Is_there_a_compromise.php
Autor: Monika MAZALOVA, Jan SIPOS, Stanislav RADA, Josef KASAK, Borivoj SARAPATKA, Toms KURAS **Titel:** Responses of grassland arthropods to various biodiversity-friendly management practices: Is there a compromise?
Erscheinungsdatum: November 21, 2015 **Webseite:** European Journal of Entomology
Publisher: Institute of Entomology

[s93] - https://natureconservation.pensoft.net/article/108688/
Autor: Lichtenberg EM, Kennedy CM, Kremen C, Batry P, Berendse F, Bommarco R, Bosque-Prez NA, Carvalheiro LG, Snyder WE, Williams NM, Winfree R, Klatt BK, Astrom S, Benjamin F, Brittain C, Chaplin-Kramer R, Clough Y, Danforth B, Diekotter T, Eigenbrode SD, Ekroos J, Elle E, Freitas BM, Fukuda Y, Gaines-Day HR, Grab H, Gratton C, Holzschuh A, Isaacs R, Isaia M, Jha S, Jonason D, Jones VP, Klein AM, Krauss J, Letourneau DK, Macfadyen S, Mallinger RE, Martin EA, Martinez E, Memmott J, Morandin L, Neame L, Otieno M, Park MG, Pfiffner L, Pocock MJO, Ponce C, Potts SG, Poveda K, Ramos M, Rosenheim JA, Rundlof M, Sardias H, Saunders ME, Schon NL, Sciligo AR, Sidhu CS, Steffan-Dewenter I, Tscharntke T, Vesely M, Weisser WW, Wilson JK, Crowder DW **Titel:** Effects of management, habitat and landscape characteristics on biodiversity of orchard meadows in Central Europe: A brief review
von: Pensoft Publishers **Erscheinungsdatum:** 2024-03-28
Webseite: Nature Conservation **Publisher:** Pensoft Publishers

[s94] - https://biorisk.pensoft.net/article/22316/
Titel: Insect hibernation on urban green land: a winter-adapted mowing regime as a management tool for insect conservation **von:** Pensoft Publishers
Erscheinungsdatum: 2018-01-12 **Webseite:** biorisk.pensoft.net
Publisher: Pensoft Publishers

[s95] - https://link.springer.com/chapter/10.1007/978-3-031-34037-6_26
Autor: Diane M. Debinski **Titel:** Insects in Grassland Ecosystems
von: Springer **Erscheinungsdatum:** 02 September 2023
Webseite: SpringerLink **Publisher:** Springer

[s96] - https://bdj.pensoft.net/article/65768/
Titel: Ants of the Palouse Prairie: diversity and species composition in an endangered grassland **von:** Pensoft Publishers
Erscheinungsdatum: 2021-05-10 **Webseite:** bdj.pensoft.net
Publisher: Pensoft Publishers

[s97] - https://www.nature.scot/landscapes-and-habitats/habitat-types/farmland-and-croftland/lowland-grassland
Titel: Lowland Grassland **von:** NatureScot
Erscheinungsdatum: 2023-01-18 **Webseite:** NatureScot

[s98] - https://neobiota.pensoft.net/article/61991/
Titel: Diversity and impacts of key grassland and forage arthropod pests in China and New Zealand : An overview of IPM and biosecurity opp ortunities **von:** Pensoft Publishers
Erscheinungsdatum: 2021-06-01 **Webseite:** neobiota.pensoft.net
Publisher: Pensoft Publishers

[s99] - https://www.nature.com/articles/s41467-020-14496-6
Autor: Panagiotis Theodorou, Rita Radzeviciute, Guillaume Lentendu, Belinda Kahnt, Martin Husemann, Christoph Bleidorn, Josef Settele, Ol iver Schweiger, Ivo Grosse, Tesfaye Wubet, Toms E. Murray, Robert J. Paxton **Titel:** Urban areas as hotspots for bees and pollination b ut not a panacea for all insects
von: Nature Communications **Erscheinungsdatum:** 29 January 2020
Webseite: nature.com **Publisher:** Nature Publishing Group

[s100] - https://link.springer.com/article/10.1007/s11252-024-01569-3
Autor: Claudia Weber, Gregoire Noel, Wiebke Sickel, Michael T. Monaghan, Aletta Bonn, Sophie Loka tis **Titel:** Urban pavements as a novel habitat for wild bees and other ground-nesting insects
Erscheinungsdatum: 27 August 2024 **Webseite:** Springer
Publisher: Urban Ecosystems

[s101] - https://link.springer.com/article/10.1007/s11252-022-01240-9
Autor: D. Johan Kotze, Elizabeth C. Lowe, J. Scott MacIvor, Alessandro Ossola, Briony A. Norton, Dieter F. Hochuli, Luis Mata, Marco Moretti, Sara A. Gagn, I. Tanya Handa, Thersa M. Jones, Caragh G. Threlfall, Amy K. Hahs **Titel:** Urban forest invertebrates: how they shape and respond to the urban environment
von: Springer **Erscheinungsdatum:** 2022-05-19
Webseite: SpringerLink **Publisher:** Springer

[s102] - https://pmc.ncbi.nlm.nih.gov/articles/PMC6358729/
Autor: Weston J Staubus, Savanah Bird, Savannah Meadors, Wallace M Meyer III **Titel:** Distributions of Invasive Arthropods across Heterogeneous Urban Landscapes in Southern California: Aridity as a Key Component of E cological Resistance
von: Pomona College **Erscheinungsdatum:** 2019-01-15
Webseite: PMC **Publisher:** MDPI

[s103] - https://entomology.umd.edu/ecology-conservation-restoration-climate-change.html
Titel: Ecology, Conservation, Restoration, Climate Change **von:** University of Maryland
Webseite: University of Maryland Entomology Department

[s104] - https://antwiki.org/wiki/images/f/f4/Aibek%2C_U.%2C_Ulzii%2C_T._et_al._2024._New_records_of_the_ant_genus_Camponous_from_Mongolia_%2810.20362%40am.017002%29.pdf
Autor: Ulykpan Aibek, Tserensambuu Ulzii, Seiki Yamane, Maxim Yu. Proshchalykin **Titel:** New records of the ant genus Camponotus (Hymenoptera, Formicidae) from Mongolia: discovery of the subgenus Myrmentoma
Erscheinungsdatum: 2024 **Webseite:** Asian Myrmecology

[s105] - https://wdfw.wa.gov/sites/default/files/publications/01306/wdfw01306.pdf
Autor: Terry T. McIntosh, Matthew Vander Haegen, M. Schroeder **Titel:** Patterns in biological soil crust recovery in Cons ervation Reserve Program fields, Washington State
von: Biospherics Environmental Inc. **Webseite:** Washington Department of Fish and Wildlife

[s106] - https://www.ncbi.nlm.nih.gov/pmc/articles/PMC7023069/
Autor: Noelline Tsafack, Yingzhong Xie, Xinpu Wang, Simone Fattorini **Titel:** Influence of Climate and Local Habitat C haracteristics on Carabid Beetle Abundance and Diversity in Northern Chinese Steppes
von: Ningxia University, University of L'Aquila **Erscheinungsdatum:** 2019 Dec 24
Webseite: NCBI **Publisher:** MDPI

[s107] - https://wildlife.org/wp-content/uploads/2014/05/TechManual16-01FINAL.pdf
Autor: William M. Block, L. Mike Conner **Titel:** Effects of Prescribed Fire on Wildlife and Wildlif e Habitat in Selected Ecosystems of North America
von: The Wildlife Society **Erscheinungsdatum:** October 2016
Webseite: wildlife.org **Publisher:** The Wildlife Society

[s108] - https://www.mdpi.com/2073-4395/14/11/2518
Autor: Rong Zhang, Shuhua Wei **Titel:** A New Approach to Differentiate the Causes of Excessive Cadmium in Rice: Soil Cadmium Extr actability or Rice Variety
von: Ningxia Academy of Agriculture and Forestry Sciences, North Minzu University, China Agricu ltural University **Erscheinungsdatum:** 26 October 2024
Webseite: MDPI **Publisher:** MDPI

[s109] - https://link.springer.com/doi/10.1007/1-4020-4494-1_204
Autor: G. Alex Marsh Rhodes W. Fairbridge **Titel:** Lentic and lotic ecosystems
von: Springer **Webseite:** SpringerLink
Publisher: Springer

[s110] - https://www.theijes.com/papers/v4-i10/Version-2/D04102025031.pdf
Autor: Anjana Choudhary and Janak Ahi **Titel:** Biodiversity of Freshwater Insects: A Review
Erscheinungsdatum: 2015 **Webseite:** The International Journal Of Engineering And Science (IJES)

[s111] - https://jvzlab.limnology.wisc.edu/wp-content/uploads/sites/1902/2022/10/Bartrons_13_Ecosystems_aquatic-insect-inputs-WI.pdf
Autor: Mireia Bartrons, Monica Papes, Matthew W. Diebel, Claudio Gratton, M. Jake Vander Zanden **Titel:** Regional-Level Inputs of Emergent Aquatic Insects from Water to Land
von: Center for Limnology, University of Wisconsin **Erscheinungsdatum:** 25 June 2013
Webseite: University of Wisconsin Center for Limnology **Publisher:** Springer Science+Business Media New York

[s112] - https://idahoecosystems.org/sites/default/files/miles_products/2017_10_12_Miller_Habitat_Heterogeneity.pdf
Autor: Paige C. Miller, Jade E. Ortiz, Colden V. Baxter, Jeremy M. Starkey **Titel:** Investigating the Influence of Habitat Heterogenei ty on Diversity of Insectivorous Birds in a River-Floodplain Mosaic
von: Idaho State University **Webseite:** Idaho Ecosystems

[s113] - https://www.nature.com/articles/s41598-023-50420-w
Autor: Eric Bollinger, Jochen P. Zubrod, Dominic Englert, Nadin Graf, Oliver Weisner, Sebastian Kolb, Ralf B. Schfer, Martin H. Entling, Ralf Schulz
Titel: The influence of season, hunting mode, and habitat specialization on riparian spiders as key predators in the aquatic-terrestrial linkage
von: Nature Publishing Group
Erscheinungsdatum: 2023-12-22
Webseite: Nature
Publisher: Scientific Reports

[s114] - https://www.uwyo.edu/wyndd/_files/docs/reports/WYNDDReports/22tro03.pdf
Autor: Lusha Tronstad and Bryan Tronstad
Titel: Aquatic snails of the Bear and Powder River Basins, and Snowy Mountains of Wyoming
von: Wyoming Natural Diversity Database
Erscheinungsdatum: 2022
Webseite: University of Wyoming

[s115] - https://pmc.ncbi.nlm.nih.gov/articles/PMC11594610/
Autor: Sebastin Rodríguez, Amanda Huerta, Álvaro Palma, Francisco Vicencio, Jaime E Araya
Titel: Utilizing Insects as Bioindicators: An Approximation for Conservation in Urban Lentic Ecosystems in Central Chile
von: Universidad de Chile, Policía de Investigaciones de Chile
Erscheinungsdatum: 2024 Oct 24
Webseite: PMC
Publisher: MDPI, Basel, Switzerland

[s116] - https://pofflab.colostate.edu/wp-content/uploads/2019/08/Poff_2006_FunctionaltraitnichesofNA.pdf
Autor: N. LeRoy Poff, Julian D. Olden, Nicole K. M. Vieira, Debra S. Finn, Mark P. Simmons, et. al.
Titel: Functional trait niches of North American lotic insects: traits-based ecological applications in light of phylogenetic relationships
von: BioOne
Erscheinungsdatum: 2006
Webseite: BioOne Complete
Publisher: Society for Freshwater Science

[s117] - https://www.kmae-journal.org/articles/kmae/full_html/2016/01/kmae160011/kmae160011.html
Autor: S. Guareschi, A. Laini, S. Fenoglio, M. Paveto, T. Bo
Titel: Change does not happen overnight: a case study on stream macroinvertebrates
Erscheinungsdatum: 03 May 2016
Webseite: Knowl. Manag. Aquat. Ecosyst.
Publisher: EDP Sciences

[s118] - https://lytlelab.ib.oregonstate.edu/sites/lytlelab.ib.oregonstate.edu/files/Bogan%26Lytle2007_FWBio.pdf
Autor: Michael T. Bogan, David A. Lytle
Titel: Seasonal flow variation allows 'time-sharing' by disparate aquatic insect communities in montane desert streams
von: Oregon State University
Erscheinungsdatum: 2007
Webseite: lytlelab.ib.oregonstate.edu
Publisher: Blackwell Publishing Ltd

[s119] - https://pubs.usgs.gov/ds/ds187/pdf/ds187.pdf
Autor: Nicole K. M. Vieira, N. LeRoy Poff, Daren M. Carlisle, Stephen R. Moulton II, Marci L. Koski, Boris C. Kondratieff
Titel: A Database of Lotic Invertebrate Traits for North America
von: U.S. Geological Survey
Erscheinungsdatum: 2006
Webseite: U.S. Geological Survey
Publisher: U.S. Department of the Interior

[s120] - https://www.usu.edu/fel/publications/pdf/Milleretal.2010RestorationEcology.pdf
Autor: Scott W. Miller, Phaedra Budy, John C. Schmidt
Titel: Quantifying Macroinvertebrate Responses to In-Stream Habitat Restoration: Applications of Meta-Analysis to River Restoration
von: Utah State University
Erscheinungsdatum: 2010-01
Webseite: Utah State University
Publisher: Society for Ecological Restoration International

[s121] - https://critfc.org/wp-content/uploads/2021/08/18-05.pdf
Autor: Seth White, David Graves, Dianne Barton, Laura Gephart
Titel: Conservation Planning for Climate Change Impacts to Benthic Macroinvertebrate Assemblages in the Columbia River Basin
von: Columbia River Inter-Tribal Fish Commission
Erscheinungsdatum: December 2018
Webseite: critfc.org

[s122] - https://enveurope.springeropen.com/articles/10.1186/s12302-019-0185-1
Autor: Liesa-Kristin Beuter, Laszlo Dren, Udo Hommen, Matthias Kotthoff, Christoph Schaefers, Klaus Peter Ebke
Titel: Testing effects of pesticides on macroinvertebrate communities in outdoor stream mesocosms using carbaryl as example test item
von: SpringerOpen
Erscheinungsdatum: 24 January 2019
Webseite: Environmental Sciences Europe
Publisher: Springer

[s123] - https://www.ephemeroptera-galactica.com/pubs/pub_b/pubboixd2001p577.pdf
Autor: Dani Boix, Jordi Sala, Ramon Moreno-Amich
Titel: The Faunal Composition of Espolla Pond (NE Iberian Peninsula): The Neglected Biodiversity of Temporary Waters
Erscheinungsdatum: December 2001
Webseite: Ephemeroptera Galactica
Publisher: The Society of Wetland Scientists

[s124] - https://www.wisconsinwetlands.org/updates/ephemeral-ponds-seasonal-habitat-for-wildlife/
Autor: Wisconsin Wetlands Association
Titel: Ephemeral ponds: Seasonal habitat for wildlife
Erscheinungsdatum: Apr 14, 2017
Webseite: Wisconsin Wetlands Association

[s125] - https://www.nature.com/articles/s41598-017-08026-6
Autor: Tatenda Dalu, Ryan J. Wasserman, P. William Froneman, Olaf L. F. Weyl
Titel: Trophic isotopic carbon variation increases with pond's hydroperiod: Evidence from an Austral ephemeral ecosystem
von: Nature Publishing Group
Erscheinungsdatum: 08 August 2017
Webseite: Nature
Publisher: Scientific Reports

[s126] - https://www.limnetica.com/documentos/limnetica/limnetica-33-2-p-327_0.pdf
Autor: Margarita Florencio, Laura Serrano, Patricia Siljestrom, Rocio Fernndez-Zamudio, Pablo García-Murillo, Carmen Díaz-Paniagua
Titel: The influence of geomorphology on the composition of aquatic flora and fauna within a temporary pond network
von: Asociacion Iberica de Limnologia
Erscheinungsdatum: 2014
Webseite: Limnetica

[s127] - https://forum.inaturalist.org/t/pond-life-experts-ahoy/46651
Autor: dragonflydreamer
Titel: Pond life experts ahoy!
von: iNaturalist
Erscheinungsdatum: November 8, 2023
Webseite: iNaturalist Community Forum

[s128] - https://www.adfg.alaska.gov/static/species/wildlife_action_plan/appendix5_aquatic_habitats.pdf
Titel: Appendix 5.7 Aquatic Habitats
von: Alaska Department of Fish and Game (ADFG)
Webseite: Alaska Department of Fish and Game

[s129] - https://mnfi.anr.msu.edu/abstracts/ecology/Vernal_Pool.pdf
Autor: Michael A. Kost, Steve A. Thomas
Titel: Vernal Pool
von: Michigan Natural Features Inventory
Erscheinungsdatum: 2010
Webseite: Michigan Natural Features Inventory
Publisher: Michigan State University

[s130] - https://mbr.biomedcentral.com/articles/10.1186/s41200-021-00206-8
Autor: Parisa Alidoost Salimi, Joel C. Creed, Melanie M. Esch, Douglas Fenner, Zeehan Jaafar, Juan C. Levesque, Anthony D. Montgomery, Mahsa Alidoost Salimi, J. K. Patterson Edward, K. Di raviya Raj, Michael Sweet
Titel: A review of the diversity and impact of invasive non-native species in tropical marine ecosystems
von: Marine Biodiversity Records
Erscheinungsdatum: 2021-04-23
Webseite: BMC Marine Biodiversity Records
Publisher: BioMed Central

[s131] - https://www.ipcc.ch/report/ar6/wg2/downloads/outreach/IPCC_AR6_WGII_FactSheet_Biodiversity.pdf
Titel: Fact Sheet - Biodiversity
von: Intergovernmental Panel on Climate Change (IPCC)
Erscheinungsdatum: November 2022
Webseite: IPCC

[s132] - https://19january2021snapshot.epa.gov/trash-free-waters/impacts-mismanaged-trash
Autor: United States Environmental Protection Agency
Titel: Impacts of Mismanaged Trash
Erscheinungsdatum: January 19, 2021
Webseite: EPA Trash-Free Waters
Publisher: United States Environmental Protection Agency

[s133] - https://toolkit.climate.gov/regions/northeast/ecosystems-and-agriculture
Titel: Agriculture and Ecosystems
von: U.S. Climate Resilience Toolkit
Erscheinungsdatum: 8 December 2016
Webseite: climate.gov

[s134] - https://dlnr.hawaii.gov/forestry/files/2013/09/SWARS-Issue-6.pdf
Titel: Issue 6: Conservation of Native Biodiversity
von: Hawaii Department of Land and Natural Re sources (DLNR)
Webseite: Hawaii Department of Land and Natural Re sources

[s135] - https://www.nature.com/scitable/knowledge/library/dynamics-of-predation-13229468/
Autor: Alison N. P. Stevens
Titel: Dynamics of Predation
von: Nature Education
Erscheinungsdatum: 2010
Webseite: Nature Education

[s136] - https://wildlife.humboldt.edu/sites/default/files/johnson/pdf/why-birds-matter_ch3.pdf
Autor: Christopher J. Whelan, Diana F. Tomback, Dave Kelly, Matthew D. Johnson
Titel: Trophic Interaction Networks and Ecosystem Services
Webseite: Humboldt State University
Publisher: University of Chicago Press

[s137] - https://pmc.ncbi.nlm.nih.gov/articles/PMC4776535/
Autor: Matthew A Barbour, Miguel A Fortuna, Jordi Bascompte, Joshua R Nicholson, Riitta Julkunen-Tiitto, Erik S Jules, Gregory M Crutsinger
Titel: Genetic specificity of a plantinsect food web: Imp lications for linking genetic variation to network complexity
Erscheinungsdatum: 2016-02-08
Webseite: National Center for Biotechnology Information
Publisher: Proceedings of the National Academy of Sciences

[s138] - https://pmc.ncbi.nlm.nih.gov/articles/PMC1544067/
Autor: Kevin D Lafferty, Andrew P Dobson, Armand M Kuris
Titel: Parasites dominate food web links
von: U.S. Geological Survey, University of California, Santa Barbara, Princeton University
Erscheinungsdatum: 2006 Jul 14
Webseite: National Center for Biotechnology Information
Publisher: National Academy of Sciences of the USA

[s139] - https://www.biointeractive.org/sites/default/files/Food-Chains-Educator.pdf
Autor: Kim Parfitt
Titel: Food Chains and Webs
von: HHMI
Erscheinungsdatum: December 2016
Webseite: BioInteractive

[s140] - https://mbmg.pensoft.net/article/13709/
Autor: Marie-Caroline Lefort, Stephen Wratten, Antonino Cusumano, Yann-David Varennes, Stephane Boyer
Titel: Disentangling higher trophic level interactions in the cabbage aphid food web using high-t hroughput DNA sequencing
von: Pensoft Publishers
Erscheinungsdatum: 2017-10-18
Webseite: Pensoft
Publisher: Pensoft Publishers

[s141] - https://pubmed.ncbi.nlm.nih.gov/35862348/
Autor: Kate L Wootton, Alva Curtsdotter, Tomas Jonsson, H T Banks, Riccardo Bommarco, Tomas Roslin, Amanda N Laubmeier
Titel: Beyond body size-new traits for new heights in trait-based modelling of predator-prey dynamics
von: Swedish University of Agricultural Sciences
Erscheinungsdatum: 2022-07-21
Webseite: PLoS One

[s142] - https://entomology.umd.edu/ecology-conservation-restoration-climate-change.html
Titel: Ecology, Conservation, Restoration, Climate Change
von: University of Maryland
Webseite: University of Maryland Entomology Department

[s143] - https://link.springer.com/article/10.1007/s00442-023-05503-w
Autor: Shannon E. Moore, Anna Siwertsson, Kevin D. Lafferty, Armand M. Kuris, Miroslava Soldnov, Dana Morton, Raul Primicerio, Per-Arne A mundsen
Titel: Parasites alter food-web topology of a subarctic l ake food web and its pelagic and benthic compartments
Erscheinungsdatum: 2024-02-07
Webseite: Springer
Publisher: Oecologia

[s144] - https://www.nature.com/scitable/knowledge/library/predation-herbivory-and-parasitism-13261134/
Autor: Alison N. P. Stevens
Titel: Predation, Herbivory, and Parasitism
von: Nature Education
Erscheinungsdatum: 2010
Webseite: Nature Education Knowledge

[s145] - https://forum.inaturalist.org/t/how-to-find-predators-for-insects-to-make-a-food-web/27705
Autor: rguy321
Titel: How to find predators for insects to make a food web
von: iNaturalist
Erscheinungsdatum: November 6, 2021
Webseite: iNaturalist Community Forum

[s146] - https://pmc.ncbi.nlm.nih.gov/articles/PMC3679000/
Autor: Jennifer A Dunne, Kevin D Lafferty, Andrew P Dobson, Ryan F Hechinger, Armand M Kuris, Neo D Martinez, John P McLaughlin, Kim N Mouritsen, Robert Poulin, Karsten Reise, Daniel B Stouffer, David W Thieltges, Richard J Williams, Claus Dieter Zander
Titel: Parasites Affect Food Web Structure Primarily through Increased Diversity and Complexity
von: Santa Fe Institute, Pacific Ecoinformatics and Computational Ecology Lab, Western Ecological Research Center, University of California, Princeton University, Aarhus University, University of Otago, Alfred Wegener Institute for Polar and Marine Research, Estacion Biologica de Doana, Royal Netherlands Institute for Sea Research, Microsoft Research, Universitat Hamburg, Centre National de la Recherche Scientifique
Erscheinungsdatum: 2013-06-11
Webseite: PMC
Publisher: PLoS Biology

[s147] - https://19january2017snapshot.epa.gov/climate-impacts/climate-impacts-ecosystems
Autor: United States Environmental Protection Agency
Titel: Climate Impacts on Ecosystems
Webseite: EPA

[s148] - https://www.zoology.ubc.ca/bdg/pdfs_bdg/2015%20Fall/11.25%20Lafferty%20etal%20(2008)%20Sci%20-%20Parasites%20in%20food%20webs.pdf
Autor: Kevin D. Lafferty, Stefano Allesina, Matias Arim, Cherie J. Briggs, Giulio De Leo, Andrew P. Dobson, Jennifer A. Dunne, Pieter T. J. Johnson, Armand M. Kuris, David J. Marcogliese, Neo D. Martinez, Jane Memmott, Pablo A. Marquet, John P. McLaughlin, Erin A. Mordecai, Mercedes Pascual, Robert Poulin, David W. Thieltges
Titel: Parasites in food webs: the ultimate missing links
Erscheinungsdatum: 2008
Webseite: www.blackwell-synergy.com
Publisher: Blackwell Publishing Ltd

[s149] - https://parasitesandvectors.biomedcentral.com/articles/10.1186/1756-3305-5-239
Autor: Michael VK Sukhdeo
Titel: Where are the parasites in food webs?
von: BMC (BioMed Central)
Erscheinungsdatum: 23 October 2012
Webseite: Parasites Vectors
Publisher: BMC (BioMed Central)

[s150] - https://elifesciences.org/articles/32814
Autor: Massimo Stella, Sanja Selakovic, Alberto Antonioni, Cecilia S Andreazzi
Titel: Ecological multiplex interactions determine the role of species for parasite spread amplification
von: eLife Sciences Publications, Ltd.
Erscheinungsdatum: Apr 23, 2018
Webseite: eLife
Publisher: eLife Sciences Publications, Ltd.

[s151] - https://cdn.agclassroom.org/ok/lessons/upper/symbiosis.pdf
Autor: Oklahoma Ag in the Classroom
Titel: Symbiosis in Agriculture
Webseite: Oklahoma Ag in the Classroom
Publisher: Oklahoma Cooperative Extension Service, Oklahoma Department of Agriculture, Food and Forestry, Oklahoma State Department of Education

[s152] - https://pmc.ncbi.nlm.nih.gov/articles/PMC4385585/
Autor: Angela E Douglas
Titel: The molecular basis of bacterial-insect symbiosis
von: Cornell University
Erscheinungsdatum: 2014 Nov 25
Webseite: PMC
Publisher: Elsevier Ltd.

[s153] - https://www.nature.com/articles/s41559-023-02058-0
Autor: Charlie K. Cornwallis, Anouk van 't Padje, Jacintha Ellers, Malin Klein, Raphaella Jackson, E. Toby Kiers, Stuart A. West, Lee M. Henry
Titel: Symbioses shape feeding niches and diversification across insects
von: Nature Publishing Group
Erscheinungsdatum: 2023-05-18
Webseite: Nature
Publisher: Nature Publishing Group

[s154] - https://bmcgenomdata.biomedcentral.com/articles/10.1186/s12863-020-00945-0
Autor: Zhaohui Cai, Qiongyu Guo, Zhichao Yao, Wenping Zheng, Junfei Xie, Shuai Bai, Hongyu Zhang
Titel: Comparative genomics of Klebsiella michiganensis BD177 and related members of Klebsiella sp. reveal the symbiotic relationship with Bactrocera dorsalis
von: BMC Genetics
Erscheinungsdatum: 2020-12-18
Webseite: BMC Genomic Data
Publisher: BMC

[s155] - https://ambrosiasymbiosis.org/researchers/jiri-hulcr/
Autor: Jiri Hulcr
von: University of Florida
Webseite: Ambrosia Symbiosis

[s156] - https://blog.wfsu.org/blog-coastal-health/2019/12/mistletoe-a-parasite-for-the-holidays-but-maybe-we-like-it-anyway/
Autor: Rob Diaz de Villegas
Titel: Mistletoe | A Parasite for the Holidays (But Maybe We Like it Anyway?)
von: WFSU Public Media
Erscheinungsdatum: December 19, 2019
Webseite: WFSU Ecology Blog

[s157] - https://genent.cals.ncsu.edu/bug-bytes/dynamics/
Titel: Population Dynamics
von: NC State University
Webseite: NCSU Department of Entomology

[s158] - https://bio.libretexts.org/Bookshelves/Human_Biology/Human_Biology_(Wakim_and_Grewal)/24%3A_Ecology/24.04%3A_Community_Relationships
Autor: Delmar Larsen
Titel: 24.04: Community Relationships
von: LibreTexts
Erscheinungsdatum: 2021-09-04
Webseite: LibreTexts

[s159] - https://harvardforest.fas.harvard.edu/publications/pdfs/Sherry_FrontiersEcoEvol_2023.pdf
Autor: Thomas W. Sherry
Titel: Niche concept scale in space and time: evolutionary perspectives from tropical insectivorous birds
Erscheinungsdatum: 03 July 2023
Webseite: Frontiers in Ecology and Evolution

[s160] - https://horizon.documentation.ird.fr/exl-doc/pleins_textes/2022-11/010086110.pdf
Autor: Johnstone Mutiso Mutua, Daniel Munyao Mutyambai, George Ochieng' Asudi, Fathiya Khamis, Saliou Niassy, Abdul A. Jalloh, Daisy Salifu, Henlay J. O. Magara, Paul-Andr Calatayud, Sevgan Subramanian
Titel: Competitive Plant-Mediated and Intraguild Predation Interactions of the Invasive Spodoptera frugiperda and Resident Stemborers Busseola fusca and Chilo partellus in Maize Cropping Systems in Kenya
von: International Centre of Insect Physiology and Ecology, Kenyatta University, CNRS, IRD, Universit Paris-Saclay
Erscheinungsdatum: 31 August 2022
Webseite: MDPI
Publisher: MDPI, Basel, Switzerland

[s161] - https://s3.wp.wsu.edu/uploads/sites/2701/2012/10/Crowder-and-Snyder-2010.pdf
Autor: David W. Crowder, William E. Snyder **Titel:** Eating their way to the top? Mechanisms underlying the success of invasive insect generalist predators
Erscheinungsdatum: 9 March 2010 **Webseite:** Washington State University
Publisher: Springer Science+Business Media B.V.

[s162] - https://hal.science/hal-04086848v1/file/entomologia__Interactions_between_natural_enemies_102776.pdf
Autor: Emma Jeavons, Ccile Le Lann, Joan van Baaren **Titel:** Interactions between natural enemies and pollinators: combining ecological theory with agroecological management
von: University of Rennes, CNRS, ECOBIO **Erscheinungsdatum:** 2 May 2023
Webseite: HAL **Publisher:** E. Schweizerbart'sche Verlagsbuchhandlung

[s163] - https://www.annualreviews.org/content/journals/10.1146/annurev-ento-120709-144825
Autor: Micky D. Eubanks, Michael J. Raupp, Deborah L. Finke **Titel:** Robert F. Denno (19452008): Insect Ecologist Extraordinaire
von: Annual Reviews **Erscheinungsdatum:** 2011-01-07
Webseite: Annual Reviews **Publisher:** Annual Reviews

[s164] - https://www.iucnredlist.org/
Titel: The IUCN Red List of Threatened Species **von:** International Union for Conservation of Nature
Erscheinungsdatum: 2024-10-28 **Webseite:** IUCN Red List

[s165] - https://academic.oup.com/database/article-pdf/doi/10.1093/database/baae002/58365487/baae002.pdf
Autor: Serena Baini, Alessio De Biase **Titel:** Filling knowledge gaps in insect conservation by leveraging genetic data from public archives
von: Sapienza University of Rome **Erscheinungsdatum:** 2024
Webseite: Oxford University Press **Publisher:** Oxford University Press

[s166] - https://www.birdlife.org/wp-content/uploads/2022/05/BirdLife-European-Red-List-of-Birds-2021.pdf.pdf
Autor: BirdLife International **Titel:** European Red List of Birds 2021
Erscheinungsdatum: May 2022 **Webseite:** BirdLife International
Publisher: Publications Office of the European Union

[s167] - https://www.cms.int/sites/default/files/publication/State%20of%20the%20Worlds%20Migratory%20Species%20report_E.pdf
Autor: Frances Davis, Andrew Szopa-Comley, Sarah Rouse, Aude Caromel, Andy Arnell, Saloni Basrur, Nina Bhola, Holly Brooks, Giulia Costa-Domingo, Cleo Cunningham, Katie Hunter, Matt Kaplan, Abigail Sheppard, Kelly Malsch **Titel:** State of the World's Migratory Species
von: UN Environment Programme World Conservation Monitoring Centre (UNEP-WCMC) **Erscheinungsdatum:** 2024
Webseite: Convention on the Conservation of Migratory Species of Wild Animals **Publisher:** UN Environment Programme World Conservation Monitoring Centre (UNEP-WCMC)

[s168] - https://www.gbif.org/dataset/d7dddbf4-2cf0-4f39-9b2a-bb099caae36c
Autor: GBIF Secretariat **Titel:** GBIF Backbone Taxonomy
Erscheinungsdatum: 2023 **Webseite:** GBIF.org

[s169] - https://www.iucnredlist.org/resources/summary-statistics
Titel: Summary Statistics **von:** IUCN
Erscheinungsdatum: 2024-02 **Webseite:** IUCN Red List of Threatened Species

[s170] - https://www.biologicaldiversity.org/programs/biodiversity/endangered_species_act/pdfs/Harris_et_al_2011_ESA_and_IUCN.pdf
Autor: J. Berton C. Harris, J. Leighton Reid, Brett R. Scheffers, Thomas C. Wanger, Navjot S. Sodhi, Damien A. Fordham, Barry W. Brook **Titel:** Conserving imperiled species: a comparison of the IUCN Red List and U.S. Endangered Species Act
Erscheinungsdatum: 3 October 2011 **Webseite:** Center for Biological Diversity
Publisher: Wiley Periodicals, Inc.

[s171] - https://greenamerica.org/blog/species-extinction-farmlands-its-not-just-birds-and-bees
Autor: ameyer **Titel:** How Industrial Agriculture Causes Species Extinction: It's Not Just the Birds and the Bees
von: Green America **Erscheinungsdatum:** October 13, 2020
Webseite: Green America

[s172] - https://www.lse.ac.uk/granthaminstitute/explainers/what-are-the-extent-and-causes-of-biodiversity-loss/
Titel: What are the extent and causes of biodiversity loss? **von:** Grantham Research Institute
Erscheinungsdatum: 2 December, 2022 **Webseite:** London School of Economics

[s173] - https://naturalhistory.si.edu/education/teaching-resources/paleontology/extinction-over-time
Titel: Extinction Over Time **von:** Smithsonian Institution
Webseite: Smithsonian National Museum of Natural History

[s174] - https://dlnr.hawaii.gov/forestry/files/2013/09/SWARS-Issue-6.pdf
Titel: Issue 6: Conservation of Native Biodiversity **von:** Hawaii Department of Land and Natural Resources (DLNR)
Webseite: Hawaii Department of Land and Natural Resources

[s175] - https://www.pollinator.org/threats
Titel: Threats to Pollinators **von:** Pollinator Partnership
Erscheinungsdatum: 2024-01-29 **Webseite:** Pollinator Partnership
Publisher: Pollinator Partnership

[s176] - https://19january2017snapshot.epa.gov/climate-impacts/climate-impacts-ecosystems
Autor: United States Environmental Protection Agency **Titel:** Climate Impacts on Ecosystems
Webseite: EPA

[s177] - https://www.lakeforest.edu/news/learning-from-our-past-loss-and-mistakes-to-allow-for-future-conservation
Autor: Khadijah Hamid **Titel:** Learning from our Past Loss and Mistakes to Allow for Future Conservation
von: Lake Forest College **Erscheinungsdatum:** February 19, 2015
Webseite: Lake Forest College News

[s178] - https://www.ifaw.org/journal/why-should-we-protect-endangered-animals
Titel: Why should we protect endangered animals? **von:** International Fund for Animal Welfare (IFAW)
Erscheinungsdatum: January 5, 2024 **Webseite:** IFAW

[s179] - https://cmns.umd.edu/news-events/news/entomologists-issue-warning-about-effects-climate-change-insects
Autor: Anahí Espíndola **Titel:** Entomologists Issue Warning About Effects of Climate Change on Insects
von: University of Maryland **Erscheinungsdatum:** 2022-11-07
Webseite: University of Maryland College of Computer, Mathematical, and Natural Sciences **Publisher:** Ecological Monographs

[s180] - https://climate.nasa.gov/news/3231/climate-change-can-put-more-insects-at-risk-for-extinction/
Autor: Dr. Kate Duffy **Titel:** Climate Change Can Put More Insects at Risk for Extinction
von: NASA **Erscheinungsdatum:** 2022-11-10
Webseite: NASA Climate Change **Publisher:** NASA

[s181] - https://xerces.org/blog/shifting-climate-creates-winners-and-losers
Autor: Scott Hoffman Black **Titel:** A Shifting Climate Creates Winners and Losers
von: Xerces Society **Erscheinungsdatum:** 27 November 2018
Webseite: Xerces Society

[s182] - https://www.entsoc.org/sites/default/files/files/Science-Policy/2019/ESA-Position-Statement-Climate-Change.pdf
Autor: Entomological Society of America **Titel:** ESA Position Statement on Climate Change
Erscheinungsdatum: January 25, 2019 **Webseite:** Entomological Society of America

[s183] - https://www.pollinator.org/threats
Autor: Pollinator Partnership **Titel:** Threats to Pollinators
Erscheinungsdatum: 2024-01-29 **Webseite:** Pollinator Partnership
Publisher: Pollinator Partnership

[s184] - https://www.epa.gov/climateimpacts/climate-change-impacts-forests
Titel: Climate Change Impacts on Forests **von:** Environmental Protection Agency (EPA)
Erscheinungsdatum: October 22, 2024 **Webseite:** EPA
Publisher: Environmental Protection Agency (EPA)

[s185] - https://news.climate.columbia.edu/2019/03/26/endangered-species-matter/
Autor: Rene Cho **Titel:** Why Endangered Species Matter
von: Columbia Climate School **Erscheinungsdatum:** March 26, 2019
Webseite: Columbia Climate School

[s186] - https://www.fws.gov/laws/endangered-species-act/section-3
Titel: Endangered Species Act - Section 3 Definitions **von:** U.S. Fish Wildlife Service
Webseite: fws.gov

[s187] - https://link.springer.com/article/10.1007/s10841-024-00609-9
Autor: Mannyun Kim, Hye-Rin Lee, Jong Eun Lee, Deokjea Cha **Titel:** Identification of the endangered species Haplotropis brunneriana (Insecta: Orthoptera) from South Korea using exuviae
Erscheinungsdatum: 2024-07-05 **Webseite:** Springer
Publisher: Journal of Insect Conservation

[s188] - https://enveurope.springeropen.com/articles/10.1186/s12302-023-00813-5
Autor: Sebastian Kthe, Nikita Bakanov, Carsten A. Brhl, Lisa Eichler, Thomas Fickel, Birgit Gemeinholzer, Thomas Hrren, Aleksandra Jurewicz, Alexandra Lux, Gotthard Meinel, Roland Mhlethaler, Livia Schffler, Christoph Scherber, Florian D. Schneider, Martin Sorg, Stephanie J. Swenson, Wiltrud Terlau, Angela Turck, Gerlind U. C. Lehmann **Titel:** Recommendations for effective insect conservation in nature protected areas based on a transdisciplinary project in Germany
von: SpringerOpen **Erscheinungsdatum:** 19 November 2023
Webseite: Environmental Sciences Europe **Publisher:** Springer

[s189] - https://link.springer.com/article/10.1007/s10841-023-00485-9
Autor: Roger K. A. Morris, Mark D. Welch **Titel:** Is invertebrate conservation in Great Britain best achieved by policies that increase species protection?
Erscheinungsdatum: 25 June 2023 **Webseite:** SpringerLink
Publisher: Springer Nature

[s190] - https://www.dnr.wa.gov/programs-and-services/forest-practices/forest-practices-habitat-conservation-plan
Titel: Forest Practices Habitat Conservation Plan **von:** Washington State Department of Natural Resources
Webseite: Washington DNR

[s191] - https://bg.copernicus.org/articles/10/3983/2013/bg-10-3983-2013.pdf
Autor: S. Schulz, R. Brankatschk, A. Dmig, I. Kgel-Knabner, M. Schloter, J. Zeyer **Titel:** The role of microorganisms at different stages of ecosystem development for soil formation
von: Helmholtz Zentrum Mnchen, ETH Zurich, Technische Universitt Mnchen **Erscheinungsdatum:** 18 June 2013
Webseite: Biogeosciences **Publisher:** Copernicus Publications on behalf of the European Geosciences Union

[s192] - https://forest.eecs.wsu.edu/smp/solo/documents/GTRs/INT_280/Edmonds_INT-280.php
Autor: Robert L. Edmonds **Titel:** A Guide to Soil Quality Monitoring for Long Term Ecosystem Sustainability on Northern Region National Forests
Webseite: SoLo

[s193] - https://journals.openedition.org/nda/13754
Autor: Doyle McKey **Titel:** Soil animals and archaeological site formation processes, with a particular focus on insects
Erscheinungsdatum: 2022 **Webseite:** OpenEdition Journals

[s194] - https://portal.ct.gov/caes/fact-sheets/entomology/approaches-to-the-biological-control-of-insect-pests
Autor: Kimberly Stoner **Titel:** Approaches to the Biological Control of Insect Pests
von: Connecticut Agricultural Experiment Station **Webseite:** CT.gov

[s195] - https://lgpress.clemson.edu/publication/biological-control-strategies-in-integrated-pest-management-ipm-programs/
Autor: Andrew H. Jeffers, Juang-Horng Chong **Titel:** Biological Control Strategies in Integrated Pest Management (IPM) Programs
von: Clemson University **Erscheinungsdatum:** May 16, 2021
Webseite: lgpress.clemson.edu **Publisher:** Clemson Cooperative Extension, Land-Grant Press by Clemson Extension

[s196] - https://invasivespecies.idaho.gov/biological-control
Titel: Idaho's Biological Control Program **von:** Idaho State Department of Agriculture
Webseite: iBiocontrol.org

[s197] - https://jarrodfowler.com/JMF096.html
Autor: Jarrod Fowler **Titel:** Conservation Biocontrol (JMF096)
Erscheinungsdatum: Summer 2015 **Webseite:** jarrodfowler.com
Publisher: University of Massachusetts, Amherst

[s198] - http://food.berkeley.edu/wp-content/uploads/2014/09/Hedgerows-enhance-beneficial-insects-on-adjacent-tomato-fields-in-an-intensive-agriculture-landscape.pdf
Autor: Lora A. Morandin, Rachael F. Long, Claire Kremen **Titel:** Hedgerows enhance beneficial insects on adjacent tomato fields in an intensive agricultural landscape
Erscheinungsdatum: 2014-03-15 **Webseite:** www.elsevier.comlocateagee
Publisher: Elsevier B.V.

[s199] - https://entomology.umd.edu/news/supporting-natures-allies-ground-beetles-and-the-role-of-drainage-ditches-in-agricultural-pest-control
Autor: Robert Salerno, Megan (Rho) Ma **Titel:** Supporting Natures Allies: Ground Beetles and the Role of Drainage Ditches in Agricultural Pest Control
von: University of Maryland **Erscheinungsdatum:**442024
Webseite: University of Maryland Entomology

[s200] - https://www.invasivespeciesinfo.gov/subject/control-mechanisms
Titel: Control Mechanisms **von:** U.S. Department of Agriculture
Webseite: National Invasive Species Information Center

[s201] - https://karp.ucdavis.edu/wp-content/uploads/sites/310/2016/01/Tscharntke_etal_2016_BiolCons.pdf
Autor: Teja Tscharntke, Daniel S. Karp, Rebecca Chaplin-Kramer, Pter Batry, Fabrice DeClerck, Claudio Grattone, Lauren Hunt, Anthony Ives, Mattias Jonsson, Ashley Larsen, Emily A. Martin, Alejandra Martínez-Salinas, Timothy D. Meehan, Megan ORourke, Katja Poveda, Jay A. Rosenh eim, Adrien Rusch, Nancy Schellhorn, Thomas C. Wanger, Stephen Wratten, Wei Zhang **Titel:** When natural habitat fails to enhance biological p est control Five hypotheses
Erscheinungsdatum:3 October 2016 **Webseite:** University of California, Davis
Publisher: Elsevier Ltd.

[s202] - https://natureconservation.pensoft.net/article/26989/
Titel: A review of regulation ecosystem services and disservices from faunal populations and potential impacts of agriculturalisation on their provision, globally **von:** Pensoft Publishers
Erscheinungsdatum:2018-10-24 **Webseite:** Nature Conservation
Publisher: Pensoft Publishers

[s203] - https://www.indiawaterportal.org/water-quality-and-pollution/pollution/biodiversity-crucial-survival-freshwater-ecosystems
Autor: Luz Boyero et al **Titel:** Biodiversity - crucial for survival of freshwater ecosystems!
Erscheinungsdatum:04 Aug 2021 **Webseite:** India Water Portal

[s204] - https://link.springer.com/chapter/10.1007/978-3-031-34037-6_26
Autor: Diane M. Debinski **Titel:** Insects in Grassland Ecosystems
von: Springer **Erscheinungsdatum:**02 September 2023
Webseite: SpringerLink **Publisher:** Springer

[s205] - https://www.biochemjournal.com/archives/2024/vol8issue9S/PartB/S-8-9-11-884.pdf
Autor: Rupali JS, Basavaraj N Hadimani, Vidya Madhuri E, Bharath Kumar BM, Karthick Mani Bharathi B, Sudhanshu Raikwar **Titel:** A study to access the significant role of insects in decomposition and nutrient recycling
von: ICAR-Indian Agricultural Research Institute, University of Agricultural Science Bangalore, Tamil Nadu Agricultural University, Lovely Professional University **Erscheinungsdatum:**2024-07-15
Webseite: International Journal of Advanced Biochemistry Research

[s206] - https://link.springer.com/article/10.1007/s11252-022-01240-9
Autor: D. Johan Kotze, Elizabeth C. Lowe, J. Scott MacIvor, Alessandro Ossola, Briony A. Norton, Dieter F. Hochuli, Luis Mata, Marco Moretti, Sara A. Gagn, I. Tanya Handa, Thersa M. Jones, Caragh G. Threlfall, Amy K. Hahs **Titel:** Urban forest invertebrates: how they shape and respond to the urban environment
von: Springer **Erscheinungsdatum:**2022-05-19
Webseite: SpringerLink **Publisher:** Springer

[s207] - https://apps.fs.usda.gov/r6_decaid/views/fungi.html
Autor: Tina Dreisbach **Titel:** Importance of Fungi in Forest Ecosystems
von: USDA Forest Service **Erscheinungsdatum:**April, 2002
Webseite: DecAID

[s208] - https://www.ncbi.nlm.nih.gov/pmc/articles/PMC6955738/
Autor: Josephine Lindsey-Robbins, Anglica Vzquez-Ortega, Kevin McCluney, Shannon Pelini **Titel:** Effects of Detritivores on Nutrient Dynamics and Corn Biomass in Mesocosms
von: Bowling Green State University **Erscheinungsdatum:**2019 Dec 13
Webseite: NCBI **Publisher:** MDPI

[s209] - https://environmentalevidencejournal.biomedcentral.com/articles/10.1186/s13750-020-00214-8
Autor: Neal R. Haddaway, Eliza M. Grames, Douglas H. Boyes, Manu E. Saunders, Nigel G. Taylor **Titel:** What evidence exists on conservation actions to conserve insects? A protocol for a systematic map of literature reviews
von: BMC **Erscheinungsdatum:**2020-12-17
Webseite: Environmental Evidence **Publisher:** BMC

[s210] - https://www.allaboutfeed.net/all-about/new-proteins/global-atlas-of-edible-insects-launched/
Autor: Tony McDougal **Titel:** Global atlas of edible insects launched
von: Misset Uitgeverij B.V. **Erscheinungsdatum:**04-03
Webseite: All About Feed

[s211] - https://pubmed.ncbi.nlm.nih.gov/38424443/
Autor: Evanson R Omuse, Henri E Z Tonnang, Abdullahi Ahmed Yusuf, Honest Machekano, James Peter Egonyu, Emily Kimathi, Samira Faris Mohamed, Menale Kassie, Sevgan Subramanian, Juliet Onditi, Serah Mwangi, Sunday Ekesi, Saliou Niassy **Titel:** The global atlas of edible insects: analysis of di versity and commonality contributing to food systems and sustainability
von: International Centre of Insect Physiology and Ecology (icipe) **Erscheinungsdatum:**2024-02-29
Webseite: PubMed **Publisher:** Scientific Reports

[s212] - https://www.annualreviews.org/content/journals/10.1146/annurev-environ-012420-050035
Autor: Paul Eggleton **Titel:** The State of the Worlds Insects
von: Annual Reviews **Erscheinungsdatum:**2020-10-17
Webseite: Annual Reviews **Publisher:** Annual Reviews

[s213] - https://www.biodiversa.eu/wp-content/uploads/2024/10/Biodiversa_policybrief_agricultural-diversity-and-health.pdf
Autor: Dr. Miri Tsalyuk **Titel:** Biodiversity Promotes Healthy Agricultural Systems and Benefits Human Health
von: Biodiversa+ **Erscheinungsdatum:**October 2024
Webseite: Biodiversa

[s214] - https://nca2018.globalchange.gov/chapter/7/
Titel: Chapter 7: Ecosystems, Ecosystem Services, and Biodiversity **von:** U.S. Global Change Research Program
Webseite: Fourth National Climate Assessment

[s215] - https://agnr.umd.edu/assessment-ecosystems-services-provided-arthropods-farms-preliminary-use-sticky-traps-sample-flying
Autor: Helen Craig, Anthony Righter, Bill Lamp **Titel:** Assessment of Ecosystems Services Provided by Arthropods on Farms: Preliminary Use of Sticky Traps to Sample Flying Insects
von: University of Maryland **Webseite:** University of Maryland Extension

[s216] - https://ethnobiomed.biomedcentral.com/articles/10.1186/s13002-022-00547-3
Autor: Mamadou Ouango, Rahim Romba, Samuel Fogna Drabo, Noufou Ouedraogo, Olivier Gnankin **Titel:** Indigenous knowledge system associated with the uses of insects for therapeutic or medicinal purposes in two main provinces of Burkina Faso, West Africa
Erscheinungsdatum: 2022-07-05 **Webseite:** Journal of Ethnobiology and Ethnomedicine
Publisher: BMC

[s217] - https://www.ijnrd.org/papers/IJNRD2406231.pdf
Autor: Sakshi Sethiya, Rakhi Mandavi, Ajay Kumar Harit, Sohini Bhattacharya, Manoj Singh **Titel:** Indigenous Knowledge of Termites: A Review
von: Kalinga University **Erscheinungsdatum:** June 2024
Webseite: IJNRD.ORG **Publisher:** International Journal Of Novel Research And Development

[s218] - https://pubmed.ncbi.nlm.nih.gov/33396313/
Autor: Zabentungwa T Hlongwane, Rob Slotow, Thinandavha C Munyai **Titel:** Indigenous Knowledge about Consumption of Edible Insects in South Africa
Erscheinungsdatum: 2020-12-31 **Webseite:** PubMed
Publisher: MDPI

[s219] - https://ethnobiomed.biomedcentral.com/articles/10.1186/s13002-018-0252-5
Autor: Rubn Casas Retegui, Lukas Pawera, Pablo Pedro Villegas Panduro, Zbynek Polesny **Titel:** Beetles, ants, wasps, or flies? An ethnobiological study of edible insects among the Awajún Amerindians in Amazonas, Peru
Erscheinungsdatum: 09 August 2018 **Webseite:** Journal of Ethnobiology and Ethnomedicine
Publisher: BMC

[s220] - https://pastoralismjournal.springeropen.com/articles/10.1186/s13570-019-0143-y
Autor: Mulubrhan Balehegn, Selam Balehey, Chao Fu, Wu Liang **Titel:** Indigenous weather and climate forecasting knowledge among Afar pastoralists of north eastern Ethiopia: Role in adaptation to weather and climate variability
Erscheinungsdatum: 28 May 2019 **Webseite:** Pastoralism: Research, Policy and Practice
Publisher: SpringerOpen

[s221] - https://ojs.ethnobiology.org/index.php/ebl/article/view/399
Autor: Aung Si, Myfany Turpin **Titel:** The Importance of Insects in Australian Aboriginal Society: A Dictionary Survey
Erscheinungsdatum: 2015-09-17 **Webseite:** Ethnobiology Letters
Publisher: Society of Ethnobiology

[s222] - https://ecobac.org/en/mythology-entomological/
Autor: Fabio Cupul **Titel:** Mythology Entomological
von: Ecobac **Webseite:** Ecobac

[s223] - https://genent.cals.ncsu.edu/bug-bytes/cultural/
Titel: Cultural Entomology **von:** NC State University
Webseite: NCSU Department of Entomology

[s224] - https://bugandtermitecontrol.com/bug-blog/insect-symbology-whats-the-meaning-of-that-bug/
Autor: Todd Stebleton **Titel:** Insect Symbology What's the Meaning of That Bug?
von: Universal Pest Control **Erscheinungsdatum:** July 1, 2021
Webseite: Bug and Termite Control

[s225] - https://folklife.si.edu/magazine/cicada-folklore
Autor: James Deutsch **Titel:** Cicada Folklore, or Why We Don't Mind Billions of Burrowing Bugs at Once
von: Smithsonian Institution **Erscheinungsdatum:** May 17, 2021
Webseite: Smithsonian Folklife

[s226] - https://asia.si.edu/whats-on/blog/posts/the-cicada-in-china/
Autor: Jan Stuart **Titel:** The Cicada in China
von: Smithsonian Institution **Erscheinungsdatum:** April 29, 2016
Webseite: Smithsonian National Museum of Asian Art

[s227] - https://www.reseaprojournals.com/emsystem/uploads/archive_files/Praying%20mantises%20in%20ancient%20myths%20and%20beliefs%20Symbolism%20and%20ecological%20impact.pdf
Autor: Durgapada Sarkhel **Titel:** Praying mantises in ancient myths and beliefs: Symbolism and ecological impact
von: Utkal University **Erscheinungsdatum:** 2024
Webseite: Reseapro Journals **Publisher:** Reseapro Journals

[s228] - https://blandy.virginia.edu/sites/blandy.virginia.edu/files/Blandy%20Education%20Files/Ed-InsectAfter-HistoricalInsects.pdf
Titel: AFTER 1: Historically Cultured Insects **von:** Blandy Experimental Farm, University of Virginia
Webseite: Blandy Experimental Farm

[s229] - https://entnemdept.ufl.edu/cv/people/capinera/dl/insects_humpbacked_flute_player.pdf
Autor: John L. Capinera **Titel:** Insect life: Humpbacked Flute Player and Other Entomomorphs from the American Southwest
Erscheinungsdatum: Summer 1995 **Webseite:** University of Florida Entomology Department
Publisher: American Entomologist

[s230] - https://genent.cals.ncsu.edu/bug-bytes/cultural/
Titel: Cultural Entomology **von:** NC State University
Webseite: NCSU Department of Entomology

[s231] - https://www.rsl.ru/en/international-events/events/insects-for-fun-and-for-real
Titel: Insects for fun and for real **von:** Russian State Library
Erscheinungsdatum: 27 November 2019 **Webseite:** Russian State Library

[s232] - https://blog.wfsu.org/blog-coastal-health/2018/01/exploring-muscogee-culture-shell-carving/
Autor: Rob Diaz de Villegas **Titel:** Exploring Muscogee Culture Through Shell Carving
von: WFSU Public Media **Erscheinungsdatum:** January 25, 2018
Webseite: WFSU Ecology Blog

[s233] - https://pmc.ncbi.nlm.nih.gov/articles/PMC6629709/
Autor: Michael L Ferro, Morgan Summerlin **Titel:** Developing a standardized list of entomological collection methods for use in databases
von: Clemson University, Johns Hopkins University School of Medicine **Erscheinungsdatum:** 2019 Jul 8
Webseite: PMC **Publisher:** ZooKeys

[s234] - https://open.oregonstate.education/entomology-lab-manual/chapter/chapter-1/
Autor: Gail Langellotto and Melissa Scherr **Titel:** Entomology 311 Lab Manual
von: Oregon State University **Erscheinungsdatum:** 2019
Webseite: Open Oregon State **Publisher:** Pressbooks

[s235] - https://natureconservation.pensoft.net/article/26876/
Titel: Using field-based entomological research to promote awareness about forest ecosystem conservation **von:** Pensoft Publishers
Erscheinungsdatum: 2018-09-18 **Webseite:** Nature Conservation
Publisher: Pensoft Publishers

[s236] - https://read.dukeupress.edu/environmental-humanities/article-pdf/16/1/211/2073114/211stackwhitney.pdf
Autor: Kaitlin Stack Whitney and Kristoffer Whitney **Titel:** Squished Bugs: Teaching and Learning Reflexivity in Ecology
von: Rochester Institute of Technology **Erscheinungsdatum:** March 2024
Webseite: Duke University Press **Publisher:** Environmental Humanities

[s237] - https://open.oregonstate.education/entomology-lab-manual/chapter/lab-assignment-4-population-monitoring-and-field-sampling/
Autor: Melissa Scherr **Titel:** Lab Assignment 4: Population Monitoring and Field Sampling
von: Oregon State University **Erscheinungsdatum:** 2019
Webseite: Oregon State University Pressbooks

[s238] - https://entmuseum.ucr.edu/guides-faqs/specimen-preparation
Autor: J. Heraty, D. Yanega, S. Triapitsyn **Titel:** Specimen Preparation Guide
von: University of California, Riverside **Webseite:** Entomology Research Museum, UC Riverside

[s239] - https://eorganic.org/pages/19198/overview-of-monitoring-and-identification-techniques-for-insect-pests
Autor: Geoff Zehnder **Titel:** Overview of Monitoring and Identification Techniques for Insect Pests
von: Clemson University **Erscheinungsdatum:** February 10, 2009
Webseite: eOrganic

[s240] - https://www.fws.gov/sites/default/files/documents/Survey_Protocols_RPBB_12April2019.pdf
Autor: U.S. Fish and Wildlife Service **Titel:** Survey Protocols for the Rusty Patched Bumble Bee (Bombus affinis)
Erscheinungsdatum: April 12, 2019 **Webseite:** U.S. Fish and Wildlife Service

[s241] - https://eorganic.org/pages/19198/overview-of-monitoring-and-identification-techniques-for-insect-pests
Autor: Geoff Zehnder **Titel:** Overview of Monitoring and Identification Techniques for Insect Pests
von: Clemson University **Erscheinungsdatum:** February 10, 2009
Webseite: eOrganic

[s242] - https://news.stanford.edu/stories/2023/05/study-examines-biases-coverage-gaps-biodiversity-data
Autor: Barnabas Daru **Titel:** Study examines biases and coverage gaps in biodiversity data
von: Stanford University **Erscheinungsdatum:** May 1, 2023
Webseite: Stanford News

[s243] - https://www.env.nm.gov/wp-content/uploads/sites/18/2022/03/NMRAM-Springs-Ecosystems-FieldGuide-for-Website.pdf
Autor: Lawrence Stevens, Jeri Ledbetter, Gloria Hardwick, Andrea Hazelton, Alek Mendoza, John Moeny, Maryann M. McGraw, Emile Sawyer, Edward Schenk, Tierney Schipper, Susan Styer **Titel:** Rapid Assessment Method for Springs Ecosystems in Southwestern New Mexico Field Guide
von: Museum of Northern Arizona, Springs Stewardship Institute, New Mexico Environment Department **Erscheinungsdatum:** 2019
Webseite: New Mexico Environment Department **Publisher:** New Mexico Environment Department

[s244] - https://catalog.tamu.edu/graduate/course-descriptions/ento/ento.pdf
Titel: ENTO - Entomology **von:** Texas AM University
Webseite: Texas AM University

[s245] - https://entnemdept.ufl.edu/academics/syllabi/ENY3451C.pdf
Autor: Dr. Lisa Taylor **Titel:** Insect Behavior Syllabus
von: University of Florida **Webseite:** University of Florida Entomology and Nematology Department

[s246] - https://academic.oup.com/jinsectscience/article/21/6/11/6422329
Autor: Timothy Lampasona, Angelita Acebes-Doria, Tracy C Leskey, Anne L Nielsen **Titel:** Behavioral Effects and Retention of Protein Immunomarkers on Plum Curculio Conotrachelus nenuphar (Coleoptera: Curculionidae)
von: Entomological Society of America **Erscheinungsdatum:** 06 November 2021
Webseite: Oxford Academic **Publisher:** Journal of Insect Science

[s247] - https://eorganic.org/pages/19198/overview-of-monitoring-and-identification-techniques-for-insect-pests
Autor: Geoff Zehnder **Titel:** Overview of Monitoring and Identification Techniques for Insect Pests
von: Clemson University **Erscheinungsdatum:** February 10, 2009
Webseite: eOrganic

[s248] - https://open.oregonstate.education/monitoring/chapter/field-techniques-for-population-sampling-and-estimation/
Titel: Field Techniques for Population Sampling and Estimation **von:** Oregon State University
Webseite: Open Oregon State

[s249] - https://extension.missouri.edu/media/wysiwyg/Extensiondata/Pub/pdf/agguides/pests/ipm1006.pdf
Autor: Fred Fishel, Wayne Bailey, Michael Boyd, Bill Johnson, Maureen O'Day, Laura Sweets, Bill Wiebold **Titel:** Introduction to Crop Scouting
von: University of Missouri Extension **Erscheinungsdatum:** 2001
Webseite: University of Missouri Extension **Publisher:** University of Missouri

[s250] - https://link.springer.com/article/10.1007/s10531-022-02534-2
Autor: Friederike Barkmann, Peter Huemer, Ulrike Tappeiner, Erich Tasser, Johannes Rdisser **Titel:** Standardized butterfly surveys: comparing transect counts and area-time counts in insect monitoring
Erscheinungsdatum: 06 January 2023 **Webseite:** SpringerLink
Publisher: Springer

[s251] - http://lubbock.tamu.edu/files/2015/10/ENTO_007.pdf
Autor: Bastiaan M. Drees, Alejandro A. Calixto **Titel:** Integrated Pest Management of Red Imported Fire Ants
von: Texas AM AgriLife Extension Service **Erscheinungsdatum:** 0314
Webseite: AgriLifeExtension.tamu.edu

[s252] - https://link.springer.com/article/10.1007/s10340-020-01309-4
Autor: Michele Preti, Franois Verheggen, Sergio Angeli **Titel:** Insect pest monitoring with camera-equipped traps: strengths and limitations
Erscheinungsdatum: 04 December 2020 **Webseite:** SpringerLink
Publisher: Springer

[s253] - https://www.fishwildlife.org/application/files/3815/6780/2184/Inventory_Methods.pdf
Titel: Inventory Methods **von:** Association of Fish Wildlife Agencies
Webseite: Fish Wildlife

[s254] - https://geckotime.com/holistic-design-in-bioactive-vivariums%EF%BB%BF-gargoyle-gecko-part-2/
Autor: Rachel Gratis **Titel:** Holistic Design in Bioactive Vivariums: Gargoyle Gecko, Part 2
von: GeckoTime **Erscheinungsdatum:** July 9, 2019
Webseite: geckotime.com

[s255] - https://www.prairiehaven.com/?page_id=9857
Titel: Raising Giant Silkmoths Cecropia, Polyphemus, Promethea, Luna **von:** Prairie Haven
Webseite: Prairie Haven

[s256] - https://bugguide.net/node/view/2220009
Autor: Dvori Feldman **Titel:** Caring for and Raising Grasshoppers (Orthoptera: Acrididae): Some General Tips
Erscheinungsdatum: 18 February, 2023 **Webseite:** BugGuide

[s257] - https://arachnoboards.com/threads/thoughts-on-bioactive-enclosure-for-tarantulas.316891/
Autor: Denbert **Titel:** Thoughts on Bioactive Enclosure for Tarantulas?
Erscheinungsdatum: Feb 25, 2019 **Webseite:** Arachnoboards

[s258] - https://geckotime.com/holistic-design-in-bioactive-vivariums%EF%BB%BF-leopard-geckos-part-2/
Autor: Rachel Gratis **Titel:** Holistic Design in Bioactive Vivariums: Leopard Geckos, Part 2
von: Gecko Time **Erscheinungsdatum:** July 23, 2019
Webseite: Gecko Time

[s259] - https://www.darwinchambers.com/insect-rearing-chambers-market-size-share-and-trends-analysis/
Autor: Darwin Chambers **Titel:** Insect Rearing Chambers Market Size, Share, and Trends Analysis
von: Darwin Chambers **Erscheinungsdatum:** December 15, 2023
Webseite: Darwin Chambers

[s260] - https://parasitesandvectors.biomedcentral.com/articles/10.1186/s13071-016-1805-x
Autor: Soumala Pagabeleguem, Sophie Ravel, Ahmadou H. Dicko, Marc J. B. Vreysen, Andrew Parker, Peter Takac, Karine Huber, Issa Sidib, Geoffrey Gimonneau, Jrmy Bouyer **Titel:** Influence of temperature and relative humidity on survival and fecundity of three tsetse strains
Erscheinungsdatum: 29 September 2016 **Webseite:** Parasites Vectors
Publisher: BMC

[s261] - https://www.freezem.com/resources/bsf-reproduction-challenges-and-innovation/
Titel: BSF Reproduction: Challenges and Innovation **von:** FreezeM
Webseite: FreezeM

[s262] - https://www.darwinchambers.com/drosophila-incubator/richmond-va/
Titel: Drosophila Incubator in Richmond, VA **von:** Darwin Chambers
Webseite: Darwin Chambers

[s263] - https://www.freezem.com/breeding-black-soldier-fly-larvae-in-house-top-5-challenges-and-pitfalls/
Autor: Peter Gorne **Titel:** Breeding Black Soldier Fly Larvae In-House. Top 5 Challenges and Pitfalls
von: FreezeM **Erscheinungsdatum:** 2024-08-19
Webseite: FreezeM

[s264] - https://powersscientific.com/drosophila-and-small-insect-chambers/
Titel: Drosophila and Small Insect Chambers **von:** Powers Scientific
Webseite: Powers Scientific

[s265] - https://www.slu.se/globalassets/ew/org/centrb/fr-lantbr/publikationer/insects_as_food_2015.pdf
Autor: Anna Jansson and Aasa Berggren **Titel:** Insects as Food Something for the Future?
von: Swedish University of Agricultural Sciences (SLU) **Erscheinungsdatum:** 2015
Webseite: www.slu.se **Publisher:** SLU, Future Agriculture Livestock, Crops and Land Use

[s266] - https://pubmed.ncbi.nlm.nih.gov/35758653/
Autor: Martin K Ventura, Valerie J Stull, Susan M Paskewitz **Titel:** Maintaining Laboratory Cultures of Gryllus bimaculatus, a Versatile Orthopteran Model for Insect Agriculture and Invertebrate Physiology
Erscheinungsdatum: 2022-06-08 **Webseite:** J Vis Exp

[s267] - https://entnemdept.ufl.edu/creatures/urban/flies/house_fly.htm
Autor: Hussein Sanchez-Arroyo and John L. Capinera **Titel:** House Fly (Musca domestica Linnaeus)
von: University of Florida **Erscheinungsdatum:** April 2017
Webseite: University of Florida Entomology and Nematology Department **Publisher:** University of Florida

[s268] - https://iucrc.nsf.gov/centers/center-for-environmental-sustainability-through-insect-farming/
Titel: Center for Environmental Sustainability through Insect Farming (CEIF) **von:** National Science Foundation
Webseite: NSF.gov

[s269] - https://ento.psu.edu/news/the-impacts-of-modern-agriculture-on-insect-diversity
Autor: Laura Laiton **Titel:** The impacts of modern agriculture on insect diversity
von: The Pennsylvania State University **Erscheinungsdatum:** January 24, 2022
Webseite: Penn State Entomology

[s270] - https://www.iaea.org/sites/default/files/massrearing-and-irradiation-swd.pdf
Autor: Robin Guilhot, Gustavo Taret, Keke Gembinsky, Carlos Cceres **Titel:** Guidelines for Mass Rearing and Irradiation of Drosophila suzukii for Sterile Insect Technique Application
von: Food and Agriculture Organization of the United Nations International Atomic Energy Agency **Erscheinungsdatum:** 2022
Webseite: IAEA

[s271] - https://portal.ct.gov/caes/fact-sheets/entomology/approaches-to-the-biological-control-of-insect-pests
Autor: Kimberly Stoner **Titel:** Approaches to the Biological Control of Insect Pests
von: Connecticut Agricultural Experiment Station **Webseite:** CT.gov

[s272] - https://www.aphis.usda.gov/sites/default/files/oriental-ff-sterile-insect-technique-economic-analysis-2021.pdf
Titel: Cost-Benefit Analysis of Sterile Insect Technique for Oriental Fruit Fly, Bactrocera dorsalis (Hendel), Management **von:** United States Department of Agriculture
Erscheinungsdatum: November 18, 2021 **Webseite:** APHIS USDA

[s273] - https://www-pub.iaea.org/MTCD/Publications/PDF/Newsletters/ipc-103.pdf
Autor: Rui Cardoso Pereira
Titel: Insect Pest Control Newsletter, No. 103
von: International Atomic Energy Agency (IAEA)
Erscheinungsdatum: July 2024
Webseite: IAEA
Publisher: International Atomic Energy Agency

[s274] - https://www-pub.iaea.org/MTCD/Publications/PDF/Newsletters/ipc-100.pdf
Autor: Rui Cardoso Pereira
Titel: Insect Pest Control Newsletter, No. 100
von: Joint FAOIAEA Centre of Nuclear Techniques in Food and Agriculture
Erscheinungsdatum: January 2023
Webseite: IAEA
Publisher: International Atomic Energy Agency

[s275] - https://www.aphis.usda.gov/sites/default/files/otis-lab-accomps-2016.pdf
Autor: Nevada Trepanowski, Sarah Shugrue, Kendra Vieira, Everett Booth, Mauri Barrett, Damon Crook
Titel: Otis Laboratory Accomplishments 2016
von: United States Department of Agriculture
Erscheinungsdatum: June 2017
Webseite: aphis.usda.gov
Publisher: United States Department of Agriculture

[s276] - https://academic.oup.com/jinsectscience/article-pdf/doi/10.1093/jisesa/ieab025/37471704/ieab025.pdf
Autor: Lina Bernaola, Molly Darlington, Kadie Britt, Patricia Prade, Morgan Roth, Adrian Pekarcik, Michelle Boone, Dylan Ricke, Anh Tran, Joanie King, Kelly Carruthers, Morgan Thompson, John J. Ternest, Sarah E. Anderson, Scott W. Gula, Kayleigh C. Hauri, Jacob R. Pecenka, Sajjan Grover, Heena Puri, Surabhi Gupta Vakil
Titel: Technological Advances to Address Current Issues in Entomology: 2020 Student Debates
von: Oxford University Press
Erscheinungsdatum: 2021
Webseite: Journal of Insect Science
Publisher: Entomological Society of America

[s277] - https://entnemdept.ufl.edu/choate/beetles.pdf
Autor: P. M. Choate
Titel: Dichotomous Keys to Some Families of Florida Coleoptera
Erscheinungsdatum: 1999
Webseite: University of Florida

[s278] - https://idpjournal.biomedcentral.com/articles/10.1186/s40249-019-0579-8
Autor: Yue Hu, Min-Zhao Gao, Ping Huang, Hong-Li Zhou, Yu-Bin Ma, Min-Yu Zhou, Shao-Yun Cheng, Han-Guo Xie, Zhi-Yue Lv
Titel: Taxonomic integrative and phylogenetic i dentification of the first recorded Triatoma rubro fasciata in Zhangzhou, Fujian Province and Maoming, Guangdong Province, China
von: BMC (BioMed Central)
Erscheinungsdatum: 2019-08-13
Webseite: Infectious Diseases of Poverty
Publisher: BioMed Central

[s279] - https://bioone.org/journals/florida-entomologist/volume-94/issue-4/024.094.0431/Scirtothrips-dorsalis-Thysanoptera--Thripidae--Scanning-Electron-Micrographs-of/10.1653/024.094.0431.pdf
Autor: Vivek Kumar, Dakshina R. Seal, David J. Schuster, Cindy McKenzie, Lance S. Osborne, et al.
Titel: Scirtothrips dorsalis (Thysanoptera: Thripidae): S canning Electron Micrographs of Key Taxonomic Traits and a Preliminary Morphometric Analysis of the General Morphology of Populations of Dif ferent Continents
von: Florida Entomological Society
Erscheinungsdatum: December 2011
Webseite: BioOne Complete
Publisher: Florida Entomological Society

[s280] - https://parasitesandvectors.biomedcentral.com/articles/10.1186/s13071-014-0569-4
Autor: Abigail Chan, Lee-Pei Chiang, Hapuarachchige C Hapuarachchi, Cheong-Huat Tan, Sook-Cheng Pang, Ruth Lee, Kim-Sung Lee, Lee-Ching Ng, Sai-Gek Lam-Phua
Titel: DNA barcoding: complementing morphological identification of mosquito species in Singapore
Erscheinungsdatum: 12 December 2014
Webseite: Parasites Vectors
Publisher: BMC

[s281] - https://zookeys.pensoft.net/article/13888/
Titel: DNA barcoding and morphological analysis for rapid identification of most economically imp ortant crop-infesting Sunn pests belonging to Eurygaster Laporte, 1833 (Hemiptera, Scutell eridae)
von: Pensoft Publishers
Erscheinungsdatum: 2017-10-04
Webseite: Zookeys
Publisher: Pensoft Publishers

[s282] - https://link.springer.com/article/10.1007/s43994-022-00021-6
Autor: Samah A. Mariey, Ismael A. Khatab, Mahmoud A. Aiad, Mohsena R. K. Mansour
Titel: Barcoding of white-spotted stink bug, Eysarcoris ventralis (Westwood) (Hemiptera: Pentatomidae) attacking Egyptian barley and its population density
Erscheinungsdatum: 10 March 2023
Webseite: Journal of Umm Al-Qura University for Applied Sciences

[s283] - https://bmcgenomics.biomedcentral.com/articles/10.1186/1471-2164-12-164
Autor: Brian R Johnson, Neil D Tsutsui
Titel: Taxonomically restricted genes are associated with the evolution of sociality in the honey bee
von: BMC
Erscheinungsdatum: 29 March 2011
Webseite: BMC Genomics
Publisher: BioMed Central

[s284] - https://forum.inaturalist.org/t/genetics-to-replace-morphological-examination/19031
Autor: mamestraconfigurata
Titel: Genetics to replace morphological examination?
von: iNaturalist
Erscheinungsdatum: December 26, 2020
Webseite: iNaturalist Community Forum

[s285] - https://parasitesandvectors.biomedcentral.com/articles/10.1186/s13071-014-0569-4
Autor: Abigail Chan, Lee-Pei Chiang, Hapuarachchige C Hapuarachchi, Cheong-Huat Tan, Sook-Cheng Pang, Ruth Lee, Kim-Sung Lee, Lee-Ching Ng, Sai-Gek Lam-Phua
Titel: DNA barcoding: complementing morphological identification of mosquito species in Singapore
Erscheinungsdatum: 12 December 2014
Webseite: Parasites Vectors
Publisher: BMC

[s286] - https://pubmed.ncbi.nlm.nih.gov/30758899/
Autor: Kantima Thongjued, Wilaiwan Chotigeat, Sara Bumrungsri, Phuvadol Thanakiatkrai, Thitika Ki tpipit
Titel: A new cost-effective and fast direct PCR protocol for insects based on PBS buffer
von: Prince of Songkla University
Erscheinungsdatum: 2019-05
Webseite: PubMed
Publisher: John Wiley Sons Ltd.

[s287] - https://pubmed.ncbi.nlm.nih.gov/23056258/
Autor: Rui Chen, Li-Yun Jiang, Ge-Xia Qiao **Titel:** The effectiveness of three regions in mitochondrial genome for aphid DNA barcoding: a case in Lachininae
von: Institute of Zoology, Chinese Academy of Sciences **Erscheinungsdatum:** 2012-10-03
Webseite: PLoS One

[s288] - https://zookeys.pensoft.net/article/29705/
Autor: Junaid Ali Siddiqui, Zhilin Chen, Qiang Li, Jun Deng, Xiaolan Lin, Xiaolei Huang **Titel:** DNA barcoding of aphid-associated ants (Hymenoptera, Formicidae) in a subtropical area of southern China
von: Pensoft Publishers **Erscheinungsdatum:** 2019-10-09
Webseite: ZooKeys **Publisher:** Pensoft Publishers

[s289] - https://parasitesandvectors.biomedcentral.com/articles/10.1186/s13071-020-04124-z
Autor: Yae Zhao, Wan-Yu Zhang, Rui-Ling Wang, Dong-Ling Niu **Titel:** Divergent domains of 28S ribosomal RNA gene: DNA barcodes for molecular classification and identification of mites
von: BMC (BioMed Central) **Erscheinungsdatum:** 2020-05-13
Webseite: Parasites Vectors **Publisher:** BioMed Central

[s290] - https://jhr.pensoft.net/article/86723/
Autor: Fernanda Herrera-Mesías, Christopher Bause, Sophie Ogan, Hannah Burger, Manfred Ayasse, Alexander M. Weigand, Thomas Eltz **Titel:** Double-blind validation of alternative wild bee identification techniques: DNA metabarcoding and in vivo determination in the field
von: Pensoft Publishers **Erscheinungsdatum:** 2022-10-31
Webseite: Journal of Hymenoptera Research **Publisher:** Pensoft Publishers

[s291] - https://frst307.sites.olt.ubc.ca/files/2017/09/Dichotomous-key-to-Orders.pdf
Titel: Key to Common Insect Orders **von:** University of British Columbia
Webseite: FRST 307 Introduction to Entomology

[s292] - https://bio.libretexts.org/Courses/Lumen_Learning/Biology_I_Laboratory_Manual_(Lumen)/15%3A_Module_15-_Classification_and_Tree_Thinking/15.01%3A_Classification_and_Tree_Thinking
Autor: Wendy Riggs **Titel:** 15.1: Classification and Tree Thinking
von: Lumen Learning **Erscheinungsdatum:** Sun, 28 Feb 2021 21:38:04 GMT
Webseite: LibreTexts

[s293] - https://caterpillarscount.unc.edu/pdfs/Dichotomous%20Keys%20to%20Arthropod%20Orders.pdf
Titel: Dichotomous Keys to Arthropod Orders **von:** Caterpillars Count!
Erscheinungsdatum: May 2016 **Webseite:** caterpillarscount.unc.edu

[s294] - https://entnemdept.ufl.edu/choate/blattaria_new.pdf
Autor: P. M. Choate **Titel:** Species Identification - Cockroaches of Florida
von: Dept. Entomology and Nematology, University of Florida **Webseite:** University of Florida

[s295] - https://www.sfu.ca/biology/courses/bisc317/week4.html
Autor: Nathan Woodbury **Titel:** WEEK 4 - KEYING OUT INSECT ORDERS
von: Simon Fraser University **Webseite:** Simon Fraser University Biology

[s296] - https://ento.psu.edu/about/facilities/frost/exhibits/preparing-specimens
Titel: Preparing Specimens **von:** The Pennsylvania State University
Webseite: Frost Entomological Museum

[s297] - https://extension.entm.purdue.edu/401Book/default.php?page=handling_insects
Titel: Handling Insects **von:** Purdue University
Webseite: Purdue Extension Entomology

[s298] - https://arthropods.nmsu.edu/making-an-insect-collection/mounting-and-preserving-insects.html
Titel: Mounting and Preserving Insects **von:** New Mexico State University
Erscheinungsdatum: 2023 **Webseite:** Arthropod Collection

[s299] - https://entmuseum.ucr.edu/guides-faqs/specimen-preparation
Autor: J. Heraty, D. Yanega, S. Triapitsyn **Titel:** Specimen Preparation Guide
von: University of California, Riverside **Webseite:** Entomology Research Museum, UC Riverside

[s300] - https://extension.entm.purdue.edu/401Book/default.php?page=preserving_insects
Titel: How to Preserve Insects **von:** Purdue University
Webseite: Purdue Extension Entomology

[s301] - https://www.discoverlife.org/png/preserving_insects.pdf
Titel: Killing and Preserving Insects **von:** Discover Life
Webseite: Discover Life

[s302] - https://www.natsca.org/sites/default/files/publications/NatSCA%20News%20Issue%205-4.pdf
Autor: Brown, P. A., Boise, E. D. **Titel:** Procedures for Preparation and Conservation of Whole Insect Permanent Microscope Slide Mounts within the Department of Entomology, The Natural History Museum, London
von: The Natural History Museum, London **Erscheinungsdatum:** 2005
Webseite: NatSCA **Publisher:** NatSCA News

[s303] - https://bdj.pensoft.net/article/119448/
Titel: Preserving morphology while extracting DNA: a non-destructive field-to-museum protocol for slide-mounted specimens **von:** Pensoft Publishers
Erscheinungsdatum: 2024-06-07 **Webseite:** Biodiversity Data Journal
Publisher: Pensoft Publishers

[s304] - https://www.epa.gov/safepestcontrol/integrated-pest-management-ipm-principles
Titel: Integrated Pest Management (IPM) Principles **von:** United States Environmental Protection Agency
Erscheinungsdatum: September 3, 2024 **Webseite:** EPA

[s305] - https://www.ctahr.hawaii.edu/oc/freepubs/pdf/IP-13.pdf
Autor: Richard Ebesu **Titel:** Integrated Pest Management for Home Gardens: Insect Identification and Control
von: College of Tropical Agriculture and Human Resources (CTAHR) **Erscheinungsdatum:** July 2003
Webseite: University of Hawaii at Manoa

[s306] - https://ipm.cahnr.uconn.edu/integrated-pest-management/
Autor: T. Jude Boucher **Titel:** Integrated Pest Management
von: University of Connecticut **Erscheinungsdatum:** 2012
Webseite: UConn IPM **Publisher:** University of Connecticut, Cooperative Extension System

[s307] - https://ipm.ucanr.edu/agriculture/alfalfa/integrated-pest-management/
Titel: Agriculture: Alfalfa Pest Management Guidelines
von: University of California Agriculture and Natural Resources
Erscheinungsdatum: 0317
Webseite: UC IPM
Publisher: Statewide IPM Program, University of California Regents

[s308] - https://agr.georgia.gov/integrated-pest-management-georgia-schools-and-child-care-facilities
Titel: Integrated Pest Management for Georgia Schools and Child Care Facilities
von: Georgia Department of Agriculture
Webseite: Georgia Department of Agriculture

[s309] - https://www.cdpr.ca.gov/docs/license/studymat/pca.pdf
Titel: Suggested Study Material Source List
von: Department of Pesticide Regulation
Erscheinungsdatum: Rev. 0424
Webseite: California Department of Pesticide Regulation

[s310] - https://www.uaf.edu/ces/invasives/ipm/
Titel: Integrated Pest Management
von: University of Alaska Fairbanks
Webseite: University of Alaska Fairbanks Cooperative Extension Service

[s311] - https://ipm.ucanr.edu/home-and-landscape/
Titel: Integrated Pest Management
von: University of California
Erscheinungsdatum: 2024
Webseite: UC IPM
Publisher: University of California Division of Agriculture a nd Natural Resources

[s312] - https://www.nal.usda.gov/animal-health-and-welfare/insects-and-pollinators
Titel: Insects and Pollinators
von: U.S. Department of Agriculture
Webseite: National Agricultural Library

[s313] - https://www.sare.org/publications/manage-insects-on-your-farm/recent-advances-in-ecological-pest-management/agroecological-strategies-to-enhance-on-farm-insect-pollinators/
Titel: Agroecological Strategies to Enhance On-Farm Insect Pollinators
von: Sustainable Agriculture Research and Education
Erscheinungsdatum: 2005
Webseite: SARE

[s314] - https://www.epa.gov/pollinator-protection/tools-and-strategies-pollinator-protection
Titel: Tools and Strategies for Pollinator Protection
von: United States Environmental Protection Agency
Erscheinungsdatum: July 19, 2024
Webseite: EPA
Publisher: United States Environmental Protection Agency

[s315] - https://agr.wa.gov/getmedia/819f8d22-37b1-484d-a522-31f60875f9c9/101-%20681managedpollinatorprotectionplan.pdf
Autor: Derek Sandison
Titel: Managed Pollinator Protection Plan
von: Washington State Department of Agriculture
Erscheinungsdatum: April 2018
Webseite: Washington State Department of Agriculture

[s316] - http://www.climatehubs.usda.gov/hubs/northeast/topic/how-creating-pollinator-habitat-can-help-northeast-farmers-adapt-climate
Titel: How Creating Pollinator Habitat can Help Northeast Farmers Adapt to Climate Change
von: USDA
Webseite: USDA Northeast Climate Hub

[s317] - https://www.usda.gov/sites/default/files/documents/pollinator-priorities-2021R4-508-version.pdf
Autor: Office of the Chief Scientist
Titel: 2021 USDA Annual Strategic Pollinator Priorities and Goals Report
von: U.S. Department of Agriculture
Erscheinungsdatum: April 2021
Webseite: USDA

[s318] - https://pollinationecology.org/index.php/jpe/article/view/615
Autor: Kumsa Tolera, Gavin Ballantyne
Titel: Insect pollination and sustainable agriculture in Sub-Saharan Africa
von: Oromiya Agriculture Research Institute, Edinburgh Napier University
Erscheinungsdatum: 2021-03-23
Webseite: Journal of Pollination Ecology
Publisher: The Royal Botanical Society of Belgium

[s319] - https://obamawhitehouse.archives.gov/blog/2015/05/19/announcing-new-steps-promote-pollinator-health
Autor: John P. Holdren
Titel: Announcing New Steps to Promote Pollinator Health
von: White House Office of Science and Technology Policy
Erscheinungsdatum: 2015-05-19
Webseite: Obama White House Archives

[s320] - https://www.epa.gov/safepestcontrol/integrated-pest-management-ipm-principles
Titel: Integrated Pest Management (IPM) Principles
von: United States Environmental Protection Agency (EPA)
Erscheinungsdatum: September 3, 2024
Webseite: EPA

[s321] - https://efotg.sc.egov.usda.gov/references/Delete/2010-3-27/595B_PestMgtIBM.pdf
Titel: Job Sheet No. AL595B - Pest Management
von: United States Department of Agriculture (USDA)
Erscheinungsdatum: 2010-03-27
Webseite: efotg.sc.egov.usda.gov

[s322] - https://ag.utah.gov/plant-industry/insect-and-pest-program/
Autor: Kris Watson
Titel: Insect and Pest Program
von: Utah Department of Agriculture and Food
Erscheinungsdatum: August 12, 2024
Webseite: Utah Department of Agriculture and Food

[s323] - https://ipm.ucanr.edu/home-and-landscape/
Titel: Integrated Pest Management
von: University of California
Erscheinungsdatum: 2024
Webseite: UC IPM
Publisher: University of California Division of Agriculture a nd Natural Resources

[s324] - https://cropwatch.unl.edu/understanding-and-slowing-further-development-pesticide-resistance/
Autor: Tom Hunt, Robert Wright, Julie Peterson
Titel: Understanding and Slowing the Further De velopment of Pesticide Resistance
von: University of NebraskaLincoln
Erscheinungsdatum: April 30, 2015
Webseite: CropWatch
Publisher: Institute of Agriculture and Natural Resources

[s325] - https://www.ars.usda.gov/ARSUserFiles/11884/2012_gao_lei_reitz.pdf
Autor: Yulin Gao, Zhongren Lei, Stuart R. Reitz
Titel: Western flower thrips resistance to insecticides: detection, mechanisms and management str ategies
von: USDA Agricultural Research Service
Erscheinungsdatum: 15 February 2012
Webseite: Wiley Online Library
Publisher: Society of Chemical Industry

[s326] - https://jcottonres.biomedcentral.com/articles/10.1186/s42397-024-00192-z
Autor: Nagaraj Selvarani, Rajasekaran Ravikesavan, Palaniappan Jayamani, Rangasamy Selvakumar, Narayanasamy Chitra, Narayanan Manikanda B ooapathi
Titel: Emerging technological developments to address pest resistance in Bt cotton
Erscheinungsdatum: 03 September 2024
Webseite: Journal of Cotton Research
Publisher: BMC

[s327] - https://ipm.ucanr.edu/agriculture/floriculture-and-ornamental-nurseries/managing-pesticide-resistance/
Autor: University of California IPM **Titel:** Managing Pesticide Resistance
Erscheinungsdatum: 0122 **Webseite:** UC IPM
Publisher: UC ANR

[s328] - https://academic.oup.com/mbe/article-pdf/39/2/msac016/42427528/msac016.pdf
Autor: Benjamin P. Pelissie, Yolanda H. Chen, Zachary P. Cohen, Michael S. Crossley, David J. Hawthorne, Victor Izzo, Sean D. Schoville **Titel:** Genome Resequencing Reveals Rapid, Repeated Evolution in the Colorado Potato Beetle
Erscheinungsdatum: January 19, 2022 **Webseite:** Oxford Academic
Publisher: Oxford University Press

[s329] - https://www.who.int/news-room/fact-sheets/detail/vector-borne-diseases
Autor: World Health Organization **Titel:** Vector-borne diseases
Erscheinungsdatum: 26 September 2024 **Webseite:** World Health Organization

[s330] - https://www.ecdc.europa.eu/en/disease-vectors/facts/mosquito-factsheets/aedes-aegypti
Autor: European Centre for Disease Prevention and Control **Titel:** Aedes aegypti
Webseite: European Centre for Disease Prevention and Control

[s331] - https://pubmed.ncbi.nlm.nih.gov/11423378/
Autor: F A Monteiro, A A Escalante, C B Beard **Titel:** Molecular tools and triatomine systematics: a public health perspective
von: Centers for Disease Control and Prevention **Erscheinungsdatum:** 2001-07
Webseite: PubMed **Publisher:** Trends in Parasitology

[s332] - https://pubmed.ncbi.nlm.nih.gov/16465750/
Autor: Jorge Lopez-Crdenas, Francisco Ernesto Gonzalez Bravo, Paz Maria Salazar Schettino, Juan Carlos Gallaga Solorzano, Ector Ramirez Barba, Joel Martinez Mendez, V Sanchez-Cordero, A Townsend Peterson, J M Ramsey **Titel:** Fine-scale predictions of distributions of Chagas disease vectors in the state of Guanajuato, Mexico
von: Guanajuato State Public Health Laboratory, Medical Entomology Laboratory Secretaria de Salud del Estado de Guanajuato **Erscheinungsdatum:** 2005-11
Webseite: PubMed **Publisher:** Oxford University Press

[s333] - https://www.ecdc.europa.eu/en/infectious-disease-topics/related-public-health-topics/disease-vectors/facts/fleas-siphonaptera
Autor: European Centre for Disease Prevention and Control **Titel:** Fleas (Siphonaptera)
Webseite: European Centre for Disease Prevention and Control

[s334] - https://www.cdc.gov/lyme/index.html
Titel: Lyme Disease **von:** Centers for Disease Control and Prevention (CDC)
Erscheinungsdatum: May 14, 2024 **Webseite:** CDC
Publisher: Centers for Disease Control and Prevention (CDC)

[s335] - https://www.nature.com/articles/s41598-023-44945-3
Autor: Arnaud Cannet, Camille Simon-Chane, Aymeric Histace, Mohammad Akhoundi, Olivier Romain, Marc Souchaud, Pierre Jacob, Darian Sereno, Louis-Clment Gouagna, Philippe Bousses, Franoise Mathieu-Daude, Denis Sereno **Titel:** Wing Interferential Patterns (WIPs) and machine learning for the classification of some Aedes species of medical interest
von: Nature Publishing Group **Erscheinungsdatum:** 2023-10-17
Webseite: Nature **Publisher:** Scientific Reports

[s336] - https://www.who.int/news-room/fact-sheets/detail/chagas-disease-(american-trypanosomiasis)
Autor: World Health Organization: WHO **Titel:** Chagas disease (also known as American trypanosomiasis)
Erscheinungsdatum: 4 April 2024 **Webseite:** World Health Organization

[s337] - https://pubmed.ncbi.nlm.nih.gov/39255804/
Autor: Han-Hsuan Chung, Tien-Huang Chen, Pei-Feng Wang, Yoshio Tsuda, Hwa-Jen Teng, Shiu-Ling Chen **Titel:** Molecular Identification of Species Belonging to Culex vishnui Subgroup (Diptera: Culicidae), Vectors of Japanese Encephalitis Virus, in Taiwan
von: Centers for Disease Control, Ministry of Health and Welfare **Erscheinungsdatum:** 2024-09-10
Webseite: PubMed **Publisher:** American Journal of Tropical Medicine and Hygiene

[s338] - https://www.epa.gov/pesticides/public-health-issues-caused-pests
Titel: Public Health Issues Caused by Pests **von:** Environmental Protection Agency (EPA)
Erscheinungsdatum: June 3, 2024 **Webseite:** EPA
Publisher: Environmental Protection Agency

[s339] - https://www.epa.gov/insect-repellents/list-pests-significant-public-health-importance
Titel: List of Pests of Significant Public Health Importance **von:** Environmental Protection Agency (EPA)
Erscheinungsdatum: March 12, 2024 **Webseite:** EPA
Publisher: Environmental Protection Agency (EPA)

[s340] - https://www.ecdc.europa.eu/en/infectious-disease-topics/related-public-health-topics/disease-vectors/facts/fleas-siphonaptera
Autor: European Centre for Disease Prevention and Control **Titel:** Fleas (Siphonaptera)
Webseite: European Centre for Disease Prevention and Control

[s341] - https://www.acq.osd.mil/eie/afpmb/docs/techguides/tg44.pdf
Autor: Dr. Harold J. Harlan, CDR Daniel Szumlas, Lt Col Terry L. Carpenter, CAPT Mark Beavers, COL Scott Gordon, COL Mustapha Debboun, MAJ Lisa O'Brien, Dr. Richard G. Robbins, Mr. Donald A. Teig **Titel:** Technical Guide No. 44: Bed Bugs Importance, Biology, and Control Strategies
von: Armed Forces Pest Management Board **Erscheinungsdatum:** April 2019
Webseite: https:www.acq.osd.mileieafpmbdocstechguidestg44.pdf **Publisher:** Department of Defense

[s342] - https://static.e-publishing.af.mil/production/1/af_sg/publication/afi48-102/afi48-102.pdf
Autor: Dorothy A. Hogg, Lieutenant General, USAF, NC **Titel:** Air Force Instruction 48-102: Medical Entomology Program
von: United States Air Force **Erscheinungsdatum:** 9 September 2019
Webseite: e-Publishing

[s343] - https://www.who.int/news-room/fact-sheets/detail/chagas-disease-(american-trypanosomiasis)
Autor: World Health Organization: WHO **Titel:** Chagas disease (also known as American trypanosomiasis)
Erscheinungsdatum: 4 April 2024 **Webseite:** World Health Organization

[s344] - https://www.mtw.nhs.uk/wp-content/uploads/2015/08/Allergy_diagnosis_reference_guide.pdf
Autor: Dr. J. Sheldon L. Miller
Titel: Clinical Biochemistry Allergy Diagnosis Reference Guide
von: St Georges Hospital, Tooting and East Kent Hospitals University NHS Foundation Trust
Erscheinungsdatum: October 2014
Webseite: mtw.nhs.uk

[s345] - https://pubmed.ncbi.nlm.nih.gov/25956310/
Autor: Michael S Tankersley, Dennis K Ledford
Titel: Stinging insect allergy: state of the art 2015
von: Elsevier Inc.
Erscheinungsdatum: 2015-05-01
Webseite: PubMed
Publisher: Elsevier Inc.

[s346] - https://medlineplus.gov/ency/article/000005.htm
Autor: Deborah Pedersen, MD, MS
Titel: Allergic reactions
von: A.D.A.M., Inc.
Erscheinungsdatum: 3312024
Webseite: MedlinePlus
Publisher: National Library of Medicine

[s347] - https://www.sfu.ca/~ganderso/forensicentomology.htm
Autor: Dr. Gail S. Anderson
Titel: Forensic Entomology: The Use of Insects in Death Investigations
von: Simon Fraser University
Webseite: Simon Fraser University

[s348] - https://www.britannica.com/topic/forensic-entomology
Titel: Forensic Entomology
von: Encyclopaedia Britannica, Inc.
Webseite: Britannica

[s349] - https://entnemdept.ufl.edu/creatures/livestock/flies/lucilia_sericata.htm
Autor: Matthew Anderson, Phillip E. Kaufman
Titel: Common Green Bottle Fly, Lucilia sericata
von: University of Florida
Erscheinungsdatum: September 2011
Webseite: University of Florida Entomology Nematology Department
Publisher: EDIS

[s350] - https://pubmed.ncbi.nlm.nih.gov/14991142/
Autor: Jens Amendt, Roman Krettek, Richard Zehner
Titel: Forensic entomology
von: Zentrum der Rechtsmedizin, J.W. Goethe-Universitt
Erscheinungsdatum: 2004-01-16
Webseite: PubMed
Publisher: Naturwissenschaften

[s351] - https://www.forensicscolleges.com/careers/forensic-entomologist
Autor: Rachel Drummond, MEd
Titel: Becoming a Forensic Entomologist Education, Career Salary
von: Forensics Colleges
Erscheinungsdatum: November 18, 2020
Webseite: Forensics Colleges

[s352] - https://bmcgenomics.biomedcentral.com/articles/10.1186/1471-2164-10-632
Autor: Ya-Long Xu, Peng He, Lan Zhang, Shao-Qing Fang, Shuang-Lin Dong, Yong-Jun Zhang, Fei Li
Titel: Large-scale identification of odorant-binding proteins and chemosensory proteins from expressed sequence tags in insects
von: BMC (BioMed Central)
Erscheinungsdatum: 25 December 2009
Webseite: BMC Genomics
Publisher: BioMed Central

[s353] - https://pubmed.ncbi.nlm.nih.gov/22008297/
Autor: Christian Kaufmann, Francis Schaffner, Dominik Ziegler, Valentin Pflger, Alexander Mathis
Titel: Identification of field-caught Culicoides biting midges using matrix-assisted laser desorptionionization time of flight mass spectrometry
Erscheinungsdatum: 2011-10-19
Webseite: PubMed
Publisher: Cambridge University Press

[s354] - https://pubmed.ncbi.nlm.nih.gov/21429132/
Autor: Sunghoon Jung, Ram K Duwal, Seunghwan Lee
Titel: COI barcoding of true bugs (Insecta, Heteroptera)
von: Seoul National University
Erscheinungsdatum: 2011-03
Webseite: PubMed
Publisher: Blackwell Publishing Ltd

[s355] - https://bulletin.uga.edu/CoursesHome?Prefix=ENTO
Titel: Courses in Entomology
von: University of Georgia
Webseite: University of Georgia Online Bulletin

[s356] - https://worldbiomarketinsights.com/the-chitosan-packaging-industry-is-only-just-beginning/
Autor: World Bio Market Insights
Titel: The chitosan packaging industry is only just beginning
Erscheinungsdatum: 2022-09-14
Webseite: World Bio Market Insights
Publisher: World Bio Market Insights

[s357] - https://www.biobasedpress.eu/2014/10/insect-biorefinery-exists-works/
Autor: Diederik van der Hoeven
Titel: Insect biorefinery: it exists, it works
von: Ynsect
Erscheinungsdatum: 30 October 2014
Webseite: Biobased Press

[s358] - https://packagingeurope.com/news/researchers-develop-degradable-bioplastics-from-black-soldier-flies/10187.article
Autor: Karen Wooley, Ph.D.
Titel: Researchers develop 'degradable' bioplastics from black soldier flies
von: Texas AM University
Erscheinungsdatum: 2023-08-15
Webseite: Packaging Europe
Publisher: Packaging Europe Ltd

[s359] - https://www.ncbi.nlm.nih.gov/pmc/articles/PMC8461358/
Autor: D Yuvaraj, J Iyyappan, R Gnanasekaran, G Ishwarya, RP Harshini, V Dhithya, M Chandran, V Kanishka, K Gomathi
Titel: Advances in bio food packaging An overview
von: Vel Tech High Tech Dr. Rangarajan Dr. Sakunthala Engineering College
Erscheinungsdatum: 2021-09-17
Webseite: NCBI
Publisher: Elsevier Ltd.

[s360] - https://www.nature.com/articles/s41529-022-00277-7
Autor: Aya Samir, Fatma H. Ashour, A. A. Abdel Hakim, Mohamed Bassyouni
Titel: Recent advances in biodegradable polymers for sustainable applications
Erscheinungsdatum: 19 August 2022
Webseite: Nature
Publisher: npj Materials Degradation

[s361] - https://link.springer.com/article/10.1007/s13205-023-03638-4
Autor: Nag Pooja, Ishita Chakraborty, Md. Hafizur Rahman, Nirmal Mazumder
Titel: An insight on sources and biodegradation of bioplastics: a review
Erscheinungsdatum: 31 May 2023
Webseite: SpringerLink
Publisher: Springer

[s362] - https://fungalbiolbiotech.biomedcentral.com/articles/10.1186/s40694-021-00127-2
Autor: Stefan Cord-Landwehr, Bruno M. Moerschbacher
Titel: Deciphering the ChitoCode: fungal chitins and chitosans as functional biopolymers
Erscheinungsdatum: 10 December 2021
Webseite: Fungal Biology and Biotechnology
Publisher: BMC

[s363] - https://www.ema.europa.eu/en/documents/scientific-guideline/ich-s6r1-preclinical-safety-evaluation-biotechnology-derived-pharmaceuticals-step-5_en.pdf
Titel: ICH guideline S6 (R1) preclinical safety evaluation of biotechnology-derived pharmaceuticals **von:** European Medicines Agency
Erscheinungsdatum: June 2011 **Webseite:** European Medicines Agency

[s364] - https://www.oecd.org/content/dam/oecd/en/publications/reports/2023/10/guidance-document-on-baculoviruses-as-plant-protection-products_1893107e/8f0dc501-en.pdf
Autor: Organisation for Economic Co-operation and Development **Titel:** Guidance document on Baculoviruses as plant protection products
Erscheinungsdatum: 2023-10-23 **Webseite:** OECD

[s365] - https://www.ars.usda.gov/ARSUserFiles/oc/np/btcotton/btcotton.pdf
Autor: D.D. Hardee, J.W. Van Duyn, M.B. Layton, R.D. Bagwell **Titel:** Bt Cotton Management of the Tobacco Budworm-Bollworm Complex
von: U.S. Department of Agriculture, Agricultural Research Service **Erscheinungsdatum:** January 2001
Webseite: ARS USDA

[s366] - https://inside.nku.edu/content/dam/rgc/docs/ResearchCompliance/INTAKEPROTOCOL/Intake%20Protocol%20Biological%20Materials.pdf
Titel: Guidelines for the Shipping and Receiving Biological Materials **von:** Northern Kentucky University
Webseite: Northern Kentucky University

Bild-Quellen

Informationen zu allen folgenden Bildern

Keines der Bilder wurden verändert, nur die Auflösung wurde angepasst.
Alle Bilder haben weiterhin die ursprängliche Lizenz.
Trotz sorgfältiger Prüfung kann die Richtigkeit und die Zuordnung der Bilder nicht garantiert werden.
Alle verwendeten Bilder wurden gemäß ihrer jeweiligen Lizenzbestimmungen verwendet.
Bei der eBook Version wurden die Bilder zu nummerierten Collagen zusammengestellt.
Alle Bilder wurden final abgerufen und geprüft am 2025-01-02.

Verwendete Lizenzen

CC BY 3.0	https://creativecommons.org/licenses/by/3.0
CC BY 4.0	https://creativecommons.org/licenses/by/4.0
CC0	http://creativecommons.org/publicdomain/zero/1.0/deed.en
CC BY 2.0	https://creativecommons.org/licenses/by/2.0

Bildnachweise

[i1] - 001_001_001_image_ommatidien.jpeg
https://upload.wikimedia.org/wikipedia/commons/d/d2/Ommatidia.jpg
Date: 2008-02-29 **von:** Opoterser~commonswiki
Künstler: Opoterser **License:** CC BY 3.0 (https:creativecommons.orglicensesby3.0)

[i2] - 001_001_001_image_ecdysis.jpeg
https://upload.wikimedia.org/wikipedia/commons/c/c7/Molting_Cockroach_-_An_%22Alien%22_being_born_in_the_3rd_floor_east_bathroom%21.jpg
Date: 2024-03-07 **von:** Infrogmation
Künstler: abbeyprivate **License:** Public domain

[i3] - 001_001_003_image_antennalen_lappen.jpeg
https://upload.wikimedia.org/wikipedia/commons/a/a8/%D0%93%D0%BB%D0%B0%D0%B7%D0%BD%D0%BE%D0%B9_%D0%B8%D0%BC%D0%B0%D0%B3%D0%B8%D0%BD%D0%B0%D0%BB%D1%8C%D0%BD%D1%8B%D0%B9_%D0%B4%D0%B8%D1%81%D0%BA.jpg
Date: 2019-05-28 **von:** OgienkoAA
Künstler: Ogienko AA **License:** CC BY 4.0 (https:creativecommons.orglicensesby4.0)

[i4] - 001_001_003_image_neuropil.jpeg
https://upload.wikimedia.org/wikipedia/commons/2/23/Histology_bse.jpg
Date: 2003 **von:** Obarskyr
Künstler: Dr. Al Jenny **License:** Public domain

[i5] - 001_001_005_image_spirakel.jpeg
https://upload.wikimedia.org/wikipedia/commons/0/03/%D0%94%D1%8B%D1%85%D0%B0%D0%BB%D1%8C%D1%86%D0%B5_%D0%BA%D1%83%D0%BA%D0%BE%D0%BB%D0%BA%D0%B8_%D0%B1%D0%B0%D0%B1%D0%BE%D1%87%D0%BA%D0%B8.jpg
Date: 2022-03-25 **von:** Gribkov
License: CC BY 4.0 (https:creativecommons.orglicensesby4.0)

[i6] - 001_002_002_image_ecdyson.jpeg
https://upload.wikimedia.org/wikipedia/commons/b/bc/Ecdysone_3D_skeletal.png
Date: 2011-07-15 **von:** Jynto
License: CC0 (http:creativecommons.orgpublicdomainzero1.0deed.en)

[i7] - 001_002_005_image_chitinase.jpeg
https://upload.wikimedia.org/wikipedia/commons/3/35/Chitinase-1CNS.png
Date: 13 February 2005 **von:** Michael Romanov
Künstler: Jag123 **License:** Public domain

[i8] - 001_002_005_image_puparium.jpeg
https://upload.wikimedia.org/wikipedia/commons/9/9f/1959._Puparium_of_larvaevorid_parasite_from_pandora_moth_larva._Magnified_3x._Sisters%2C_Oregon._%2840186837025%29.jpg
Date: 1959-05-27 **von:** OceanAtoll
Künstler: R6, State Private Forestry, Forest Health Protection **License:** Public domain

[i9] - 001_003_001_image_thysanoptera.jpeg
https://upload.wikimedia.org/wikipedia/commons/b/bf/Thrips_tabaci%2C_Frankliniella_occidentalis.jpg
Date: unbekannt **von:** Edithsme
Künstler: Alton N. Sparks, Jr., University of Georgia, Bugwood.org **License:** CC BY 3.0 (https:creativecommons.orglicensesby3.0)

[i10] - 001_003_001_image_diaspididae.jpeg
https://upload.wikimedia.org/wikipedia/commons/3/3f/Armoured_scale_insect_%28Diaspididae%29_on_ash_tree_bark_-_Flickr_-_S._Rae.jpg
Date: 2014-07-10 **von:** Josve05a
Künstler: S. Rae **License:** CC BY 2.0 (https:creativecommons.orglicensesby2.0)

[i11] - 001_003_001_image_phylogenie.jpeg
https://upload.wikimedia.org/wikipedia/commons/b/bc/Haeckel_arbol_bn.png
Date: 1866 **von:** Cmdrjameson
Künstler: Ernst Haeckel **License:** Public domain

[i12] - 001_003_002_image_biorepositories.jpeg
https://upload.wikimedia.org/wikipedia/commons/4/4d/Ophiuroidea_%28USNM_1448678%29_002.jpeg
Date: 2020-04-02 **von:** Christian Ferrer
Künstler: classfn value> Karen Osborn **License:** CC0 (http:creativecommons.orgpublicdomainzero1.0deed.en)

[i13] - 001_003_003_image_bienen.jpeg
https://upload.wikimedia.org/wikipedia/commons/8/81/Bee_Collecting_Pollen_2004-08-14.jpg
Date: 2004-08-14 **von:** MarkSweep
Künstler: Jon Sullivan **License:** Public domain

[i14] - 001_003_003_image_mimese.jpeg
https://upload.wikimedia.org/wikipedia/commons/b/b9/Mimicry_Sijthoff.jpg
Date: Commons **von:** Siebrand
Künstler: drawings by J. Teklenburg **License:** Public domain

[i15] - 002_001_001_image_invertebraten.jpeg
https://upload.wikimedia.org/wikipedia/commons/2/27/Sepia_smithi.jpg
Date: 2018-06-09 **von:** Christian Ferrer
Künstler: Rickard Zerpe **License:** CC BY 2.0 (https:creativecommons.orglicensesby2.0)

[i16] - 002_001_002_image_mikrohabitate.jpeg
https://upload.wikimedia.org/wikipedia/commons/3/33/General_view_of_the_Lycodon_gammiei_specimen_%28YBU_230088%29_in_life_and_its_microhabitat%2C_a_big_tree_trunk_-_Oo_1042869.jpg
Date: 2024-05-07 **von:** Daniel Mietchen
Künstler: Shu F, Lyu B, Guo K, Zhang T, Mi X, Li L, Wu Y, Guo P (2024) **License:** CC BY 4.0 (https:creativecommons.orglicensesby4.0)

[i17] - 002_001_003_image_bluehgaerten.jpeg
https://upload.wikimedia.org/wikipedia/commons/6/68/Rosa_%27Oso_Easy_Urban_Legend%27%2C_Longwood_Gardens_2024_01.jpg
Date: 2024-06-15 **von:** Shuvaev
License: CC BY 4.0 (https:creativecommons.orglicensesby4.0)

[i18] - 002_001_004_image_steppen.jpeg
https://upload.wikimedia.org/wikipedia/commons/d/d4/Steppe_landscape_in_Sharlyksky_District%2C_Orenburg_Oblast.jpg
Date: 2016-12-25 **von:** Panoramio Review Bot
Künstler: Panoramio contributor Sergey Matik **License:** CC BY 3.0 (https:creativecommons.orglicensesby3.0)

[i19] - 002_001_004_image_cyanobakterien.jpeg
https://upload.wikimedia.org/wikipedia/commons/1/15/CSIRO_ScienceImage_4203_A_bluegreen_algae_species_Cylindrospermum_sp_under_magnification.jpg
Date: 2007-07-26 **von:** File Upload Bot (99of9)
Künstler: CSIRO **License:** CC BY 3.0 (https:creativecommons.orglicensesby3.0)

[i20] - 002_001_004_image_wuesten.jpeg
https://upload.wikimedia.org/wikipedia/commons/c/cb/Utah_Dunes_Landscape_-_West_Desert_District.jpg
Date: Taken **von:** Yuriy D.K.
Künstler: Bureau of Land Management - UtahBob Wick **License:** Public domain

[i21] - 002_001_004_image_biologische_bodenkrusten.jpeg
https://upload.wikimedia.org/wikipedia/commons/c/c3/Biological_soil_crust_%286541100737%29.jpg
Date: 2011-10-20 **von:** Holly Cheng
Künstler: SonoranDesertNPS **License:** CC BY 2.0 (https:creativecommons.orglicensesby2.0)

[i22] - 002_002_001_image_uferzonen.jpeg
https://upload.wikimedia.org/wikipedia/commons/7/71/Riparian_strip.jpg
Date: unbekannt **von:** Duk
Künstler: U.S. Department of Agriculture **License:** Public domain

[i23] - 002_002_001_image_lentische_gewaesser.jpeg
https://upload.wikimedia.org/wikipedia/commons/f/fd/Lent_1956.jpg
Date: 1956-01-28 **von:** Sporti
Künstler: Unknown authorUnknown author **License:** Public domain

[i24] - 002_002_002_image_fliessgewaesser.jpeg
https://upload.wikimedia.org/wikipedia/commons/3/32/Shibuya_River%2C_near_Shibuya_Stream_2.jpg
Date: 30 January 2024 **von:** Syced
License: CC0 (http:creativecommons.orgpublicdomainzero1.0deed.en)

[i25] - 002_002_003_image_intermittierende.jpeg
https://upload.wikimedia.org/wikipedia/commons/c/c3/Ephemeral_stream.jpg
Date: 2007-06-17 **von:** Flickr upload bot
Künstler: Cody H. **License:** CC BY 2.0 (https:creativecommons.orglicensesby2.0)

[i26] - 002_003_001_image_parasitismus.jpeg
https://upload.wikimedia.org/wikipedia/commons/a/a0/Pupae_of_the_parasitoid_Paracodrus_apterogynus.jpg
Date: 2021-08-27 **von:** Enno Merivee
License: CC0 (http:creativecommons.orgpublicdomainzero1.0deed.en)

[i27] - 002_003_001_image_mikrohabitat.jpeg
https://upload.wikimedia.org/wikipedia/commons/1/10/Knolparasolzwammen._09-11-2023._%28d.j.b%29.jpg
Date: 2023-11-09 **von:** Famberhorst
Künstler: Dominicus Johannes Bergsma **License:** CC0 (http:creativecommons.orgpublicdomainzero1.0deed.en)

[i28] - 002_003_001_image_toppraedator.jpeg
https://upload.wikimedia.org/wikipedia/commons/9/97/Apex_Predator_%28Explored%29_-_Flickr_-_mdalmuld.jpg
Date: Taken **von:** Red panda bot
Künstler: Marc Dalmulder **License:** CC BY 2.0 (https:creativecommons.orglicensesby2.0)

[i29] - 002_003_002_image_malariaerreger.jpeg
https://upload.wikimedia.org/wikipedia/commons/c/c6/Plasmodium_falciparum_%28malaria%29_parasite_in_blood.jpg
Date: 2007-09-15 **von:** MichaelZahniser
License: Public domain

[i30] - 003_001_001_image_insekten.jpeg
https://upload.wikimedia.org/wikipedia/commons/1/1d/European_honey_bee_extracts_nectar.jpg
Date: unbekannt **von:** TadejM
Künstler: Severnjc **License:** Public domain

[i31] - 003_001_001_image_landnutzungsaenderungen.jpeg
https://upload.wikimedia.org/wikipedia/commons/9/9e/Indiana_Dunes_Habitat_Fragmentation.jpg
Date: 2003-06 **von:** Esculapio
License: Public domain

[i32] - 003_001_001_image_urbanisierung.jpeg
https://upload.wikimedia.org/wikipedia/commons/7/78/Lake_water_source_of_nature.jpg
Date: 2019-02-15 **von:** Bharmitha Selvaraj
License: CC0 (http:creativecommons.orgpublicdomainzero1.0deed.en)

[i33] - 003_001_002_image_lebensraeume.jpeg
https://upload.wikimedia.org/wikipedia/commons/8/85/Stillwater_river_nature_habitat.jpg
Date: Not **von:** Fae
Künstler: U.S. Fish and Wildlife Service **License:** Public domain

[i34] - 003_001_002_image_bestaeuber.jpeg
https://upload.wikimedia.org/wikipedia/commons/3/30/Bumblebee_%2842425188100%29.jpg
Date: Taken **von:** Yuriy D.K.
Künstler: James Johnstone **License:** CC BY 2.0 (https:creativecommons.orglicensesby2.0)

[i35] - 003_001_002_image_habitatdegradation.jpeg
https://upload.wikimedia.org/wikipedia/commons/7/72/Last_Chance_Townsendia_%28Townsendia_aprica%29_Habitat_%286808949625%29.jpg
Date: 2010-06-08 **von:** Holly Cheng
Künstler: USFWS Mountain-Prairie **License:** Public domain

[i36] - 003_001_002_image_abholzung.jpeg
https://upload.wikimedia.org/wikipedia/commons/f/ff/Opera%C3%A7%C3%A3o_Hymenaea%2C_Julho-2016_%2829399454651%29.jpg
Date: 2016-07-15 **von:** Tm
Künstler: Ibama **License:** CC BY 2.0 (https:creativecommons.orglicensesby2.0)

[i37] - 003_001_004_image_exuvien.jpeg
https://upload.wikimedia.org/wikipedia/commons/8/8f/Exoskeleton_of_insects_as_food.jpg
Date: 2008-12-31 **von:** File Upload Bot (Magnus Manske)
Künstler: istolethetv **License:** CC BY 2.0 (https:creativecommons.orglicensesby2.0)

[i38] - 003_002_002_image_raubmilben.jpeg
https://upload.wikimedia.org/wikipedia/commons/9/90/DSC05872_British_Spiders%2C_Phytoseiulus_persimilis.jpg
Date: 2008-10-30 **von:** Flickr upload bot
Künstler: Mick Talbot **License:** CC BY 2.0 (https:creativecommons.orglicensesby2.0)

[i39] - 003_002_002_image_schlupfwespen.jpeg
https://upload.wikimedia.org/wikipedia/commons/b/b5/Ichneumon_wasp._Ophion_luteus_-_Flickr_-_gailhampshire.jpg
Date: 2010-05-01 **von:** Josve05a
Künstler: gailhampshire **License:** CC BY 2.0 (https:creativecommons.orglicensesby2.0)

[i40] - 003_002_003_image_ameisen.jpeg
https://upload.wikimedia.org/wikipedia/commons/d/d6/Portrait_of_an_ant%2C_profile_view.jpg
Date: 2018-12-09 **von:** Retro Lenses
License: CC BY 4.0 (https:creativecommons.orglicensesby4.0)

[i41] - 003_002_004_image_bestaeubung.jpeg
https://upload.wikimedia.org/wikipedia/commons/0/01/Bee_pollinating_a_flower.jpg
Date: 3 April 2006 **von:** File Upload Bot (Magnus Manske)
Künstler: Y6y6y6 **License:** Public domain

[i42] - 003_002_004_image_wildbienen.jpeg
https://upload.wikimedia.org/wikipedia/commons/3/31/Wild_Bee_Midflight_sandhausen_23052021.jpg
Date: 2021-05-23 **von:** Igel stachelbart
Künstler: Janek Kasperowski **License:** CC BY 2.0 (https:creativecommons.orglicensesby2.0)

[i43] - 003_002_004_image_biodiversitaet.jpeg
https://upload.wikimedia.org/wikipedia/commons/f/ff/Biodiversity_%28Plants_and_insects%29.jpg
Date: 2024-08-26 **von:** Beendy234
License: CC0 (http:creativecommons.orgpublicdomainzero1.0deed.en)

[i44] - 003_003_001_image_termitenhuegel.jpeg
https://upload.wikimedia.org/wikipedia/commons/c/c6/Namibia_Kalahari_Desert_Termite_Mound.jpg
Date: 2018-06-06 **von:** AlexanderKlink
Künstler: Alexander Klink **License:** CC BY 4.0 (https:creativecommons.orglicensesby4.0)

[i45] - 003_003_001_image_insektenlarven.jpeg
https://upload.wikimedia.org/wikipedia/commons/5/5b/Unidentified_Papilio_larva_Stratford_Butterfly_Farm_%281%29.jpg
Date: 2015-03-12 **von:** Bruce1ee
Künstler: William Warby **License:** CC BY 2.0 (https:creativecommons.orglicensesby2.0)

[i46] - 003_003_002_image_gottesanbeterin.jpeg
https://upload.wikimedia.org/wikipedia/commons/4/4f/The_mantis_which_eats_a_Bee20080829.jpg
Date: 2008-08-29 **von:** Ikeda Masaki
License: Public domain

[i47] - 003_003_003_image_bienenwabenmuster.jpeg
https://upload.wikimedia.org/wikipedia/commons/5/5c/Quilt%2C_Hexagon_or_Honeycomb_pattern_MET_TP635.jpg
Date: 1846 **von:** Pharos
Künstler: Creator:Rebecca Davis **License:** CC0 (http:creativecommons.orgpublicdomainzero1.0deed.en)

[i48] - 003_003_003_image_hummelflug.jpeg
https://upload.wikimedia.org/wikipedia/commons/4/43/Ghewgill_-_Bumblebee_in_flight_%28by%29.jpg

Date:	2008-03-05	**von:**	File Upload Bot (Magnus Manske)
Künstler:	Greg Hewgill	**License:**	CC BY 2.0 (https:creativecommons.orglicensesby2.0)

[i49] - 003_003_003_image_numismatik.jpeg
https://upload.wikimedia.org/wikipedia/commons/5/57/Odessa_museum_expo_14.jpg

Date:	2007	**von:**	Lvova
Künstler:	Vlad Fedchenko	**License:**	Public domain

[i50] - 003_003_003_image_heuschrecke.jpeg
https://upload.wikimedia.org/wikipedia/commons/b/b7/American_Bird_Grasshopper.jpg

Date:	29 June 2008	**von:**	Diliff
Künstler:	http:www.birdphotos.com	**License:**	CC BY 3.0 (https:creativecommons.orglicensesby3.0)

[i51] - 004_001_001_image_klebekarten.jpeg
https://upload.wikimedia.org/wikipedia/commons/7/70/CSIRO_ScienceImage_2435_Using_Insect_Pheromones_Against_Insect_Infestation.jpg

Date:	2001-11-20	**von:**	File Upload Bot (99of9)
Künstler:	CSIRO	**License:**	CC BY 3.0 (https:creativecommons.orglicensesby3.0)

[i52] - 004_001_002_image_abdomen.jpeg
https://upload.wikimedia.org/wikipedia/commons/e/ec/Cicada_with_extensive_abdomen_fungus_2021-05-31_093621_1_crop.jpg

Date:	2021-05-31	**von:**	Lorax
Künstler:	G. Edward Johnson	**License:**	CC BY 4.0 (https:creativecommons.orglicensesby4.0)

[i53] - 004_001_003_image_verhaltensbeobachtung.jpeg
https://upload.wikimedia.org/wikipedia/commons/0/0b/CSIRO_ScienceImage_2002_Side_view_of_bees_with_sensor_on_back.jpg

Date:	2014-09-18	**von:**	File Upload Bot (99of9)
Künstler:	CSIRO	**License:**	CC BY 3.0 (https:creativecommons.orglicensesby3.0)

[i54] - 004_001_003_image_sammelverhalten.jpeg
https://upload.wikimedia.org/wikipedia/commons/8/8e/Nothomyrmecia-macrops-Clark-foraging-worker-with-prey-male-psyllid-bug-Hemiptera-Psyllidae-nocturnal-Poochera-SA-Ajay-Na.jpg

Date:	2014-05-20	**von:**	Sohmen
Künstler:	Robert W. Taylor	**License:**	CC BY 4.0 (https:creativecommons.orglicensesby4.0)

[i55] - 004_001_004_image_invasivitaet.jpeg
https://upload.wikimedia.org/wikipedia/commons/4/4c/Kudzu_on_trees_in_Atlanta%2C_Georgia.jpg

Date:	2006-04-14	**von:**	SCEhardt
Künstler:	Scott Ehardt	**License:**	Public domain

[i56] - 004_001_004_image_scouting.jpeg
https://upload.wikimedia.org/wikipedia/commons/1/1e/Scouting_for_Insects_in_Field_%2848743831126%29.jpg

Date:	2018-07-26	**von:**	Ser Amantio di Nicolao
Künstler:	United Soybean Board	**License:**	CC BY 2.0 (https:creativecommons.orglicensesby2.0)

[i57] - 004_002_001_image_sphagnum.jpeg
https://upload.wikimedia.org/wikipedia/commons/8/8f/Sphagnum_moss_flake_tip.jpg

Date:	2019-07-03	**von:**	Nowhere Insect
Künstler:	Kazakov Aleksandr Pavlovich	**License:**	CC BY 4.0 (https:creativecommons.orglicensesby4.0)

[i58] - 004_002_001_image_bioaktives.jpeg
https://upload.wikimedia.org/wikipedia/commons/f/f7/Captive_Hyla_cinerea_in_terrarium.jpg

Date:	2024-02-03	**von:**	HerpDad
License:	CC BY 4.0 (https:creativecommons.orglicensesby4.0)		

[i59] - 004_002_003_image_gryllus_bimaculatus.jpeg
https://upload.wikimedia.org/wikipedia/commons/e/e9/Zweifleckgrille_Gryllus_bimaculatus_2.jpg

Date:	2020-08-15	**von:**	Holleday
Künstler:	Holger Krisp	**License:**	CC BY 3.0 (https:creativecommons.orglicensesby3.0)

[i60] - 004_003_001_image_antennen.jpeg
https://upload.wikimedia.org/wikipedia/commons/a/a9/Elymnias_hypermnestra_male_by_kadavoor.jpg

Date:	2012-08-02	**von:**	Jkadavoor
Künstler:	Jeevan Jose, Kerala, India	**License:**	CC0 (http:creativecommons.orgpublicdomainzero1.0deed.en)

[i61] - 004_003_001_image_stereomikroskop.jpeg
https://upload.wikimedia.org/wikipedia/commons/1/11/Olympus_SZIII_stereo_microscope.jpg

Date:	2006-09-04	**von:**	Wammes Waggel
License:	Public domain		

[i62] - 004_003_001_image_fluegelmembran.jpeg
https://upload.wikimedia.org/wikipedia/commons/4/46/Pistes%C3%A4%C3%A4sklase_Culiceta_annulata_tiib.jpg

Date:	2021-11-18	**von:**	Enno Merivee
License:	CC0 (http:creativecommons.orgpublicdomainzero1.0deed.en)		

[i63] - 004_003_001_image_pronotum.jpeg
https://upload.wikimedia.org/wikipedia/commons/0/05/Lubber_Pronotum_-_Flickr_-_treegrow.jpg

Date:	2012-11-23	**von:**	Josve05a
Künstler:	Katja Schulz	**License:**	CC BY 2.0 (https:creativecommons.orglicensesby2.0)

[i64] - 004_003_002_image_cytochrom_c_oxidase_untereinheit_1.jpeg
https://upload.wikimedia.org/wikipedia/commons/8/87/PDB_2ein_EBI.jpg

Date:	2009-02-18	**von:**	DonabelSDSU.bot
Künstler:	European Bioinformatics Institute	**License:**	Public domain

[i65] - 004_003_002_image_pcr.jpeg
https://upload.wikimedia.org/wikipedia/commons/b/b8/Biologist_at_work_in_the_pre-PCR_laboratory._Institute_of_Systematics_and_Evolution_of_Animals_Polish_Academy_of_Sciences_in_Cracov.jpg

Date:	2019-12-13	**von:**	Karolina Fok
License:	CC BY 4.0 (https:creativecommons.orglicensesby4.0)		

[i66] - 004_003_003_image_schabenarten.jpeg
https://upload.wikimedia.org/wikipedia/commons/8/84/Cockroach_species%3F_%2836953244815%29.jpg

Date:	2017-08-15	**von:**	Rudolphous
Künstler:	Ben Sale	**License:**	CC BY 2.0 (https:creativecommons.orglicensesby2.0)

[i67] - 004_003_004_image_shellac.jpeg
https://upload.wikimedia.org/wikipedia/commons/e/e5/Schellak.jpg

Date:	2008-01	**von:**	Dominikmatus
Künstler:	Ivory	**License:**	Public domain

[i68] - 005_001_001_image_marienkaefer.jpeg
https://upload.wikimedia.org/wikipedia/commons/0/06/Ladybird.jpg

Date:	2003-05-22	**von:**	BLueFiSH.as
Künstler:	Jon Sullivan (PD-PDphoto.org)	**License:**	Public domain

[i69] - 005_001_002_image_bestaeubungsmanagement.jpeg
https://upload.wikimedia.org/wikipedia/commons/4/45/Smilax_herbacea%2C_Howard_County%2C_MD_-_USGS_Bee_Inventory_and_Monitoring_Laboratory.jpg

Date:	2017-12-30	**von:**	Jacopo Werther
Künstler:	USGS Bee Inventory and Monitoring Lab	**License:**	Public domain

[i70] - 005_001_002_image_bluehstreifen.jpeg
https://upload.wikimedia.org/wikipedia/commons/c/ca/Pollinator_hotspot_%2815330866262%29.jpg

Date:	2014-09-19	**von:**	OceanAtoll
Künstler:	USFWSmidwest	**License:**	Public domain

[i71] - 005_001_002_image_pestizide.jpeg
https://upload.wikimedia.org/wikipedia/commons/5/5e/Cropduster_spraying_pesticides.jpg

Date:	2008-04-10	**von:**	Svens Welt
Künstler:	USDA Photo by: Charles ORear	**License:**	Public domain

[i72] - 005_001_003_image_nuetzlinge.jpeg
https://upload.wikimedia.org/wikipedia/commons/e/e6/Biology_Technical_Note_01_-_Habitat_Development_for_Beneficial_Insects_-_title_image.jpg

Date:	November	**von:**	Sp1nd01
Künstler:	United States Department of Agriculture	**License:**	Public domain

[i73] - 005_001_003_image_europaeischer_maiszuensler.jpeg
https://upload.wikimedia.org/wikipedia/commons/f/f5/%281375%29_European_Corn-borer_%28Ostrinia_nubilalis%29_%284736941306%29.jpg

Date:	2010-06-26	**von:**	Rudolphous
Künstler:	Ben Sale	**License:**	CC BY 2.0 (https:creativecommons.orglicensesby2.0)

[i74] - 005_001_003_image_japanischer_kaefer.jpeg
https://upload.wikimedia.org/wikipedia/commons/d/dd/Popillia_japonica.jpg

Date:	2008-09-22	**von:**	Bruce Marlin
License:	CC BY 3.0 (https:creativecommons.orglicensesby3.0)		

[i75] - 005_002_001_image_aedes_aegypti.jpeg
https://upload.wikimedia.org/wikipedia/commons/2/2c/Aedes_aegypti_CDC-Gathany.jpg

Date:	2006	**von:**	Kchenkraut
Künstler:	James Gathany	**License:**	Public domain

[i76] - 005_002_001_image_anopheles.jpeg
https://upload.wikimedia.org/wikipedia/commons/7/7e/Anopheles_stephensi.jpeg

Date:	2004	**von:**	El Grafo
Künstler:	Jim Gathany	**License:**	Public domain

[i77] - 005_002_001_image_triatominen.jpeg
https://upload.wikimedia.org/wikipedia/commons/7/7f/M.pallidipennis_N4_%28Puebla%29.jpg

Date:	2024-05-14	**von:**	Fernando Archuby
Künstler:	Dr. Paz María Salazar-Schettino and Dr. Berenice Gonzlez-Rete	**License:**	CC BY 4.0 (https:creativecommons.orglicensesby4.0)

[i78] - 005_002_001_image_hausfloh.jpeg
https://upload.wikimedia.org/wikipedia/commons/3/37/Pulex_irritans_human_flea.jpg

Date:	2021-03-03	**von:**	Sydmarks
Künstler:	David Linstead	**License:**	CC BY 4.0 (https:creativecommons.orglicensesby4.0)

[i79] - 005_002_001_image_zecken.jpeg
https://upload.wikimedia.org/wikipedia/commons/8/80/Ixodidae_Hardbacked_Tick_2023_09_04_iNat_181908421.jpg

Date:	2023-09-04	**von:**	Alandmanson
License:	CC BY 4.0 (https:creativecommons.orglicensesby4.0)		

[i80] - 005_002_002_image_schaben.jpeg
https://upload.wikimedia.org/wikipedia/commons/9/9b/Gecko_%28Hemidactylus_sp.%29_preying_on_Cockroach_at_Khordanahala%2C_WB%2C_IN_03.jpg

Date:	2018-05-22	**von:**	Herpking
License:	CC BY 4.0 (https:creativecommons.orglicensesby4.0)		

[i81] - 005_002_002_image_bettwanzen.jpeg
https://upload.wikimedia.org/wikipedia/commons/8/87/Bed_bug%2C_Cimex_lectularius.jpg

Date:	2006	**von:**	Patho
Künstler:	Content Providers(s): CDC Harvard University, Dr. Gary Alpert; Dr. Harold Harlan; Richard Pollack. Photo Credit: Piotr Naskrecki	**License:**	Public domain

[i82] - 005_002_002_image_floehe.jpeg
https://upload.wikimedia.org/wikipedia/commons/f/f9/Flea_Scanning_Electron_Micrograph_False_Color.jpg

Date:	2009-08-04	**von:**	Raeky
Künstler:	CDCJanice Haney Carr	**License:**	Public domain

[i83] - 005_003_001_image_geruchstransportproteine.jpeg
https://upload.wikimedia.org/wikipedia/commons/1/10/PDB_1ooi_EBI.jpg

Date:	2009-02-10	**von:**	DonabelSDSU.bot
Künstler:	European Bioinformatics Institute	**License:**	Public domain

[i84] - 005_003_004_image_cryproteine.jpeg
https://upload.wikimedia.org/wikipedia/commons/7/79/PDB_1ji6_EBI.jpg

Date:	2009-02-18	**von:**	DonabelSDSU.bot
Künstler:	European Bioinformatics Institute	**License:**	Public domain

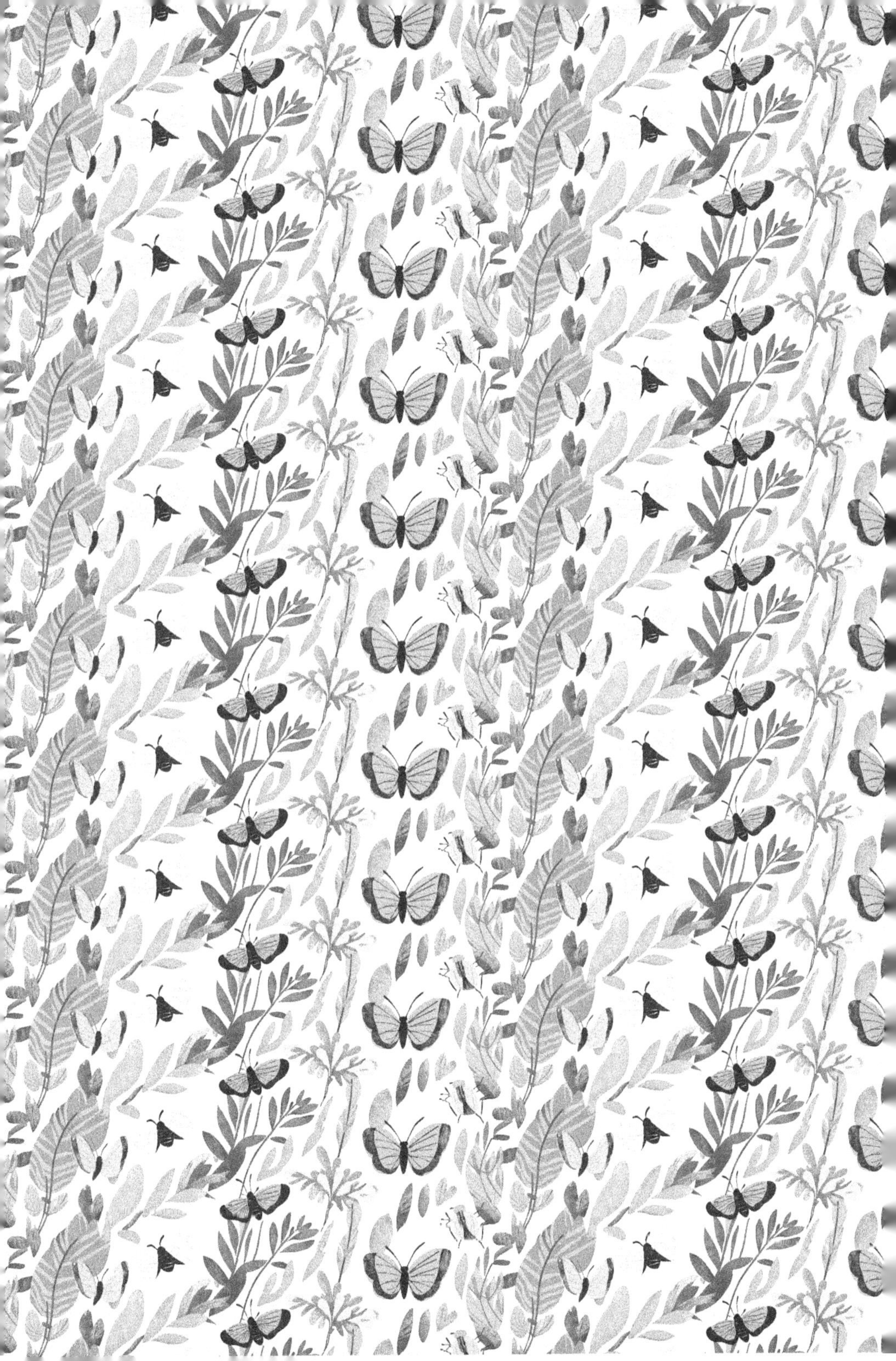

www.ingramcontent.com/pod-product-compliance
Ingram Content Group UK Ltd.
Pitfield, Milton Keynes, MK11 3LW, UK
UKHW030722210525
6006UKWH00003BA/263

9 783384 477545